Deepen Your Mind

推薦語

（排名不分先後）

作者是 CSDN 的專家部落客，多年來堅持在 CSDN 輸出高品質技術文章。當今開發者的技術堆疊和開發模式都在走向雲端原生，雲端原生技術的核心是分散式系統。作者多年來研究高並行和分散式技術，這次出版的書籍從作業系統到 JVM 再到 JDK 中的 JUC，對並行程式設計的原理和本質問題進行了詳細的剖析；對於作業系統執行緒排程、Java 中各類鎖和執行緒池的核心原理與實現細節、CAS 問題、ABA 問題等都有詳細的闡述；同時結合分散式鎖和電子商務秒殺等熱門高並行業務場景對高並行系統的設計進行了深度解密，是這一領域難得的高品質原創圖書。無論是對於並行程式設計初學者，還是對於具有一定開發實踐經驗的工程師和架構師，這本書都值得一看。

CSDN 創始人、總裁 蔣濤

我加入 CSDN 之後認識了很多部落客，作者就是其中的優秀代表之一。作者的這本書和我們平常看到的入門介紹的文章不同，該書深入地解析了高並行程式設計的核心原理，並分析了 CPU、OS、編譯、原子性等場景中的核心矛盾，光是這些透徹的分析就已經值回書價。不僅如此，該書還透過實際案例來舉出應用指導，對於並行程式設計領域的學生和工程師乃至架構師和技術專家，都是一本高品質的指南，建議人手一本。

CSDN 副總裁、《程式設計之美》《建構之法》作者 鄒欣從城市健康碼故障排除到優惠券搶購承壓，高並行場景早已不侷限於每年的「雙十一」熱賣。作者在本書中深入淺出地說明了並行程式設計的原理及具體場景應用，更難得的是還佐以大量可運行的程式。無論對於入行不久的朋友，還是有一定經驗的朋友，本書都是一本有價值的工具書。

資深技術專家、《程式設計師的三門課》《深入分散式快取》聯合作者 右軍

在電腦多核心時代，並行程式設計是每個程式設計師都應掌握的技能。本書從作業系統到 JDK、JUC，對並行程式設計的原理和本質做了深度的剖析，讓讀者知其然，亦知其所以然；結合電子商務的「超賣」「秒殺」等熱門業務場景對高並行系統設計進行了技術解密，表現了作者在這一領域的深厚累積。閱讀此書，受益良多。

阿里中介軟體分散式事務團隊負責人 季敏

本書作者算是網際網路行業內很勤奮的高產寫書人了，我個人收藏了不少他撰寫的書，在工作之餘反覆閱讀。本書從電腦基礎原理開始娓娓道來，而後鉅細靡遺地梳理了分散式系統高並行的相關知識，讓我這樣一個在頂尖公司基礎架構部門從業十二年的最前線開發人員有種「朝花夕拾」之感：把「畢業即還給老師」的知識重新撿了起來，收穫感很強。最難能可貴的是，本書還從實戰角度講解了秒殺系統的詳細實現與最佳化技巧，是實際工作中很好的參考範例。雖然書中的很多知識是使用 Java 語言講解的，但個人覺得對非 Java 開發人員亦有指導意義。

Dubbo-go 社區負責人 于雨

本書從作業系統底層原理到應用實戰深入淺出地剖析了高並行程式設計。透過閱讀本書，可以更進一步地理解鎖、執行緒、並行程式設計等知識，學會解決開發中的並行難題，了解在單機和分散式業務場景下如何高效率地進行並行程式設計。強烈推薦大家閱讀。

高德資深技術專家、《億級流量網站架構核心技術》作者 張開濤

高並行程式設計是每一個 IT 數位化人才必備的核心技能，本書是業界難得的實踐類好書，本書作者同樣是技術領域絕對的資深專家。

這本書深入淺出剖析高並行的核心原理、實戰案例以及系統架構等，讓技術人員真正掌握高並行架構設計的本質，從而在不同業務場景時，能夠舉出優雅導向的高並行架構設計解決方案，讓企業真正降本增效。

本書是高並行架構設計實踐類好書，特推薦之。

奈學科技創始人兼 CEO、58 集團前技術委員會主席 孫玄

高並行是巨量使用者線上系統架構所必須具備的特性。如果想從微觀核心到並行應用，再到業務架構學習高並行的核心原理和高並行系統的工程架構最佳實踐，那麼這本書是不錯的選擇。在微觀層面，對於核心排程、同步非同步、各類鎖的實現細節，書中都有詳盡的敘述；在並行應用層面，對於 CAS 問題、ABA 問題、連接池實現，書中都有細緻的案例講解；在架構層面，對於快取並行實戰、電子商務超賣問題、秒殺系統架構，書中都進行了擴充講解。整體來說，不管你已經是一名工程師、架構師、技術經理，又或是一名希望從事高並行程式設計的網際網路從業人員，本書都值得一看。

網際網路架構專家、公眾號「架構師之路」作者 沈劍

當前，新技術層出不窮，但是真正底層的技術更新非常慢，推薦閱讀本書作者的新書，這些知識才是最需要好好學習和研究的，也是從程式設計師進階到架構師的必備知識。

餓了嗎前技術總監、公眾號「軍哥手記」作者 程軍

初識本書作者還是在一個內部建立的技術群裡，大家在這個群裡交流各種技術。本書作者分享了他寫的一些技術文章，我讀完發現這些文章寫得相當通俗易懂，非常適合希望從事這個行業卻不知道從哪裡入手的年輕技術人員閱讀。其新作同樣保持了其一貫的高水準。

對高並行問題的處理是工程技術人員水準的重要表現，大廠程式設計師和小廠程式設計師的實踐差異就在這裡，因為這需要了解很多的原理，包括從底層作業系統到資料庫的實現等。該書按照先原理後實踐的順序為大家介紹了高並行問題的由來，以及在實踐中如何解決高並行問題。對於希望負責高並行業務的技術人員是不可多得的優秀讀物。

杭州任你說智慧科技 CTO 李鵬雲

這是一本以 Java 語言為例，以 CPU、作業系統、JVM 底層原理為基礎，站在實踐的角度上全面解析高並行的基本原理的書籍。

本書有大量的實戰案例和圖解說明，能極大地方便讀者理解高並行的原理並加以實踐。作者有大量的高並行應用的開發和運行維護經驗，在書中進行了遞進式的內容佈局，舉出了程式和對應講解，可以幫助讀者更進一步地處理實際問題。本書是一本非常優秀的高並行系統性書籍，強烈推薦大家閱讀。

Apache RocketMQ 北京社區聯合發起人 && Commiter 李偉

高並行可以說是每個程式設計師都想擁有的經驗，隨著流量增大，我們會遇到各種各樣的技術挑戰。本書作者從原理和實戰兩個方面入手，系統地介紹了高並行知識，既有微觀層面的作業系統原理和並行程式設計技巧，也有巨集觀層面的系統架構設計和分散式技術，對於讀者系統性地學習高並行程式設計有非常好的指導意義。

京東零售架構師 駱俊武

跟本書作者熟識是因為我們同為技術公眾號作者，一直覺得他是有才華又上進的技術人，最近得知他的新書即將出版，驚歎於他的高產與高品質。高並行程式設計是網際網路大廠對程式設計師最基本的要求，如果你想進入大廠，那麼高並行程式設計是必須紮實掌握的核心技能，本書系統地講解了各種場景下的高並行程式設計的精髓，我把這本書推薦給那些有志於成為優秀程式設計師的朋友們。

「技術領導力」公眾號作者、某電子商務公司 CTO Mr.K

並行程式設計是 Java 工程師繞不過去的挑戰，Java 並行程式設計所涉及的基礎知識較多，多執行緒程式設計所考慮的場景相對複雜，包括執行緒間的資源分享、競爭、鎖死等問題，本書剛好對這些問題進行了系統講解。本作者在並行程式設計領域深耕多年，在本書中用淺顯易懂的文字為大家系統地介紹了 Java 並行程式設計的相關內容。推薦大家關注學習本書。

「純潔的微笑」公眾號作者 純潔的微笑

高並行程式設計一直以來都是開發工作中的困難和重點。一旦你具有了優秀的高並行程式設計技能，就可以更充分地利用現有資源，更高效率地完成各種工作。如果你有能力高效利用你能排程的各種資源，你就比其他開發者擁有更高的價值。所以，如果你已經做了一段時間的開發工作，想要進一步提升自己的能力，高並行程式設計就是一個不錯的方向。如果你打算好好研究一下高並行程式設計，那麼我向你推薦這本新書。作者從基礎理論與核心原理開始，為你講解高並行的主要技術點；同時從實戰案例與系統架構的角度出發，為你解析工作中可能遇到的問題。這是一本理論與實踐相結合的好書，可以讓你更進一步地理解並掌握高並行程式設計的知識，同時更輕鬆地將這些知識運用到工作中。

公眾號「程式猿 DD」維護者、《Spring Cloud 微服務實戰》作者 翟永超

前言

✣ 為什麼要寫這本書

隨著網際網路的不斷發展，CPU 硬體的核心數也在不斷提升，並行程式設計越來越普及，但是並行程式設計並不像其他業務那樣簡單明了。在撰寫並行程式時，往往會出現各種各樣的 Bug，這些 Bug 常常以某種「詭異」的形式出現，然後迅速消失，並且在大部分場景下難以複現。所以，高並行程式設計著實是一項讓程式設計師頭疼的技術。

本書從實際需求出發，全面細緻地介紹了高並行程式設計的基礎知識、核心原理、實戰案例和系統架構等內容。每個章節都根據實際需要配有相關的原理圖和流程圖，在實戰案例篇，還會提供完整的實戰案例原始程式。書中的每個解決方案都經過高並行、大流量的生產環境的考驗，可以用於解決實際生產環境中的高並行問題。透過閱讀和學習本書，讀者可以更加全面、深入、透徹地理解高並行程式設計知識，提高對高並行程式設計問題的處理能力和專案實戰能力，並站在更高的層面解決高並行程式設計系統架構問題。

✣ 讀者對象

- 網際網路從業人員。
- 中高級開發人員。
- 架構師。
- 技術經理。
- 技術專家。
- 想轉行從事高並行程式設計的人員。

- 需要系統學習高並行程式設計的開發人員。
- 需要提高並行程式設計開發水準的人員。
- 需要時常查閱高並行程式設計技術和開發案例的人員。

✣ 本書特色

1. 系統介紹高並行程式設計的知識

目前，圖書市場少有全面細緻地介紹有關高並行程式設計的基礎知識、核心原理、實戰案例和系統架構的圖書，多從其中一兩個角度入手講解。本書從以上四方面入手，全面、細緻並且層層遞進地介紹了高並行程式設計相關知識。

2. 大量圖解和開發案例

為了便於理解，筆者在高並行程式設計的基礎知識、核心原理和系統架構章節中配有大量的圖解和圖表，在實戰案例章節中配有完整的高並行程式設計案例。讀者按照本書的案例學習，並運行案例程式，能夠更加深入地理解和掌握相關知識。另外，這些案例程式和圖解的 draw.io 原文件會一起收錄於隨書資料裡。讀者也可以造訪下面的連結，獲取完整的實戰案例原始程式和相關的隨書資料。

- GitHub：https://github.com/binghe001/mykit-concurrent-principle。
- Gitee：https://gitee.com/binghe001/mykit-concurrent-principle。

3. 案例應用性強

對於高並行程式設計的各項技術點，書中都配有相關的典型案例，具有很強的實用性，方便讀者隨時查閱和參考。

4. 具有較高的實用價值

書中大量的實戰案例來自筆者對實際工作的複習，尤其是實戰案例篇與系統架構篇涉及的內容，其中的完整案例稍加修改與完善便可應用於實際的生產環境中。

✣ 本書內容及知識系統

第 1 篇 基礎知識（第 1~2 章）

本篇簡單地介紹了作業系統執行緒排程的相關知識和並行程式設計的基礎知識。作業系統執行緒排程的知識包括馮·諾依曼系統結構、CPU 架構、作業系統執行緒和 Java 執行緒與作業系統執行緒的關係。並行程式設計的基礎知識包括並行程式設計的基本概念、並行程式設計的風險和並行程式設計中的鎖等。

第 2 篇 核心原理（第 3~14 章）

本篇使用大量的圖解詳細介紹了並行程式設計中各項技術的核心原理，涵蓋並行程式設計的三大核心問題、並行程式設計的本質問題、原子性的核心原理、可見性與有序性核心原理、synchronized 核心原理、AQS 核心原理、Lock 鎖核心原理、CAS 核心原理、鎖死的核心原理、鎖最佳化、執行緒池核心原理和 ThreadLocal 核心原理。

第 3 篇 實戰案例（第 15~18 章）

本篇在核心原理篇的基礎上，實現了 4 個完整的實戰案例，包括手動開發執行緒池實戰、基於 CAS 實現自旋鎖實戰、基於讀 / 寫鎖實現快取實戰和基於 AQS 實現可重入鎖實戰。每個實戰案例都是核心原理篇的落地實現，掌握這 4 個實戰案例的實現方式，有助我們更進一步地在實際專案中開發高並行程式。

第 4 篇　系統架構（第 19~20 章）

本篇以高並行、大流量場景下典型的分散式鎖架構和秒殺系統架構為例，深入剖析了分散式鎖和秒殺系統的架構細節，讓讀者能夠站在更高的架構層面來理解高並行程式設計。

✣ 如何閱讀本書

- 對於沒有接觸過高並行程式設計或高並行程式設計技術薄弱的讀者，建議按照順序從第 1 章開始閱讀，並實現書中的每一個案例。
- 對於有一定多執行緒和並行程式設計基礎的讀者，可以根據自身實際情況，選擇性地閱讀相關篇章。
- 對本書中涉及的高並行程式設計案例，讀者可以先自行思考其實現方式，再閱讀相關內容，可達到事半功倍的學習效果。
- 可以先閱讀一遍書中的高並行程式設計案例，再閱讀各種技術對應的原理細節，理解會更加深刻。

✣ 勘誤和支援

由於作者的水準有限，撰寫時間倉促，書中難免會出現一些錯誤或不妥之處，懇請讀者批評指正。如果讀者對本書有任何建議或想法，請聯繫筆者。

電子郵件：1028386804@qq.com。

✣ 致謝

感謝蔣濤（CSDN 創始人、總裁）、鄒欣（CSDN 副總裁）、右軍（螞蟻金服資深技術專家）、季敏（阿里中介軟體分散式事務團隊負責人）、於雨（Dubbo-go 社區負責人）、張開濤（高德資深技術專家）、孫玄（奈學科技創始兼 CEO、58 集團前技術委員會主席）、沈劍（網際網路架構專家、公眾號「架構師之路」作者）、程軍（餓了嗎前技術總監、公眾號「軍哥手記」作者）、李鵬雲（杭州任你説智慧科技 CTO）、李偉（Apache RocketMQ 北京社區聯合發起人）、駱俊武（京東零售架構師）、Mr.K（「技術領導力」公眾號作者、某電子商務公司 CTO）、「純潔的微笑（純潔的微笑」公眾號作者）、翟永超（公眾號「程式猿 DD」維護人、《Spring Cloud 微服務實戰》作者）（以上排名不分先後）等行業大佬對本書的大力推薦。

感謝作者技術社區的兄弟姐妹們，感謝你們長期對社區的支援和貢獻。你們的支援是我寫作的最大動力。

感謝我的團隊和許許多多一起合作、交流過的朋友們，感謝部落格、公眾號的粉絲，以及在我部落格、公眾號留言及鼓勵我的朋友們。

感謝電子工業出版社博文視點的張晶編輯，在這幾個月的時間中始終支援我寫作，你的鼓勵和幫助引導我順利完成全部書稿。

感謝我的家人，他們都在以自己的方式在我寫作期間默默地給予我支援與鼓勵，並時時刻刻為我灌輸著信心和力量！

最後，感謝所有支援、鼓勵和幫助過我的人。謹以此書獻給我最親愛的家人，以及許多關注、認可、支援、鼓勵和幫助過我的朋友們！

冰河

目錄

第 1 篇　基礎知識

01 作業系統執行緒排程

02 並行程式設計概述

第 2 篇　核心原理

03 並行程式設計的三大核心問題

04 並行程式設計的本質問題

05 原子性的核心原理

06 可見性與有序性核心原理

07 synchronized 核心原理

08 AQS 核心原理

09 Lock 鎖核心原理

10 CAS 核心原理

11 鎖死的核心原理

12 鎖最佳化

13 執行緒池核心原理

14 ThreadLocal 核心原理

第 3 篇 實戰案例

15 手動開發執行緒池實戰

16 基於 CAS 實現自旋鎖實戰

17 基於讀 / 寫鎖實現快取實戰

18 基於 AQS 實現可重入鎖實戰

第 4 篇 系統架構

19 深度解密分散式鎖架構

20 深度解密秒殺系統架構

第 1 篇
基礎知識

Chapter

01

作業系統執行緒排程

並行程式設計離不開作業系統和 CPU 的支援，只有作業系統和 CPU 支援多執行緒執行，才能極佳地實現並行程式設計。所以，本章先對作業系統執行緒排程的有關知識進行簡單的介紹。

本章所涉及的基礎知識如下。

- 馮．諾依曼系統結構。
- CPU 架構。
- 作業系統執行緒。
- Java 執行緒與作業系統執行緒的關係。

1.1 馮．諾依曼系統結構

1945 年，美籍匈牙利數學家、電腦科學家馮．諾依曼提出了電腦最基本的工作模型，這個模型就是著名的馮．諾依曼系統結構。本節簡單介紹一下馮．諾依曼系統結構。

1.1.1 概述

馮．諾依曼系統結構最基本的思想是：必須將提前撰寫好的程式和資料傳送到記憶體中才能執行程式。電腦在執行時期，首先從記憶體中獲取第一筆指令，對指令進行解碼操作，按照指令的要求從記憶體中取出對應的資料進行計算，並將計算的結果輸出到記憶體。然後，從記憶體中獲取第二筆指令，完成與獲取第一筆指令後相同的操作。接下來，從記憶體中獲取第三筆指令，依此類推。

同時，馮．諾依曼系統結構指出，一旦啟動程式，電腦就能夠在不需要人工操作的情況下自動完成從記憶體中取出指令並執行任務的操作。

可以將馮．諾依曼系統結構的特點複習為如下幾點。

（1）採用「儲存程式」的方式工作。也就是說，電腦需要具備長期儲存資料、中間計算結果、最終計算結果及程式的能力，而非僅僅具有短暫的儲存能力。

（2）電腦由五大基本元件組成，分別為運算器、控制器、記憶體、輸入裝置和輸出裝置。

（3）運算器能夠進行加、減、乘、除運算，並且能夠進行邏輯運算。

（4）控制器能夠自動執行從記憶體中獲取的指令。

（5）記憶體可以儲存指令，也可以儲存資料，電腦內部的資料及指令都是以二進位的形式表示的。

（6）電腦中的每筆指令都是由操作碼和位址碼組成的，操作碼指定操作的類型，位址碼指定運算元的位址。

（7）使用者可以透過輸入裝置將程式和資料登錄電腦。

（8）電腦可以透過輸出裝置將處理結果顯示給使用者。

1.1.2 電腦五大組成部分

馮·諾依曼系統結構中的電腦主要有五大組成部分，分別為運算器、控制器、記憶體、輸入裝置和輸出裝置。

這五大組成部分負責的主要功能有所不同，各組成部分的主要功能如下。

- 運算器：主要用於完成各種運算操作，例如算數運算、邏輯運算等。同時，運算器要負責資料的加工處理，例如資料的傳送等。
- 控制器：主要用於控制程式的執行，是整個電腦最核心的部分，被稱為電腦的大腦，與運算器、暫存器組和內部匯流排一起組成了電腦中最重要的部分——CPU。控制器根據儲存在記憶體中的指令或程式工作，其內部的程式計數器能夠控制指令或程式的執行流程。控制器還具備判斷指令或程式的能力，能夠根據運算器的計算結果來選擇不同的執行流程。
- 記憶體：主要用於儲存指令、程式和資料，電腦中的記憶體就屬於記憶體。在電腦中，指令、程式和資料都是以二進位的形式儲存在記憶體中的，具體的儲存位置由儲存位址決定。
- 輸入裝置：主要用於將指令、程式和資料登錄電腦進行加工和處理。例如電腦中的滑鼠和鍵盤等。
- 輸出裝置：主要用於將指令、程式和資料的加工、處理結果輸出並展示給使用者。例如顯示器和印表機等。

電腦各組成部分間的協作關係如圖 1-1 所示。

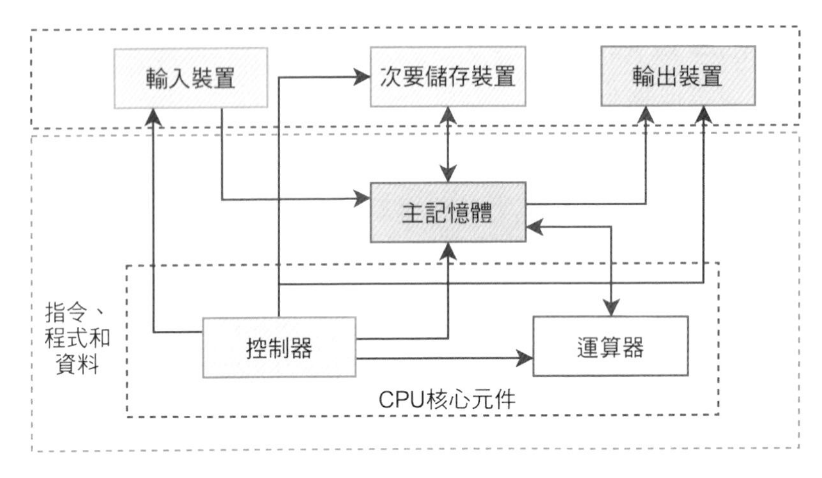

▲ 圖 1-1　電腦各組成部分間的協作關係

（1）記憶體可以分為主記憶體和次要儲存裝置，主記憶體就是通常所說的記憶體，次要儲存裝置也叫作外記憶體，磁碟就屬於外記憶體。

（2）CPU 核心元件可以分為控制器和運算器兩部分。

（3）輸入裝置向主記憶體輸入指令、程式和資料。

（4）主記憶體可以將指令、程式和資料輸出到次要儲存裝置，也可以從次要儲存裝置中讀取指令、程式和資料。

（5）主記憶體和次要儲存裝置都可以儲存輸入裝置輸入的指令、程式和資料。

（6）控制器控制著電腦中其他組成部分的執行流程。

（7）運算器讀取主記憶體中儲存的指令、程式和資料，完成對應的算數運算、邏輯運算，並對資料進行加工處理，將得出的結果輸出到主記憶體。

（8）主記憶體會根據控制器的控制指令，將運算器向主記憶體輸出的結果輸出到輸出裝置。

1.2 CPU 架構

CPU 是整個電腦中最核心的部分，尤其是 CPU 中的控制器，被稱為電腦的大腦，控制著電腦各組成部分之間的執行流程，使其協調、有序地工作。本節將對 CPU 架構的基礎知識進行簡單的介紹。

1.2.1 CPU 的組成部分

在某種程度上來講，CPU 主要由運算器、控制器、暫存器組和內部匯流排組成。

運算器和控制器在上一節中已經詳細介紹過，這裡重點介紹暫存器組和內部匯流排。

- 暫存器組：暫存器組的字面意思很好理解，就是一組暫存器，或者說包含若干暫存器。暫存器可以儲存程式的一部分指令，也負責儲存程式執行的跳躍指標和迴圈指令，它可以從快取記憶體、記憶體和控制單元中讀取資料。暫存器組可以分為專用暫存器和通用暫存器，專用暫存器的作用一般是固定的，暫存對應的資料；通用暫存器往往由使用人員規定其用途。
- 內部匯流排：內部匯流排能夠快速完成 CPU 內部各元件之間的資料交換，也能夠使資料快速流入和流出 CPU。

接下來，介紹 CPU 中的核心組成部分──運算器和控制器。運算器一般包括算數邏輯單位、累加暫存器、資料緩衝暫存器和狀態條件暫存器。

運算器各組成部分的主要功能如下。

- 算數邏輯單位：主要實現資料的算數運算和邏輯運算，對資料進行加工處理。
- 累加暫存器：也是通用暫存器，能夠為算數邏輯單位提供一個工作區，暫存指令、程式和資料。
- 資料快取暫存器：在 CPU 向記憶體寫入資料時，暫存指令、程式和資料。
- 狀態條件暫存器：在 CPU 執行指令和程式的過程中，儲存狀態標識和控制標識。

控制器主要由程式計數器、指令暫存器、指令解碼器和時序元件組成。

控制器各組成部分的主要功能如下。

- 程式計數器：主要在執行過程中儲存下一筆要執行的指令的位址。
- 指令暫存器：主要儲存即將執行的指令。
- 指令解碼器：主要對指令中的操作程式碼區段進行解析，將操作程式碼區段轉換成電腦能夠理解的形式。
- 時序元件：主要在 CPU 執行過程中提供時序控制訊號。

注意：指令解碼器主要對指令中的操作程式碼區段進行解析。在電腦中，一筆指令往往代表著一組有意義的二進位碼，指令由操作程式碼區段和位址程式碼區段組成。

其中，操作程式碼區段指明了電腦要執行何種操作，例如，加、減、乘、除，以及讀取資料和儲存資料等。

位址程式碼區段需要包含每個運算元的位址和操作結果需要儲存的位址等，從位址結構的角度，可以將指令分為零位址指令、一位址指令、二位址指令和三位址指令。

1.2.2 CPU 邏輯結構

CPU 從內部邏輯上可以劃分為控制單元、運算單元和儲存單元，CPU 內部邏輯組成如圖 1-2 所示。

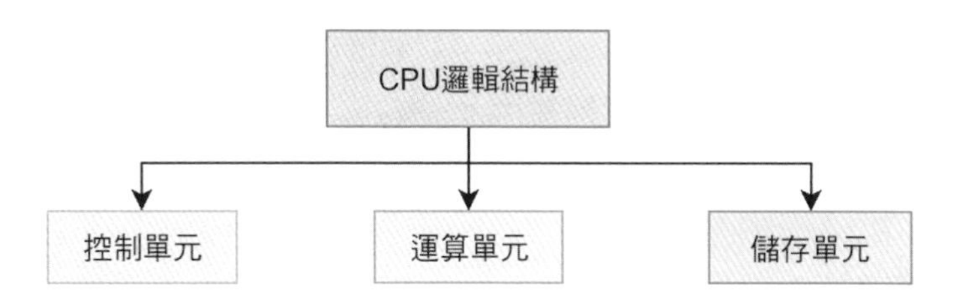

▲ 圖 1-2 CPU 內部邏輯組成

在某種程度上，控制單元又可以劃分為指令暫存器、指令解碼器和操作控制器。所以，可以將 CPU 的邏輯結構簡化為圖 1-3 來表示。

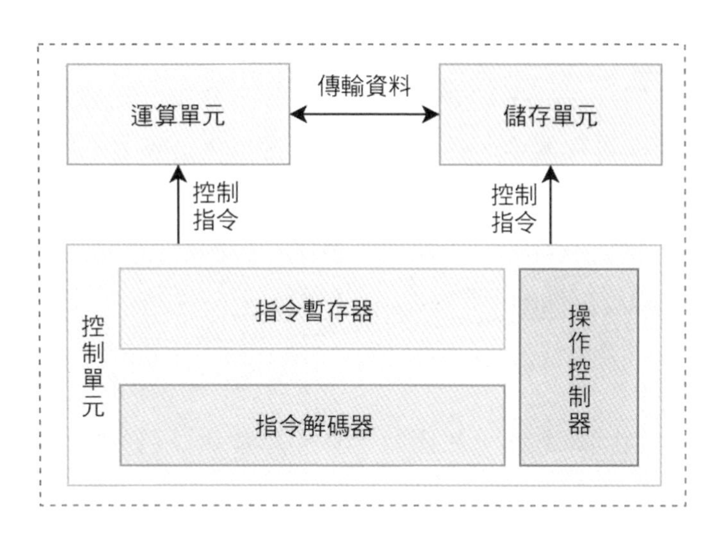

▲ 圖 1-3 CPU 邏輯結構

由圖 1-3 可以得出如下結論。

（1） 在邏輯上可以將 CPU 分為控制單元、運算單元和儲存單元。
（2） 控制單元可以分為指令暫存器、指令解碼器和操作控制器。
（3） 控制單元可以透過運算單元和儲存單元發送控制指令來控制運算單元和儲存單元的執行流程。
（4） 運算單元和儲存單元可以實現資料的雙向傳輸。

除了由圖 1-3 得出的結論，控制單元、運算單元和儲存單元還具備很多其他的功能。接下來，就對這些功能進行簡單的介紹。

1. 控制單元

控制單元是整個 CPU 最核心的邏輯組成部分，協調整個電腦的工作有序地進行。

其中，操作控制器中的主要控制邏輯元件有：節拍脈衝發生器、時脈脈衝發生器、重置電路、啟停電路和控制矩陣等。

控制單元能夠根據提前撰寫好的程式和指令，依次從記憶體中取出每一筆指令，儲存在暫存器中，透過指令解碼器對這些指令進行解碼，確定需要執行的具體操作，然後透過操作控制器按照確定的時序，向對應的元件發送控制訊號，對應的元件接收到操作控制器發來的控制訊號，會根據控制訊號執行具體的操作。

2. 運算單元

運算單元可以執行算數運算和邏輯運算。算數運算包括加、減、乘、除等基本運算，邏輯運算包括與、或、非、移位等操作。

運算單元接收控制單元發送過來的控制訊號，進行具體的運算操作。所以，在某種程度上，運算單元屬於執行元件。

3. 儲存單元

儲存單元一般包括快取記憶體和暫存器組，能夠暫時儲存 CPU 中待處理或者已經處理的資料。暫存器擁有非常高的讀寫性能，資料在暫存器之間傳輸的速度是非常快的，CPU 存取暫存器所花費的時間遠遠低於存取記憶體所花費的時間。

暫存器可以大大減少 CPU 存取記憶體的次數，從而大大提高 CPU 的工作效率。

1.2.3 單核心 CPU 的不足

在 CPU 技術發展初期，CPU 是單核心的，在「摩爾定律」的指引下，CPU 的性能每 18 個月就會翻一倍。

儘管如此，單核心 CPU 的性能仍會遇到瓶頸，尤其是在執行多執行緒程式時，會存在很多問題。其中一個很突出的問題是執行緒的頻繁切換，將嚴重影響 CPU 和程式的執行性能。

這個問題同樣存在於多核心 CPU 中。在並行程式設計中，CPU 的每個核心在同一時刻只能被一個執行緒使用，如果設定的執行緒數大於 CPU 的核心數，就會頻繁地發生執行緒切換。

這是因為 CPU 採用了時間切片輪轉策略進行資源配置，也就是為每個執行緒分配一個時間切片，執行緒在這個時間切片週期內佔用 CPU 的資源執行任務。當執行緒執行完任務或者佔用 CPU 資源達到一個時間切片週期時，就會讓出 CPU 的資源供其他執行緒執行。這就是任務切換，也叫作執行緒切換或者執行緒的上下文切換。

圖 1-4 模擬了執行緒在 CPU 中的切換過程。

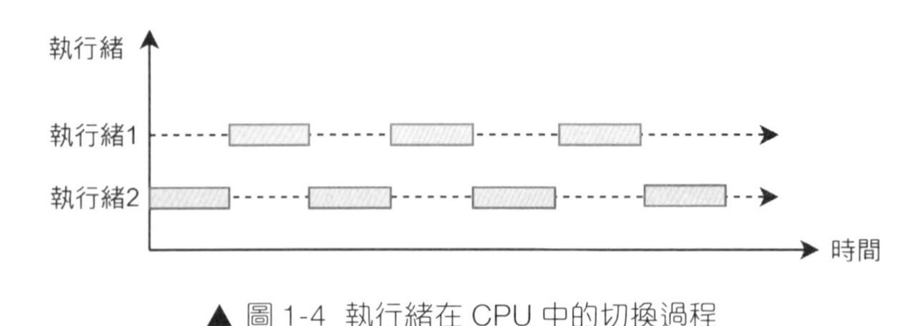

▲ 圖 1-4 執行緒在 CPU 中的切換過程

圖 1-4 中存在執行緒 1 和執行緒 2 兩個執行緒，圖中的小方塊代表執行緒佔用 CPU 資源並且正在執行任務，小方塊佔用 CPU 資源的時間，就是時間切片週期。虛線部分代表當前執行緒未獲取到 CPU 資源，不會執行任務。

在單核心 CPU 中，同一時刻只能有一個執行緒先佔到 CPU 資源執行任務，其他執行緒此時不得不暫停等待，嚴重影響任務的執行效率。

1.2.4 多核心 CPU 架構

為了解決單核心 CPU 的性能瓶頸問題，研發工程師嘗試在一個 CPU 中嵌入多顆 CPU 核心，多核心 CPU 由此誕生。

現如今，單核心 CPU 已經很少見了，目前主流的 CPU 基本都是多個核心的，有些性能比較好的個人筆記型電腦或者桌上型電腦的 CPU 核心數已經達到 16 或者 32。譯者使用的電腦的 CPU 就是 24 核心的，打開系統的資源監視器，就能看到電腦的 CPU 核心數。如圖 1-5 所示，圖中右側從上至下依次顯示了 CPU 0 到 CPU 23 的使用率。

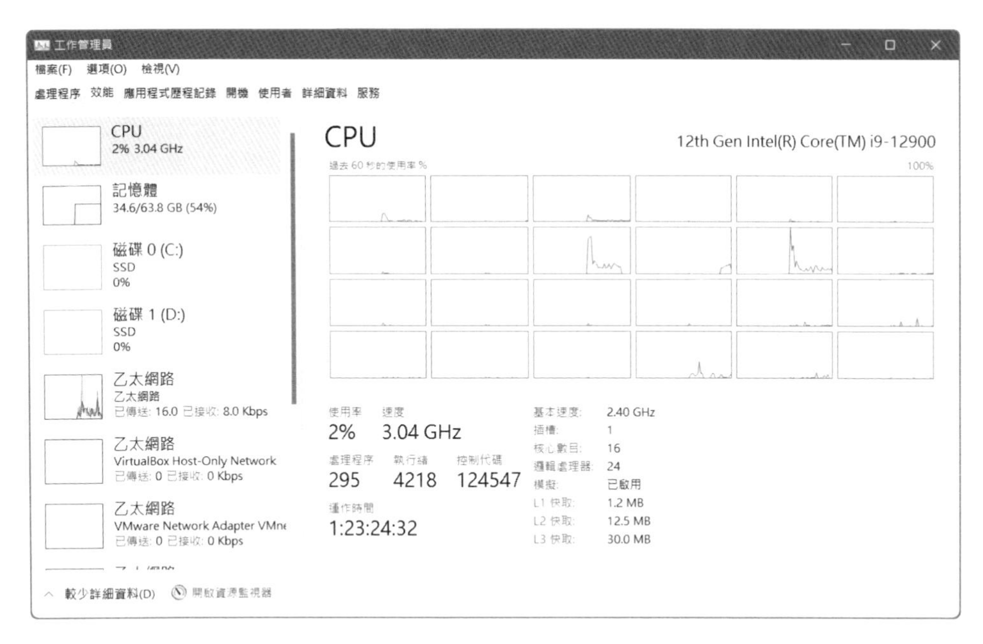

▲ 圖 1-5 一般電腦的 CPU 核心數

我們以雙核心 CPU 為例講解多核心 CPU 架構，如圖 1-6 所示。

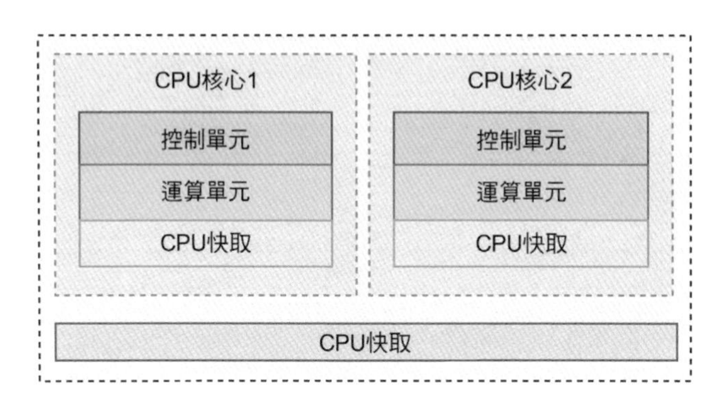

▲ 圖 1-6 多核心 CPU 架構

多核心 CPU 將多個 CPU 核心整合到一個 CPU 晶片中。由圖 1-6 可以看出，每個 CPU 核心都是一個獨立的處理器，擁有獨立的控制單元和運算單元，並且存在獨立的快取。同時，多個 CPU 核心會共享 CPU 內部的快取。CPU 的多個核心之間透過 CPU 內部匯流排通訊。

> **注意**：關於 CPU 快取架構的知識會在本書 6.1 節進行介紹。

1.2.5 多 CPU 架構

一些性能比較高的伺服器除了使用多核心的 CPU，還會使用多個 CPU 來進一步增強其性能。

多 CPU 架構如圖 1-7 所示。

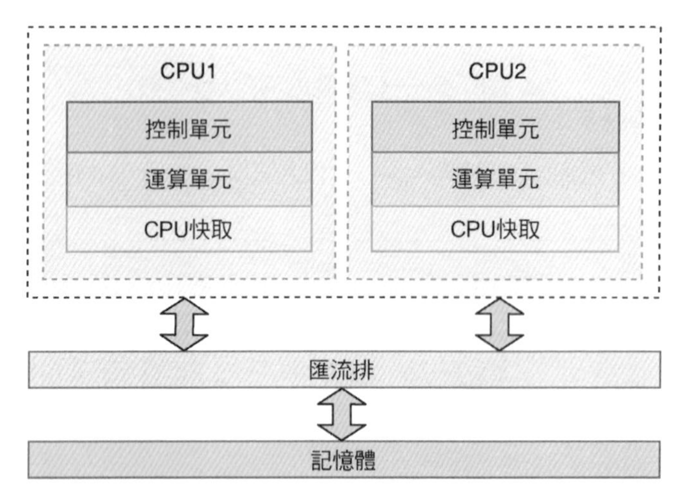

▲ 圖 1-7 多 CPU 架構

由圖 1-7 可以看出，在多 CPU 架構中，每個 CPU 在物理上都是獨立的，每個 CPU 內部都存在控制單元和運算單元，並且都有獨立的快取。多個 CPU 之間、CPU 與記憶體之間是透過主機板上的匯流排進行通訊的。

注意：多核心 CPU 與多 CPU 的本質區別是：多核心 CPU 本質上是將多個 CPU 核心整合到單一 CPU 晶片中，在物理上是一個 CPU；多 CPU 在物理上是多個 CPU。

1.3 作業系統執行緒

無論使用何種程式設計語言撰寫的多執行緒程式，最終都是透過呼叫作業系統的執行緒來執行任務的。執行緒是 CPU 排程的最小執行單元，在作業系統層面，可以劃分為使用者級執行緒、核心級執行緒和混合級執行緒。

1.3.1 使用者級執行緒

可以用圖 1-8 來表示使用者級執行緒。

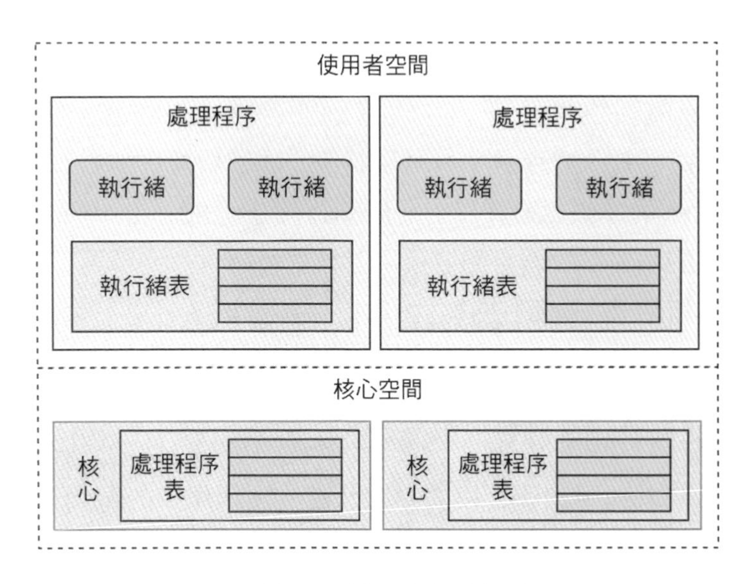

▲ 圖 1-8 使用者級執行緒

1. 使用者級執行緒的特點

使用者級執行緒有如下特點。

（1）使用者級執行緒都是在作業系統的使用者空間中建立的，不依賴作業系統的核心。

（2）作業系統只能感知處理程序的存在，無法感知執行緒的存在。

（3）使用者空間建立的處理程序利用執行緒函數庫實現執行緒的建立和管理。

（4）由於使用者級執行緒建立的執行緒都在使用者空間，所以，在執行緒的執行過程中，不會涉及使用者態和核心態的切換問題。

（5）作業系統無法感知執行緒的存在，一個執行緒阻塞會使整個處理程序阻塞。

（6）CPU 的時間切片分配是以處理程序為單位的。

（7）每個使用者空間中的處理程序都會維護一個執行緒表來追蹤本處理程序中的執行緒，而核心空間中會維護一個處理程序表來追蹤使用者空間中建立的處理程序。

2. 使用者級執行緒的優點

（1）執行緒的切換不會涉及使用者態和核心態的切換，執行效率高。

（2）使用者級執行緒能夠實現自訂的執行緒排程演算法，例如，可以實現自訂的垃圾回收器來回收使用者級執行緒。

（3）在高並行場景下，即使建立的執行緒數量過多，也不會佔用大量的作業系統空間。

3. 使用者級執行緒的缺點

（1）作業系統感知不到執行緒的存在，當處理程序中的某個執行緒呼叫系統函數時，如果發生阻塞，則無論執行緒所在的處理程序中是否存在正在執行的執行緒，作業系統都會阻塞整個處理程序。

（2）作業系統的使用者空間中不存在時脈中斷機制，如果處理程序中的某個執行緒長時間不釋放 CPU 資源，處理程序中的其他執行緒就會由於得不到 CPU 資源而長時間等待。

1.3.2 核心級執行緒

可以用圖 1-9 來表示核心級執行緒。

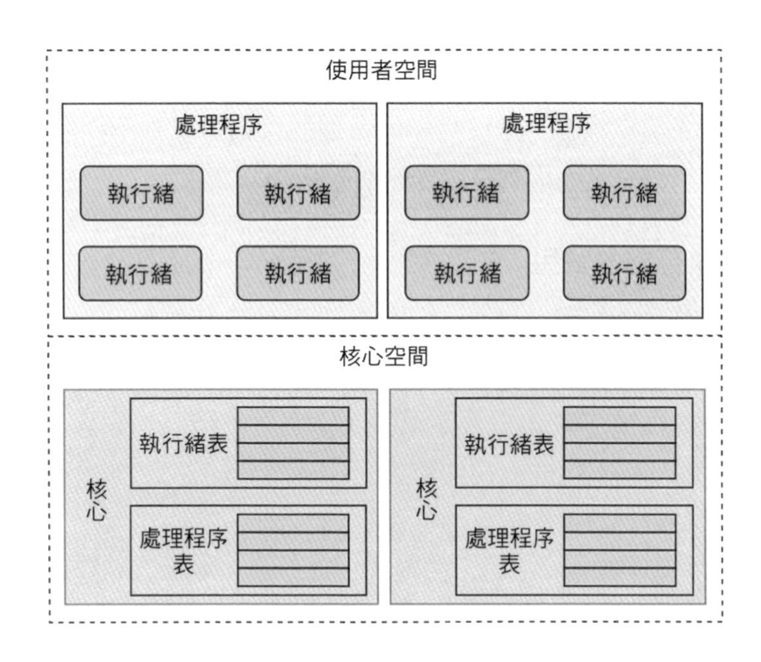

▲ 圖 1-9 核心級執行緒

1. 核心級執行緒的特點

核心級執行緒的特點如下。

（1）核心級執行緒的建立和管理都是在作業系統核心中完成的。

（2）作業系統核心儲存執行緒的執行狀態和上下文。

（3） 作業系統核心同時維護執行緒表和處理程序表來追蹤執行緒的執行狀態和處理程序的執行狀態。

（4） 處理程序中的某個執行緒阻塞後不會阻塞整個處理程序，作業系統核心會排程處理程序中的其他執行緒。

2. 核心級執行緒的優點

（1） 核心級執行緒不會引起整個處理程序的阻塞。當處理程序中的某個執行緒阻塞時，作業系統核心可以排程處理程序中的其他執行緒，也可以排程其他處理程序中的執行緒，不會阻塞處理程序。

（2） 作業系統核心將同一處理程序的多個執行緒排程到不同的 CPU 核心上執行，能夠大大提高任務執行的並行度，提高程式的執行效率。

3. 核心級執行緒的缺點

（1） 核心級執行緒在執行過程中，如果涉及執行緒的阻塞與喚醒，則可能觸發使用者態和核心態的切換。

（2） 核心級執行緒的建立和管理都需要作業系統核心來完成，與使用者級執行緒相比，這些操作比較慢。

注意：如今絕大多數作業系統，例如，Windows、mac OS、Linux 等都支援核心級執行緒。

1.3.3 混合級執行緒

混合級執行緒綜合了使用者級執行緒和核心級執行緒，在使用者空間中建立和管理使用者級執行緒，在核心空間中建立和管理核心級執行緒。可以用圖 1-10 來表示混合級執行緒。

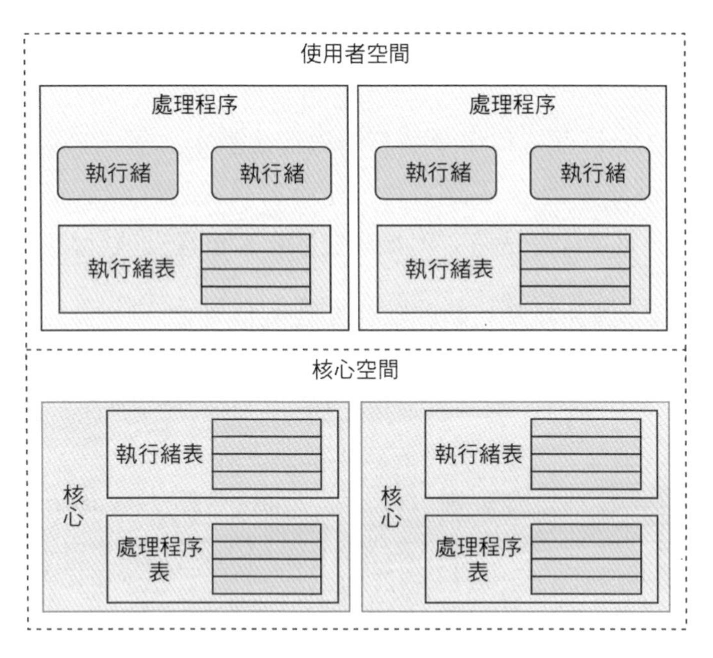

▲ 圖 1-10 混合級執行緒

在混合級執行緒中，作業系統核心空間只能感知由作業系統核心建立的執行緒，使用者空間的執行緒基於核心空間的執行緒執行。使用者可以定義使用者空間的執行緒排程，也可以決定使用者空間建立的執行緒數量。由於使用者空間的執行緒是基於核心空間的執行緒執行的，因此使用者空間的執行緒數量間接決定了新建立的核心空間的執行緒的數量。

注意：混合級執行緒是使用者級執行緒和核心級執行緒的綜合體，可以結合使用者級執行緒和核心級執行緒來理解混合級執行緒。關於混合級執行緒，筆者不再贅述。

1.4 Java 執行緒與作業系統執行緒的關係

Java 語言建立的執行緒和作業系統的執行緒基本上呈一一對應的關係。當使用 Thread 類別建立執行緒時，並不會真正建立執行緒，只有呼叫 Thread 類別的 start() 方法時，作業系統才會真正建立執行緒。

Java 執行緒與作業系統執行緒的關係如圖 1-11 所示。

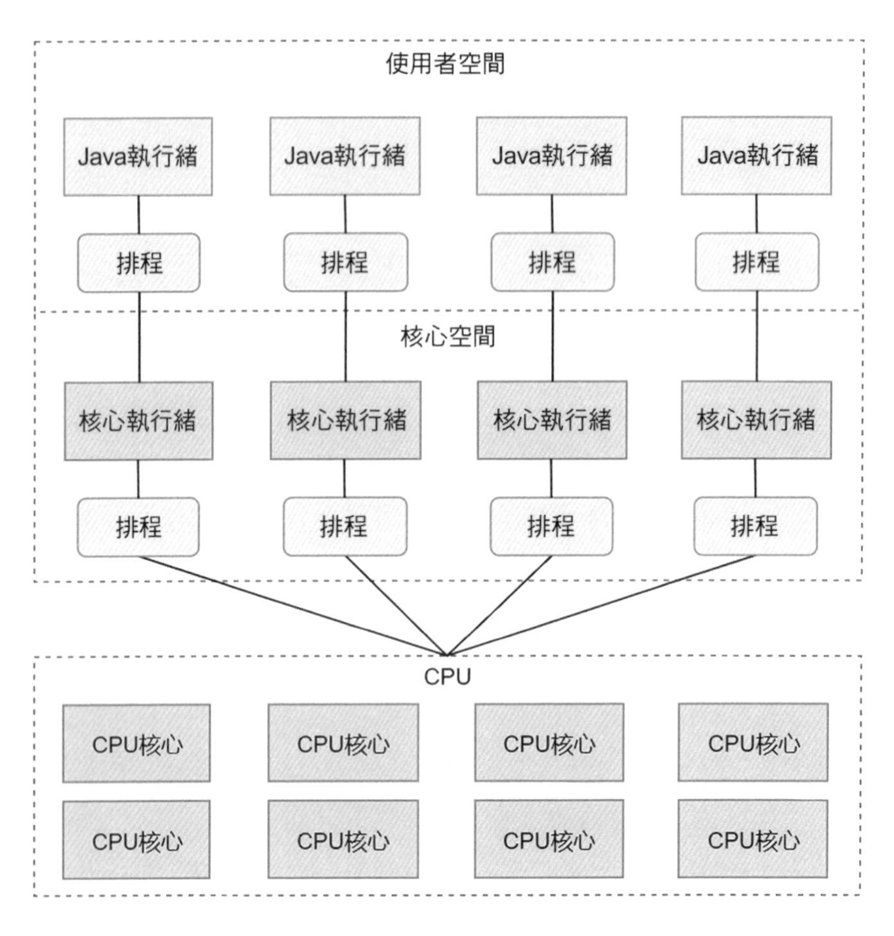

▲ 圖 1-11 Java 執行緒與作業系統執行緒的關係

由圖 1-11 可以看出，Java 執行緒和核心執行緒呈一一對應的關係，建立一個 Java 執行緒，在作業系統中就會建立一個對應的核心執行緒，核心執行緒最終會被排程到 CPU 上執行。

注意：使用者空間的執行緒排程是透過函數庫排程器完成的，而核心空間的執行緒排程是透過作業系統排程器完成的。

1.5 本章複習

本章主要介紹了有關作業系統執行緒排程的基礎知識。首先，簡單介紹了馮·諾依曼結構系和電腦的五大組成部分。隨後簡單介紹了 CPU 的架構知識，包括 CPU 的組成部分、CPU 邏輯結構、單核心 CPU 的不足、多核心 CPU 架構和多 CPU 架構。接下來，介紹了作業系統執行緒的相關知識，包括使用者級執行緒、核心級執行緒和混合級執行緒。最後，對 Java 執行緒與作業系統執行緒的關係進行了簡明扼要的介紹。

下一章，將對並行程式設計進行簡要的介紹。

Chapter

02

並行程式設計概述

為了更好地學習並行程式設計的知識，需要明確一些概念。本章就對並行程式設計中涉及的一些概念進行簡單的介紹。

本章相關的基礎知識如下。

- 並行程式設計的基本概念。
- 並行程式設計的風險。
- 並行程式設計中的鎖。

2.1 並行程式設計的基本概念

2.1.1 程式

程式是人為撰寫的或由某種方式自動生成的程式，能夠儲存在檔案中，程式本身是靜態的。如果要執行程式，則需要將程式載入到記憶體中，透過編譯器或解譯器將其翻譯成電腦能夠理解的方式執行。

可以透過某種程式設計語言來撰寫程式，例如，組合語言、C/C++ 語言、Java 語言、Python 語言和 Go 語言等。

2.1.2 處理程序與執行緒

現代作業系統在啟動一個程式時，往往會為這個程式建立一個處理程序。例如，在啟動一個 Java 程式時，就會建立一個 JVM 處理程序；在啟動一個 Python 程式時，就會建立一個 Python 處理程序；在啟動一個 Go 程式時，就會建立一個 Go 處理程序。

處理程序是作業系統進行資源配置的最小單位，在一個處理程序中可以建立多個執行緒。

執行緒是比處理程序細微性更小的能夠獨立執行的基本單位，也是 CPU 排程的最小單元，被稱為輕量級的處理程序。在一個處理程序中可以建立多個執行緒，多個執行緒各自擁有獨立的區域變數、執行緒堆疊和程式計數器等，能夠存取共享的資源。

處理程序與執行緒存在著基本的差異。

（1）處理程序是作業系統分配資源的最小單位，執行緒是 CPU 排程的最小單元。

（2）一個處理程序中可以包含一個或多個執行緒，一個執行緒只能屬於一個處理程序。

（3）處理程序與處理程序之間是互相獨立的，處理程序內部的執行緒之間並不完全獨立，可以共享處理程序的螢幕記憶體、方法區記憶體和系統資源。

（4）處理程序上下文的切換要比執行緒的上下文切換慢很多。

（5）處理程序是存在位址空間的，而執行緒本身無位址空間，執行緒的位址空間是包含在處理程序中的。

（6）某個處理程序發生異常不會對其他處理程序造成影響，某個執行緒發生異常可能會對所在處理程序中的其他執行緒造成影響。

2.1.3 執行緒組

執行緒組可以同時管理多個執行緒。在實際的應用場景中，如果系統建立的執行緒比較多，建立的執行緒功能也比較明確，就可以將具有相同功能的執行緒放到一個執行緒組中。

執行緒組的使用相對較簡單，例如下面的程式建立了一個執行緒組——threadGroup，兩個執行緒——thread1 和 thread2，並將 thread1 和 thread2 放到 threadGroup 中。

```
/**
 * @author binghe
 * @version 1.0.0
 * @description 測試執行緒組的使用
 */
public class ThreadGroupTest {

    public static void main(String[] args){
        //建立執行緒組threadGroup
        ThreadGroup threadGroup = new ThreadGroup("threadGroupTest");

        //建立thread1物件實例，並在建構方法中傳入執行緒組和執行緒名稱
        Thread thread1 = new Thread(threadGroup, ()->{
            String groupName = Thread.currentThread().getThreadGroup().
getName();
            String threadName = Thread.currentThread().getName();
```

```
            System.out.println(groupName + "-" + threadName);
        }, "thread1");

        //建立thread2物件實例，並在建構方法中傳入執行緒組和執行緒名稱
        Thread thread2 = new Thread(threadGroup, ()->{
            String groupName = Thread.currentThread().getThreadGroup().
getName();
            String threadName = Thread.currentThread().getName();
            System.out.println(groupName + "-" + threadName);
        }, "thread2");

        //啟動thread1
        thread1.start();
        //啟動thread2
        thread2.start();
    }
}
```

執行上面的程式會輸出如下資訊。

```
threadGroupTest-thread2
threadGroupTest-thread1
```

在實際業務中，可以根據執行緒的不同功能將其劃分到不同的執行緒組中。

2.1.4 使用者執行緒與守護執行緒

使用者執行緒是最常見的執行緒。例如，在程式啟動時，JVM 呼叫程式的 main() 方法就會建立一個使用者執行緒。

下面的程式建立了一個使用者執行緒。

```java
/**
 * @author binghe
 * @version 1.0.0
 * @description 測試使用者執行緒
 */
public class ThreadUserTest {

    public static void main(String[] args){
        //建立threadUser執行緒實例
        Thread threadUser = new Thread(()->{
            System.out.println("我是使用者執行緒");
        }, "threadUser");

        //啟動執行緒
        threadUser.start();
    }
}
```

守護執行緒是一種特殊的執行緒，這種執行緒在系統後台完成對應的任務，例如，JVM 中的垃圾回收執行緒、JIT 編譯執行緒等都是守護執行緒。

在程式執行的過程中，只要有一個非守護執行緒還在執行，守護執行緒就會一直執行。只有所有的非守護執行緒全部執行結束，守護執行緒才會退出。

在撰寫 Java 程式時，可以手動指定當前執行緒是否是守護執行緒。方法也相對較簡單，就是呼叫 Thread 物件的 setDeamon() 方法，傳入 true 即可。

下面的程式建立了一個執行緒 threadDeamon，並將其設定為守護執行緒。

```
/**
 * @author binghe
 * @version 1.0.0
 * @description 測試守護執行緒
 */
public class ThreadDaemonTest {
    public static void main(String[] args){
        //建立threadDaemon執行緒實例
        Thread threadDaemon = new Thread(()->{
            System.out.println("我是守護執行緒");
        }, "threadDaemon");

        //將執行緒設定為守護執行緒
        threadDaemon.setDaemon(true);
        //啟動執行緒
        threadDaemon.start();
    }
}
```

2.1.5 並行與並行

並行與並行是兩個非常容易混淆的概念。並行指當多核心 CPU 中的一個 CPU 核心執行一個執行緒時，另一個 CPU 核心能夠同時執行另一個執行緒，兩個執行緒之間不會相互先佔 CPU 資源，可以同時執行。圖 2-1 形象地表示了並行的執行流程。

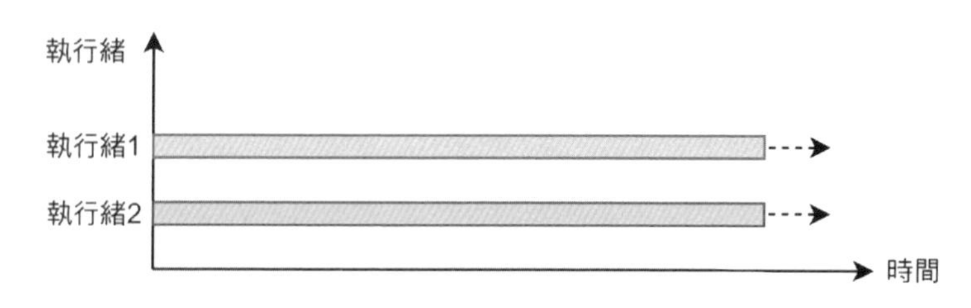

▲ 圖 2-1 並行的執行流程

並髮指在一段時間內 CPU 處理了多個執行緒，這些執行緒會先佔 CPU 的資源，CPU 資源根據時間切片週期在多個執行緒之間來回切換，多個執行緒在一段時間內同時執行，而在同一時刻實際上不是同時執行的。圖 2-2 形象地表示了並行的執行流程。

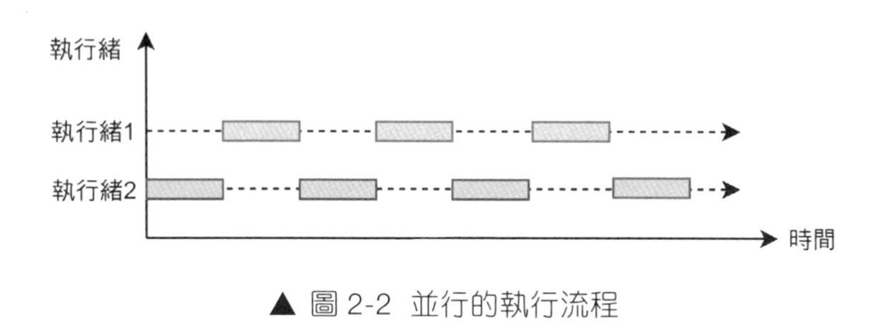

▲ 圖 2-2 並行的執行流程

並行與並行存在如下區別。

（1）並行指多個執行緒在一段時間的每個時刻都同時執行，並髮指多個執行緒在一段時間內（而非每個時刻）同時執行。

（2）並存執行的多個任務之間不會先佔系統資源，並行執行的多個任務會先佔系統資源。

（3）並行只有在多核心 CPU 或者多 CPU 的情況下才會發生，在單核心 CPU 中只可能發生串列執行或者並行執行。

2.1.6 同步與非同步

同步與非同步主要是針對一次方法的呼叫來說的。以同步方式呼叫方法時，必須在方法返回資訊後，才能執行後面的操作。而以非同步方式呼叫方法時，不必等方法返回資訊，就可以執行後面的操作，當完成被呼叫的方法邏輯後，會以通知或者回呼的方式告知呼叫方。

2.1.7 共享與獨享

共享指多個執行緒在執行過程中共享某些系統資源，而獨享指一個執行緒在執行過程中獨佔某些系統資源。

例如在 Java 程式執行的過程中，JVM 中的方法區和螢幕空間是執行緒共享的，而堆疊、本地方法堆疊和程式計數器是每個執行緒獨佔的，也就是獨享的。

2.1.8 臨界區

臨界區一般表示能夠被多個執行緒共享的資源或資料，但是每次只能提供給一個執行緒使用。臨界區資源一旦被佔用，其他執行緒就必須等待。

在並行程式設計中，臨界區一般指受保護的物件或者程式碼片段，可以透過加鎖的方式保證每次只有一個執行緒進入臨界區，從而達到保護臨界區的目的。

2.1.9 阻塞與非阻塞

阻塞與非阻塞一般用來描述多個執行緒之間的相互影響。例如，在並行程式設計中，多個執行緒先佔一個臨界區資源，如果其中一個執行緒先佔成功，那麼其他的執行緒必須阻塞等待。在佔用臨界區資源的執行緒執行完畢，釋放臨界區資源後，其他執行緒可以再次先佔臨界區資源。

如果佔用臨界區資源的執行緒一直不釋放資源，其他執行緒就會一直阻塞等待。

非阻塞指執行緒之間不會相互影響，所有的執行緒都會繼續執行。例如，著名的高性能網路程式設計框架 Netty，內部就大量使用了非同步非阻塞的程式設計模型。

2.2 並行程式設計的風險

並行程式設計存在諸多優點，例如可以充分利用多核心 CPU 的運算能力，透過對業務進行拆分並以多執行緒並行的方式執行，來提升應用的性能。

並行程式設計也存在很多風險，典型的風險包括安全性問題、活躍性問題和性能問題。

2.2.1 安全性問題

撰寫安全的多執行緒程式是比較困難的，如果處理不當，就會出現意想不到的後果，甚至會出現各種詭異的 Bug，導致程式不能按照最初的設想執行。

例如，下面的程式就存在安全性問題。

```
/**
 * @author binghe
 * @version 1.0.0
 * @description 測試執行緒的不安全性
 */
public class UnSafevalue {

    private long value;
```

```
    public long nextvalue(){
        return value++;
    }
}
```

上述程式的本意是每當呼叫同一個 UnSafevalue 物件的 nextvalue() 方法時，value 的值都會加 1 並返回。但是在多執行緒並行的情況下，當多個執行緒呼叫同一個 UnSafevalue 物件的 nextvalue() 方法時，不同執行緒可能返回相同的 value 值。也就是說，上面的程式不是執行緒安全的，具有安全性問題。

那麼，如何讓上述程式變得安全呢？可以在 nextvalue() 方法上增加一個 synchronized 關鍵字，為其增加一個同步鎖，如下所示。

```
/**
 * @author binghe
 * @version 1.0.0
 * @description 測試執行緒的安全性
 */
public class Safevalue {

    private long value;

    public synchronized long nextvalue(){
        return value++;
    }
}
```

此時，當多個執行緒呼叫同一個 Safevalue 物件的 nextvalue() 方法時，每次呼叫 value 的值都會加 1 並返回，解決了執行緒安全的問題。

注意：有關 synchronized 鎖的知識，會在本書 7.5 節進行詳細的介紹，筆者在此不再贅述。

2.2.2 活躍性問題

通常來講，活躍性問題指程式中某個操作無法正常執行下去了。在串列程式中，如果程式中發生無限迴圈的異常，就會使迴圈後面的程式無法正常執行，從而引起活躍性問題。

在並行程式設計中，鎖死、饑餓與活鎖都是典型的活躍性問題。例如，系統中存在兩個執行緒，分別是執行緒 A 和執行緒 B，執行緒 B 等待中的執行緒 A 釋放資源，如果執行緒 A 永遠不釋放資源，執行緒 B 就會永遠等待下去，這就是活躍性問題。

解決活躍性問題的方法就是在串列程式中避免出現無限迴圈的異常。在並行程式設計中，避免出現鎖死、饑餓和活鎖等異常。

注意：關於鎖死、饑餓與活鎖的知識會在 2.3 節進行介紹，筆者在此不再贅述。

2.2.3 性能問題

在一般情況下，在多核心 CPU 上，多執行緒程式往往會比單執行緒程式的執行效率高。但是，如果為了執行緒解決執行緒的安全性問題，為臨界區增加了鎖，而鎖的細微性或範圍比較大，就會影響程式的執行性能。

另外，如果程式在執行的過程中出現服務回應時間過長、資源消耗過高、系統輸送量過低等問題，那麼也會影響執行性能。

在並行程式設計中，儘量使用無鎖的資料結構和演算法，儘量減少鎖的範圍和持有時間，以提升程式的執行性能。

總之，提升程式的性能可以從三方面著手：提高輸送量、降低延遲和提高並行量。

2.3 並行程式設計中的鎖

在並行程式設計中會涉及各種鎖的概念，本節簡單介紹並行程式設計中的常見鎖。

2.3.1 悲觀鎖與樂觀鎖

悲觀鎖顧名思義就是持有悲觀的態度，執行緒每次進入臨界區處理資料時，都認為資料很容易被其他執行緒修改。所以，在執行緒進入臨界區前，會用鎖鎖住臨界區的資源，並在處理資料的過程中一直保持鎖定狀態。其他執行緒由於無法獲取到對應的資源，就會阻塞等待，直到獲取鎖的執行緒釋放鎖，等待的執行緒才能獲取到鎖。

Java 中的 synchronized 重量級鎖就是一種典型的悲觀鎖。

樂觀鎖顧名思義就是持有樂觀的態度，認為每次存取資料的時候其他執行緒都不會修改資料，所以，在存取資料的時候，不會對資料進行加鎖操作。當涉及對資料更新的操作時，會檢測資料是否被其他執行緒修改過：如果資料沒有被修改過，則當前執行緒提交更新操作；如果資料被其他執行緒修改過，則當前執行緒會嘗試再次讀取資料，檢測資料是否被其他執行緒修改過，如果再次檢測的結果仍然為資料已經被其他執行緒修改過，則會再次嘗試讀取資料，如此反覆，直到檢測到的資料沒有被其他執行緒修改過。

樂觀鎖在具體實現時，一般會採用版本編號機制，先讀取資料的版本編號，在寫入資料時比較版本編號是否一致，如果版本編號一致則更新資料，否則再次讀取版本編號，比較版本編號是否一致，直到版本編號一致時更新資料。

Java 中的樂觀鎖一般都是基於 CAS 自旋實現的。在 Java 中，CAS 是一種原子操作，底層呼叫的是硬體層面的比較並交換的邏輯。在實現時，會比較當前值與傳入的期望值是否相同，如果相同，則把當前值修改為目標值，否則不修改。

Java 中的 synchronized 輕量級鎖屬於樂觀鎖，是基於抽象佇列同步器（AQS）實現的鎖，如 ReentrantLock 等。

2.3.2 公平鎖與非公平鎖

公平鎖的核心思想就是公平，能夠保證各個執行緒按照順序獲取鎖，也就是「先來先獲取」的原則。

例如，存在三個執行緒，分別為執行緒 1、執行緒 2 和執行緒 3，並依次獲取鎖。首先，執行緒 1 獲取鎖，執行緒 2 和執行緒 3 阻塞等待，執行緒 1 執行完任務釋放鎖。然後，執行緒 2 被喚醒並獲取鎖，執行完任務釋放鎖。最後，執行緒 3 被喚醒並獲取鎖，執行完任務釋放鎖。這就是獲取公平鎖的流程。

非公平鎖的核心思想就是每個執行緒獲取鎖的機會是不平等的，也是不公平的。先先佔鎖的執行緒不一定能夠先獲取鎖。

例如，存在三個執行緒，分別為執行緒 1、執行緒 2 和執行緒 3，在執行緒 1 和執行緒 2 先佔鎖的過程中，執行緒 1 獲取到鎖，執行緒 2 阻塞等待。執行緒 1 執行完任務釋放鎖後，在喚醒執行緒 2 時，執行緒 3 嘗試先佔鎖，則執行緒 3 是可以獲取到鎖的。這就是非公平鎖。

在 Java 中，ReentrantLock 預設的實現為非公平鎖，也可以在建構方法中傳入 true 來建立公平鎖物件。

2.3.3 獨佔鎖與共享鎖

獨佔鎖也叫排他鎖，在多個執行緒爭搶鎖的過程中，無論是讀取操作還是寫入操作，只能有一個執行緒獲取到鎖，其他執行緒阻塞等待，獨佔鎖採取的是悲觀保守策略。

獨佔鎖的缺點是無論對於讀取操作還是寫入操作，都只能有一個執行緒獲取鎖。但是讀取操作不會修改資料，如果當讀取操作執行緒獲取鎖時其他的讀取執行緒被阻塞，就會大大降低系統的讀取性能。此時，就需要用到共享鎖了。

共享鎖允許多個讀取執行緒同時獲取臨界區資源，它採取的是樂觀鎖的機制。共享鎖會限制寫入操作與寫入操作之間的競爭，也會限制寫入操作與讀取操作之間的競爭，但是不會限制讀取操作與讀取操作之間的競爭。

在 Java 中，ReentrantLock 是一種獨佔鎖，而 ReentrantReadWriteLock 可以實現讀 / 寫鎖分離，允許多個讀取操作同時獲取讀取鎖。

2.3.4 可重入鎖與不可重入鎖

可重入鎖也叫遞迴鎖，指同一個執行緒可以多次佔用同一個鎖，但是在解鎖時，需要執行相同次數的解鎖操作。

例如，執行緒 A 在執行任務的過程中獲取鎖，在後續執行任務的過程中，如果遇到先佔同一個鎖的情況，則也會再次獲取鎖。

不可重入鎖與可重入鎖在邏輯上是相反的，指一個執行緒不能多次佔用同一個鎖。

例如，執行緒 A 在執行任務的過程中獲取鎖，在後續執行任務的過程中，如果遇到先佔同一個鎖的情況，則不能再次獲取鎖。只有先釋放鎖，才能再次獲取該鎖。

在 Java 中，ReentrantLock 就是一種可重入鎖。

2.3.5 可中斷鎖與不可中斷鎖

可中斷與不可中斷主要指執行緒在阻塞等待的過程中，能否中斷自己阻塞等待的狀態。

可中斷鎖指鎖被其他執行緒獲取後，某個執行緒在阻塞等待的過程中，可能由於等待的時間過長而中斷阻塞等待的狀態，去執行其他任務。

不可中斷鎖指鎖被其他執行緒獲取後，某個執行緒如果也想獲取這個鎖，就只能阻塞等待。如果佔有鎖的執行緒一直不釋放鎖，其他想獲取鎖的執行緒就會一直阻塞等待。

在 Java 中，ReentrantLock 是一種可中斷鎖，synchronized 則是一種不可中斷鎖。

2.3.6 讀 / 寫鎖

讀 / 寫鎖分為讀取鎖和寫入鎖，當持有讀取鎖時，能夠對共享資源進行讀取操作，當持有寫入鎖時，能夠對共享資源進行寫入操作。寫入鎖具有排他性，讀取鎖具有共享性。在同一時刻，一個讀 / 寫鎖只允許一個執行緒進行寫入操作，可以允許多個執行緒進行讀取操作。

當某個執行緒試圖獲取寫入鎖時，如果發現其他執行緒已經獲取到寫入鎖或者讀取鎖，則當前執行緒會阻塞等待，直到任何執行緒不再持有寫入鎖或讀取鎖。當某個執行緒試圖獲取讀取鎖時，如果發現其他執行緒獲取到讀取鎖，則這個執行緒會直接獲取到讀取鎖。當某個執行緒試圖獲取讀取鎖時，如果發現其他執行緒獲取到寫入鎖，則這個執行緒會阻塞等待，直到佔有寫入鎖的執行緒釋放鎖。

在讀 / 寫鎖中，讀取操作與讀取操作是可以共存的，但是讀取操作與寫入操作，寫入操作與寫入操作不能共存。

在 Java 中，ReadWriteLock 就是一種讀 / 寫鎖。

2.3.7 自旋鎖

自旋鎖指某個執行緒在沒有獲取到鎖時，不會立即進入阻塞等待的狀態，而是不斷嘗試獲取鎖，直到佔用鎖的執行緒釋放鎖。

自旋鎖可能引起鎖死和佔用 CPU 時間過長的問題。

程式不能在佔有自旋鎖時呼叫自己，也不能在遞迴呼叫時獲取相同的自旋鎖，可以在一定程度上避免鎖死。

當某個執行緒進入不斷嘗試獲取鎖的迴圈時，可以設定一個迴圈時間或者迴圈次數，超過這個時間或者次數，就讓執行緒進入阻塞等待的狀態，在一定程度上可以有效避免長時間佔用 CPU 的問題。

在 Java 中，CAS 是一種自旋鎖。

注意：有關 CAS 的核心原理，在本書第 10 章中會有詳細的介紹，筆者在此不再贅述。

2.3.8 鎖死、饑餓與活鎖

鎖死指兩個或者多個執行緒互相持有對方所需要的資源，導致多個執行緒相互等待，無法繼續執行後續任務的現象。

鎖死的產生有 4 個必要條件，分別是互斥、不可剝奪、請求與保持和迴圈等待。

注意：關於鎖死的核心原理，在本書第 11 章中會有詳細的介紹，筆者在此不再贅述。

饑餓指一個或者多個執行緒由於一直無法獲得需要的資源而無法繼續執行的現象。

導致饑餓問題的原因有以下兩點。

（1） 高優先順序的執行緒不斷先佔資源，導致低優先順序的執行緒無法獲取資源。

（2） 某個執行緒一直不釋放資源，導致其他執行緒無法獲取資源。

可以從如下幾個方面入手，解決饑餓問題。

（1） 在程式執行過程中，儘量公平地分配資源，可以嘗試使用公平鎖。

（2） 為程式分配充足的系統資源。

（3） 儘量避免持有鎖的執行緒長時間佔用鎖。

活鎖指兩個或者多個執行緒在同時先佔同一資源時，主動將資源讓給其他執行緒使用，導致這個資源在多個執行緒間「來回跳動」，這些執行緒因無法獲得所有資源而無法繼續執行的現象。活鎖是兩個或者多個執行緒先佔同一資源時的一種衝突。

當兩個或者多個執行緒先佔同一資源發生衝突時，可以讓每個執行緒隨機等待一小段時間後再次嘗試先佔資源，這樣會大大減少執行緒先佔資源的衝突次數，有效避免活鎖的發生。

2.4 本章複習

本章主要對並行程式設計進行了概述。首先，簡單介紹了並行程式設計中的基本概念，例如程式、處理程序與執行緒、執行緒組、並行與並行、同步與非同步、臨界區、共享與獨享等。接下來，介紹了並行程式設計中存在的風險，包括安全性問題、活躍性問題和性能問題。最後，簡介了並行程式設計中常見鎖的基本概念，以及在 Java 中的實現方式。

下一章將對並行程式設計的三大核心問題——分工、同步和互斥進行簡要的介紹。

注意：本章相關的原始程式碼已經提交到 GitHub 和 Gitee，GitHub 和 Gitee 連結位址如下。

- GitHub：https://github.com/binghe001/mykit-concurrent-principle。
- Gitee：https://gitee.com/binghe001/mykit-concurrent-principle。

第 2 篇

核心原理

Chapter

03

並行程式設計的三大核心問題

從本章開始，正式進入核心原理篇。並行程式設計並不是一項孤立存在的技術，也不是脫離現實生活場景而提出的一項技術。相反，並行程式設計是一項綜合性的技術，同時，它與現實生活中的場景有著緊密的聯繫。並行程式設計有三大核心問題，本章就對這三大核心問題進行簡單的介紹。

本章相關的基礎知識如下。

- 分工問題。
- 同步問題。
- 互斥問題。

3.1 分工問題

關於分工，比較官方的解釋是：一個比較大的任務被拆分成多個大小合適的任務，這些大小合適的任務被交給合適的執行緒去執行。分工強調的是執行的性能。

3.1.1 模擬現實案例

可以模擬現實生活中的場景來理解分工，例如，如果你是一家上市公司的 CEO，那麼，你的主要工作就是規劃公司的戰略方向和管理好公司。就如何管理好公司而言，涉及的任務就比較多了。

這裡，可以將管理好公司看作一個很大的任務，這個很大的任務可以包括人員應徵與管理、產品設計、產品開發、產品營運、產品推廣、稅務統計和計算等。如果將這些工作任務都交給 CEO 一個人去做，那麼估計 CEO 會被累趴下的。CEO 一人做完公司所有日常工作如圖 3-1 所示。

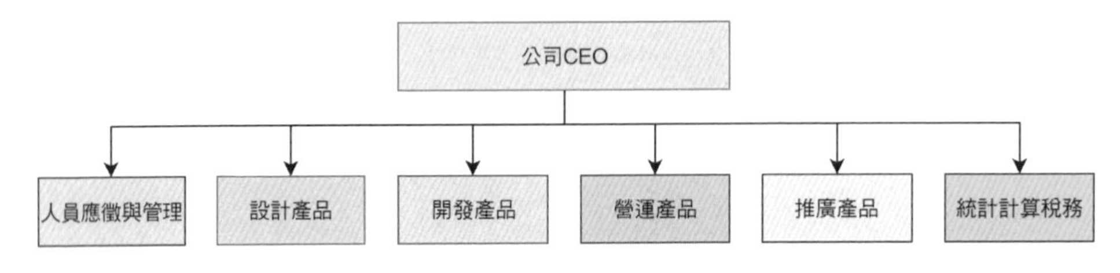

▲ 圖 3-1　CEO 一人做完公司所有日常工作

如圖 3-1 所示，公司 CEO 一個人做完公司所有日常工作是一種非常不可取的方式，這將導致公司無法正常經營，那麼應該如何做呢？

有一種很好的方式是分解公司的日常工作，將人員應徵與管理工作交給人力資源部，將產品設計工作交給設計部，將產品開發工作交給研發部，將產品營運和產品推廣工作分別交給營運部和市場部，將公司的稅務統計和計算工作交給財務部。

這樣，CEO 的重點工作就變成了即時了解各部門的工作情況，統籌並協調各部門的工作，並思考如何規劃公司的戰略。

公司分工後的日常工作如圖 3-2 所示。

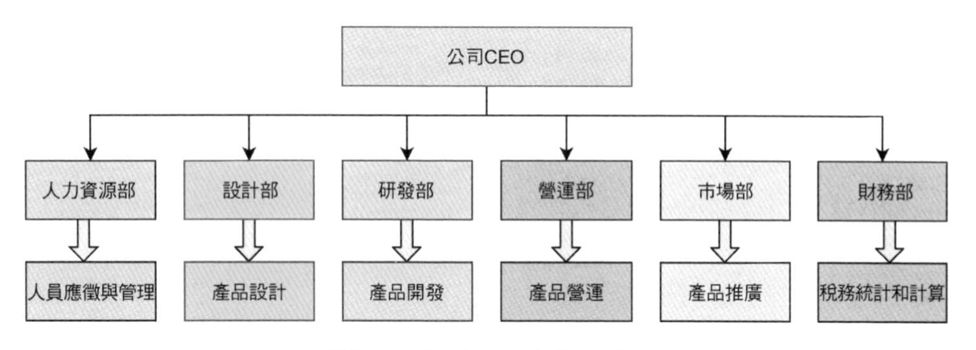

▲ 圖 3-2 公司分工後的日常工作

將公司的日常工作分工後，可以發現，各部門之間的工作是可以並行推進的。例如，在人力資源部進行員工的績效考核時，設計部和研發部正在設計和開發公司的產品，與此同時，公司的營運人員正在和設計人員與研發人員溝通如何更好地完善公司的產品，而市場部正在加大力度宣傳和推廣公司的產品，財務部正在統計和計算公司的各種財務報表等。一切都是那麼有條不紊。

所以，在現實生活中，安排合適的人去做合適的事情是非常重要的。映射到並行程式設計領域也是同樣的道理。

3.1.2 並行程式設計中的分工

在並行程式設計中，同樣需要將一個大的任務拆分成若干比較小的任務，並將這些小任務交給不同的執行緒去執行，如圖 3-3 所示。

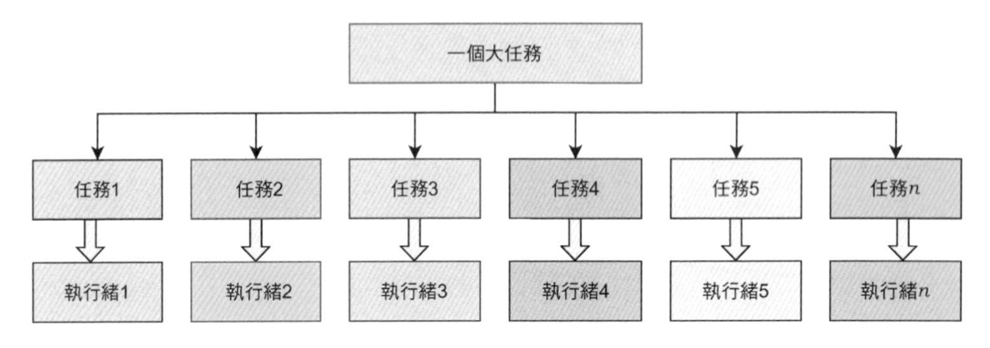

▲ 圖 3-3 將一個大的任務拆分成若干比較小的任務

在並行程式設計中，由於多個執行緒可以並行執行，所以在一定程度上能夠提高任務的執行效率。

在並行程式設計領域，還需要注意一個問題就是：將任務分給合適的執行緒去做。也就是說，該由主執行緒執行的任務不要交給子執行緒去做，否則，是解決不了問題的。這就好比一家公司的 CEO 將規劃公司未來的工作交給一位產品開發人員一樣，不僅不能規劃好公司的未來，甚至會與公司的價值觀背道而馳。

在 Java 中，執行緒池、Fork/Join 框架和 Future 介面都是實現分工的方式。在多執行緒設計模式中，Guarded Suspension 模式、Thread-Per-Message 模式、生產者－消費者模式、兩階段終止模式、Worker-Thread 模式和 Balking 模式都是分工問題的實現方式。

3.2 同步問題

在並行程式設計中，同步指一個執行緒執行完自己的任務後，以何種方式來通知其他的執行緒繼續執行任務，也可以將其理解為執行緒之間的協作，同步強調的是執行的性能。

3.2.1 模擬現實案例

可以在現實生活中找到與並行程式設計中的同步問題相似的案例。例如，張三、李四和王五共同開發一個專案，張三是一名前端開發人員，他需要等待李四的開發介面任務完成再開始繪製頁面，而李四又需要等待王五的服務開發工作完成再寫介面。也就是說，任務之間是存在依賴關係的，前面的任務完成後，才能執行後面的任務。

在現實生活中，這種任務的同步，更多的是靠人與人之間的交流和溝通來實現的。例如，王五的服務開發任務完成了，告訴李四，李四馬上開始執行開發介面任務。等李四的介面開發完成後，再告訴張三，張三馬上呼叫李四開發的介面將返回的資料繪製到頁面上。現實生活中的同步模型如圖 3-4 所示。

▲ 圖 3-4 現實生活中的同步模型

由圖 3-4 可以看出，在現實生活中，張三、李四和王五的任務之間是有依賴關係的，張三繪製頁面的任務依賴李四開發介面的任務完成，李四開發介面的任務依賴王五開發服務的任務完成。

3.2.2 並行程式設計中的同步

在並行程式設計領域，同步機制指一個執行緒的任務執行完成後，通知其他執行緒繼續執行任務的方式，並行程式設計同步簡易模型如圖 3-5 所示。

▲ 圖 3-5　並行程式設計同步簡易模型

由圖 3-5 可以看出，在並行程式設計中，多個執行緒之間的任務是有依賴關係的。執行緒 A 需要阻塞等待中的執行緒 B 執行完任務才能開始執行任務，執行緒 B 需要阻塞等待中的執行緒 C 執行完任務才能開始執行任務。執行緒 C 執行完任務會喚醒執行緒 B 繼續執行任務，執行緒 B 執行完任務會喚醒執行緒 A 繼續執行任務。

這種執行緒之間的同步機制，可以使用如下的 if 虛擬程式碼來表示。

```
if(依賴的任務完成){
    執行當前任務
}else{
    繼續等待依賴任務的執行
}
```

上述 if 虛擬程式碼所代表的含義是：當依賴的任務完成時，執行當前任務，否則，繼續等待依賴任務的執行。

在實際場景中，往往需要即時判斷出依賴的任務是否已經完成，這時就可以使用 while 迴圈來代替 if 判斷，while 虛擬程式碼如下。

```
while(依賴的任務未完成){
    繼續等待依賴任務的執行
}
執行當前任務
```

上述 while 虛擬程式碼所代表的含義是：如果依賴的任務未完成，則一直等待，直到依賴的任務完成，才執行當前任務。

在並行程式設計領域，同步機制有一個非常經典的模型——生產者－消費者模型。如果佇列已滿，則生產者執行緒需要等待，如果佇列不滿，則需要喚醒生產者執行緒；如果佇列為空，則消費者執行緒需要等待，如果佇列不為空，則需要喚醒消費者。可以使用下面的虛擬程式碼來表示生產者－消費者模型。

❑ 生產者虛擬程式碼

```
while(佇列已滿){
    生產者執行緒等待
}
喚醒生產者
```

❑ 消費者虛擬程式碼

```
while(佇列為空){
    消費者等待
}
喚醒消費者
```

在 Java 中，Semaphore、Lock、synchronized.、CountDownLatch、CyclicBarrier、Exchanger 和 Phaser 等工具類別或框架實現了同步機制。

3.3 互斥問題

在並行程式設計中，互斥問題一般指在同一時刻只允許一個執行緒存取臨界區的共享資源。互斥強調的是多個執行緒執行任務時的正確性。

3.3.1 模擬現實案例

互斥問題在現實中的一個典型場景就是交叉路口的多輛車匯入一個單行道，如圖 3-6 所示。

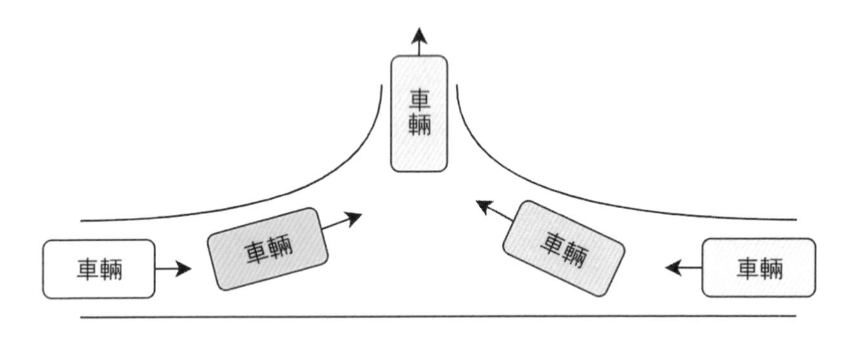

▲ 圖 3-6 交叉路口的多輛車匯入一個單行道

從圖 3-6 可以看出，當多輛車經過交叉路口匯入同一個單行道時，由於單行道的入口只能容納一輛車透過，所以其他的車輛需要等待前面的車輛透過單行道入口後，再依次有序透過單行道入口。這就是現實生活中的互斥場景。

3.3.2 並行程式設計中的互斥

在並行程式設計中，分工和同步強調的是任務的執行性能，而互斥強調的則是執行任務的正確性，也就是執行緒的安全問題。如果在並行程式設計中，多個執行緒同時進入臨界區存取同一個共享變數，則可能產生執行緒安全問題，這是由執行緒的原子性、可見性和有序性問題導致的。

而在並行程式設計中解決原子性、可見性和有序性問題的核心方案就是執行緒之間的互斥。

例如，可以使用 JVM 中提供的 synchronized 鎖來實現多個執行緒之間的互斥，使用 synchronized 鎖的虛擬程式碼如下。

❑ 修飾方法

```
public synchronized void methodName(){
   //省略具體方法
}
```

❑ 修飾程式區塊

```
public void methodName(){
   synchronized(this){
      //省略具體方法
   }
}

public void methodName(){
   synchronized(obj){
      //省略具體方法
   }
}
```

```
public void methodName(){
    synchronized(ClassName.class){
        //省略具體方法
    }
}
```

❑ 修飾靜態方法

```
public synchronized static void staticMethodName(){
    //省略具體方法
}
```

除了 synchronized 鎖，Java 還提供了 ThreadLocal、CAS、原子類別和以 CopyOnWrite 開頭的並行容器類別、Lock 鎖及讀 / 寫鎖等，它們都實現了執行緒的互斥機制。

3.4 本章複習

本章主要介紹了並行程式設計中的三大核心問題：分工、同步和互斥，並列舉了現實生活中的場景進行類比，以便讀者理解這三大核心問題。

下一章將對並行程式設計的本質問題，以及如何解決這些問題進行簡要的介紹。

Chapter

04

並行程式設計的本質問題

並行程式設計一直是讓人頭疼的事情，撰寫正確的並行程式也是比較困難的。在撰寫並行程式時，往往會出現一些讓人匪夷所思的 Bug，而且這些 Bug 很多時候不能被完美地複現。也就是說，在並行程式設計中，有些 Bug 是很難追蹤和重現的。如何從根本上理解這些讓人匪夷所思的 Bug，又如何從根本上解決它們？這就需要深刻理解並行程式設計的本質問題。本章簡單介紹一下並行程式設計的本質問題。

本章相關的基礎知識如下。

- 電腦的核心矛盾。
- 原子性。
- 可見性。
- 有序性。
- 解決方案。

4.1 電腦的核心矛盾

隨著電腦技術的不斷發展，CPU、記憶體和磁碟等 I/O 裝置的性能也在不斷提升，資料的存取效率不斷得到最佳化。但是，無論如何最佳化，三者之間總是存在一定的性能差距。本節簡單介紹一下電腦的核心矛盾以及電腦是如何解決這些矛盾的。

4.1.1 核心矛盾概述

電腦的每個組成部分的性能和存取資料的效率是存在差距的，也就是說，電腦的每個組成部分存在一定的速度差距。這是電腦發展過程中的一個核心矛盾。CPU 的執行速度遠遠大於記憶體的執行速度，而記憶體的執行速度又遠遠大於磁碟等 I/O 裝置的執行速度。

為了更加直觀地感受 CPU、記憶體和磁碟等 I/O 裝置的執行速度差距，這裡就 CPU、記憶體和磁碟等 I/O 裝置的執行速度差距舉例來說。例如：對同一個資料進行存取，如果資料儲存在 CPU 中，那麼需要 1 天；如果資料儲存在記憶體中，那麼可能需要 1 年；如果資料儲存在磁碟中，那麼可能需要 1 個世紀。

根據木桶理論，電腦在執行程式的過程中，整體的系統性能取決於執行速度最慢的 I/O 裝置，此時，如果只提升 CPU 或者記憶體的性能和執行速度，則不能提升電腦的整體性能。

如果不進行系統性的最佳化，則 CPU 會花費大量的時間等待記憶體和磁碟等 I/O 裝置，這會極大浪費 CPU 的資源，影響整體的執行效率。

所以，為了縮小 CPU、記憶體和磁碟等 I/O 裝置的存取速度差距，CPU、作業系統和編譯器都被進一步最佳化。

4.1.2 CPU 如何解決核心矛盾

CPU 內部增加了快取，用以縮小 CPU 與記憶體之間的存取資料的效率的差距。目前主流的 CPU 內部不僅有暫存器等可以臨時儲存資料的元件，還會有 L1、L2、L3（部分 CPU 可能沒有 L3）三級快取，根據局部性原理，CPU 內部的三級快取會極大提高 CPU 存取資料的效率。

注意：關於 CPU 的快取結構，會在 6.1 節進行詳細介紹，筆者在這裡不再贅述。

4.1.3 作業系統如何解決核心矛盾

為了縮小 CPU 與磁碟等 I/O 裝置的執行速度差距，作業系統中新增了處理程序、執行緒等技術，能夠分時重複使用 CPU，提高 CPU 的利用效率。

例如，一個執行緒在利用 CPU 執行耗時的 I/O 操作時，當讀取磁碟資料時，可以暫時釋放 CPU 資源，讓其他的執行緒佔用 CPU 資源執行任務。待 I/O 執行緒讀取完資料，再先佔 CPU 資源繼續執行後續任務，可以在一定程度上提高 CPU 的利用效率。

4.1.4 編譯器如何解決核心矛盾

並行程式在作業系統中執行時期，對於 CPU 快取的使用可能存在不合理的情況，造成 CPU 快取的浪費。為了使 CPU 中的快取能夠得到更加合理的利用，編譯器會對 CPU 上指令的執行順序進行最佳化。

為了更加直觀地理解編譯器對 CPU 指令的執行順序做出的最佳化，這裡舉例說明。在程式中有如下程式。

```
int a = 1;
int b = 2;
int sum = a + b;
System.out.println(sum);
```

編譯器對程式處理程序編譯後，可能會將程式編譯成如下方式。

```
int b = 2;
int a = 1;
int sum = a + b;
System.out.println(sum);
```

也就是為變數 a 給予值的敘述和為變數 b 給予值的敘述交換了順序。

4.1.5 引發的問題

儘管電腦和作業系統的製造商為了縮小 CPU、記憶體和磁碟等 I/O 裝置之間的執行速度差距，做出了很多努力，問題在一定程度上得到緩解。但是，這也在無形中導致了並行程式設計中很多匪夷所思的 Bug。究其根本是引發了並行程式設計中的原子性、可見性和有序性問題。

4.2 原子性

原子性指一個或者多個操作在 CPU 中執行的過程具有原子性，它們是一個不可分割，不可被中斷的整體。在執行的過程中，不會出現被中斷的情況。

4.2.1 原子性概述

可以從另一個角度理解原子性，就是在執行緒執行一系列操作時，這些操作會被當作一個不可分割的整體，要麼全部執行，要麼全部不執行，不會存在只執行一部分的情況，也叫原子性操作。原子性操作與資料庫中的事務類似。

關於原子性操作有一個典型的場景就是銀行轉帳。例如，張三和李四的帳戶餘額都是 300 元，張三向李四轉帳 100 元。如果轉帳成功，則張三的帳戶餘額是 200 元，李四的帳戶餘額是 400 元。如果轉帳失敗，則張三和李四的帳戶餘額仍然分別為 300 元。不會存在張三的帳戶餘額是 200 元，李四的帳戶餘額是 300 元的情況。也不會存在張三的帳戶餘額是 300 元，李四的帳戶餘額是 400 元的情況。

張三向李四轉帳 100 元的操作，就是原子操作，它涉及張三的帳戶餘額減少 100 元和李四的帳戶餘額增加 100 元的操作。這兩個操作是一個不可拆分的整體，要麼全部執行，要麼全部不執行。

張三向李四轉帳成功的示意圖如圖 4-1 所示。

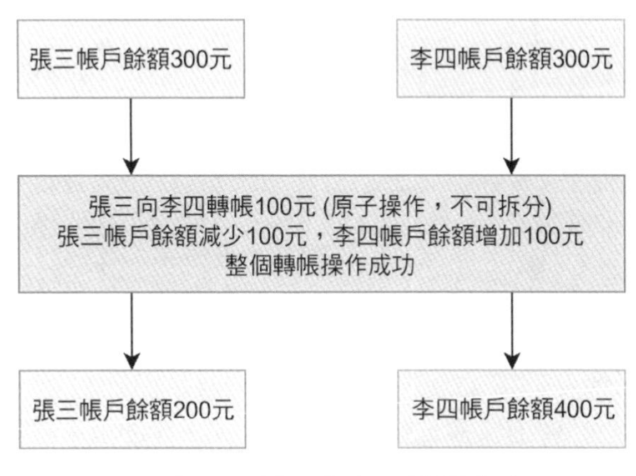

▲ 圖 4-1 張三向李四轉帳成功

張三向李四轉帳失敗的示意圖如圖 4-2 所示。

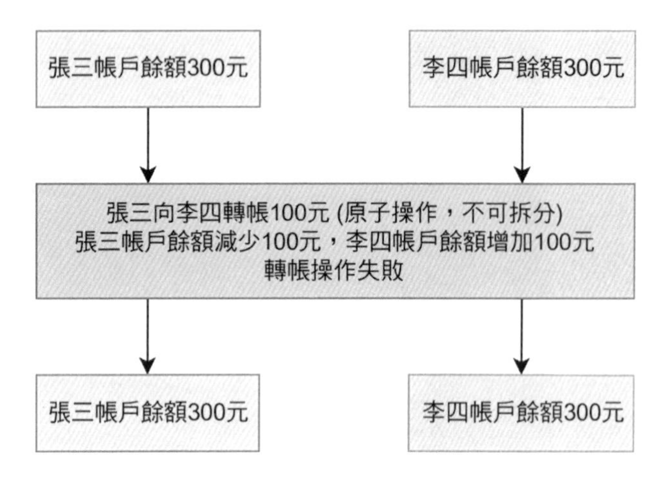

▲ 圖 4-2 張三向李四轉帳失敗

不會出現轉帳後張三帳戶餘額 200 元，李四帳戶餘額 300 元的情況，如圖 4-3 所示。

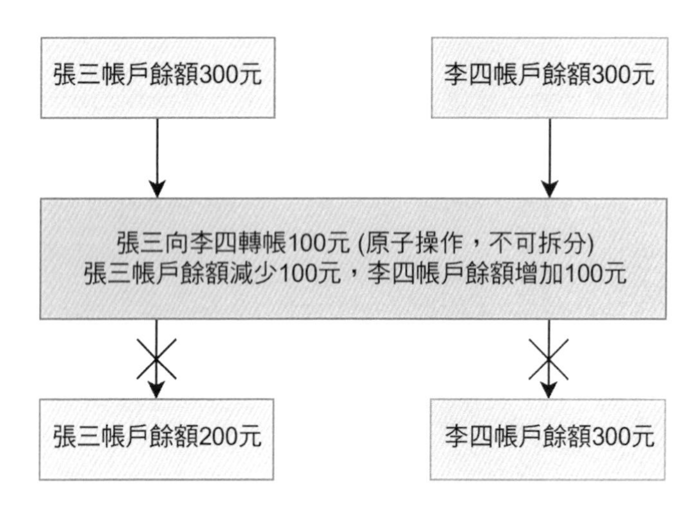

▲ 圖 4-3 不會出現張三帳戶餘額 200 元，李四帳戶餘額 300 元

也不會出現執行完轉帳操作後，張三帳戶餘額 300 元，李四帳戶餘額 400 元的情況，如圖 4-4 所示。

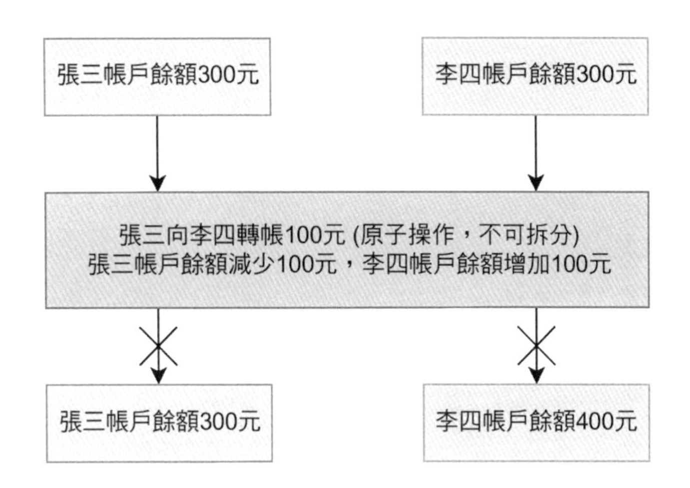

▲ 圖 4-4 不會出現張三帳戶餘額 300 元，李四帳戶餘額 400 元

4.2.2 原子性問題

原子性問題產生的根源是執行緒切換，也就是說，執行緒切換帶來了並行程式設計的原子性問題。執行緒在執行某項操作時，如果發生了執行緒切換，CPU 轉而執行其他的任務，中斷了當前執行緒執行的任務，就會造成原子性問題。

注意：關於執行緒切換，讀者可以參考第 1 章中的相關內容，筆者在這裡不再贅述。

這裡，為了更好地理解執行緒切換帶來的原子性問題，舉一個簡單的例子：張三和李四在銀行同一視窗辦理業務，張三在李四前面辦理。櫃檯業務員為張三辦理完業務，正好到了銀行的下班時間，業務員微笑著對李四說：「實在不好意思，先生，我們今天下班了，您明天再來吧。」此時的李四就好比是正好佔有了 CPU 資源的執行緒，而櫃檯業務員就是那個發生了執行緒切換的 CPU，她將執行緒切換到了下班，去執行下班這個操作，如圖 4-5 所示。

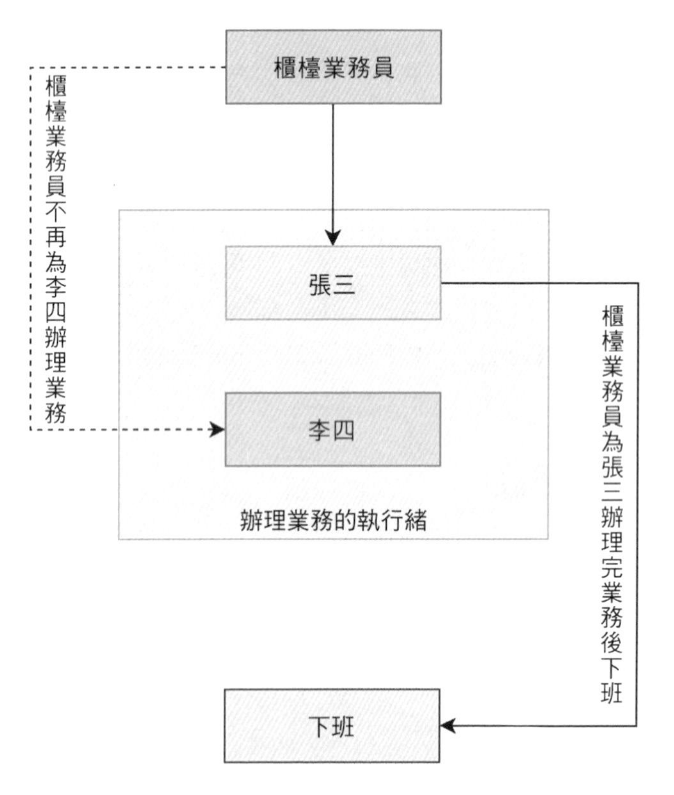

▲ 圖 4-5 櫃檯業務員類比線路程切換

由圖 4-5 可以看出，當銀行的櫃檯業務員為張三辦理完業務後，正好到下班的時間點，業務員便開始收拾櫃檯準備下班，不再為李四辦理業務，可以以此場景來理解執行緒的切換問題。

4.2.3 Java 中的原子性問題

在 Java 中，在大部分場景下是基於多執行緒技術來撰寫並行程式的，使用多執行緒撰寫並行程式也會產生執行緒切換問題，這也主要源於 CPU 對於任務的切換機制。

在 Java 這種高級程式設計語言中，一筆簡單的敘述可能對應多筆指令，例如如下程式。

```
/**
 * @author binghe
 * @versI/On 1.0.0
 * @descriptI/On 測試執行緒的原子性
 */
public class ThreadAtomicityTest {

    private Long count;

    public Long getCount(){
        return count;
    }

    public void incrementCount(){
        count++;
    }
}
```

上述程式定義了一個私有的成員變數 count，同時定義了兩個公有方法 getCount() 和 incrementCount()，getCount() 方法會直接返回 count 的值，而 incrementCount() 方法會對 count 進行自動增加操作。

上述程式看上去不會出現原子性問題。接下來，在命令列中將目前的目錄切換到編譯後的 ThreadAtomicityTest.class 所在的目錄，使用 JDK 中附帶的 javap 命令查看程式的指令碼，如下所示。

```
javap -c ThreadAtomicityTest.class

Compiled from "ThreadAtomicityTest.java"
public class I/O.binghe.concurrent.chapter04.ThreadAtomicityTest {
  public I/O.binghe.concurrent.chapter04.ThreadAtomicityTest();
    Code:
       0: aload_0
       1: invokespecial #1       // Method java/lang/Object."<init>":()V
       4: return

  public java.lang.Long getCount();
    Code:
       0: aload_0
       1: getfield      #2       // Field count:Ljava/lang/Long;
       4: areturn

  public void incrementCount();
    Code:
       0: aload_0
       1: getfield      #2       // Field count:Ljava/lang/Long;
       4: astore_1
       5: aload_0
       6: aload_0
       7: getfield      #2       // Field count:Ljava/lang/Long;
      10: invokevirtual #3       // Method java/lang/Long.longvalue:()J
      13: lconst_1
      14: ladd
      15: invokestatic  #4       // Method java/lang/Long.valueOf:(J)Ljava/
lang/Long;
      18: dup_x1
```

```
        19: putfield      #2       // Field count:Ljava/lang/Long;
        22: astore_2
        23: aload_1
        24: pop
        25: return
}
```

這裡，特別注意下 incrementCount() 方法的指令碼，如下所示。

```
public void incrementCount();
  Code:
     0: aload_0
     1: getfield      #2          // Field count:Ljava/lang/Long;
     4: astore_1
     5: aload_0
     6: aload_0
     7: getfield      #2          // Field count:Ljava/lang/Long;
    10: invokevirtual #3          // Method java/lang/Long.longvalue:()J
    13: lconst_1
    14: ladd
    15: invokestatic  #4          // Method java/lang/Long.valueOf:(J)Ljava/
lang/Long;
    18: dup_x1
    19: putfield      #2          // Field count:Ljava/lang/Long;
    22: astore_2
    23: aload_1
    24: pop
    25: return
```

透過上述指令碼可以看出，在 Java 中，短短的幾行 incrementCount() 方法竟然對應著這麼多 CPU 指令。限於篇幅，筆者不再深入介紹這些指令的具體含義，感興趣的讀者可以關注「冰河技術」微信公眾號回復「JVM 手冊」自行查閱。

上述 incrementCount() 方法的指令碼大致包含三個步驟。

（1）將變數 count 從記憶體中載入到 CPU 的暫存器中。

（2）在 CPU 的暫存器中執行 count++ 操作。

（3）將 count++ 後的結果寫入快取（這裡的快取可能是 CPU 的快取，也可能是電腦的記憶體）。

執行緒切換可能發生在任何一筆指令完成之後，而非在 Java 程式的某行敘述完成後。假設執行緒 A 和執行緒 B 同時執行 incrementCount() 方法，在執行緒 A 執行過程中，CPU 完成指令碼的步驟（1）後發生了執行緒切換，此時執行緒 B 開始執行指令碼的步驟（1）。

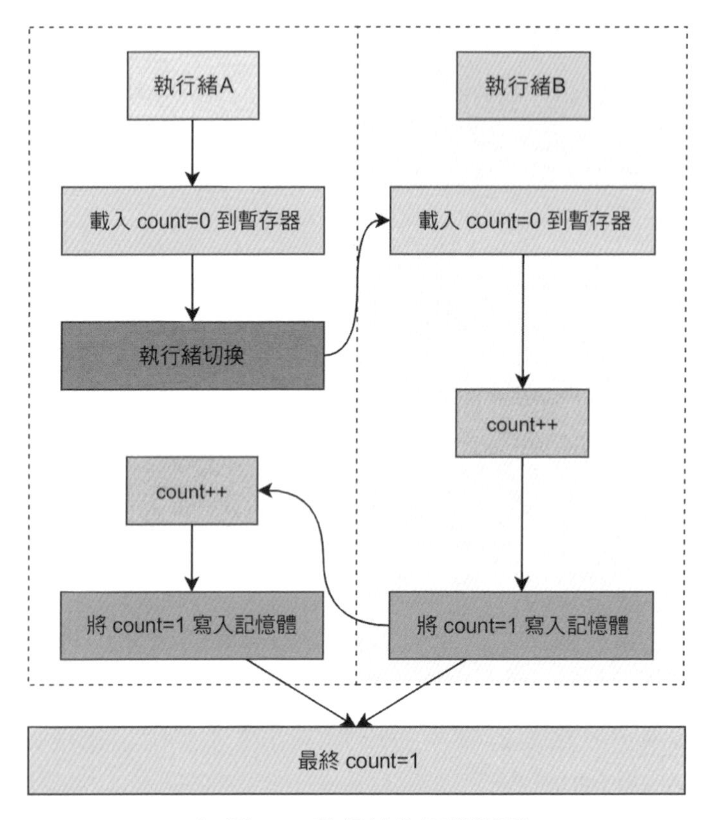

▲ 圖 4-6 執行緒的切換過程

當兩個執行緒都執行完整個 incrementCount() 方法後，得到的 count 的值是 1 而非 2。可以使用圖 4-6 來表示執行緒的切換過程。

由圖 4-6 可以看出，執行緒 A 將 count=0 載入到 CPU 的暫存器後，發生了執行緒切換。此時由於還沒有執行 count++ 操作，也沒有將操作的結果寫入記憶體，所以，記憶體中 count 的值仍然為 0。執行緒 B 將 count=0 載入到 CPU 的暫存器，執行 count++ 操作，並且將執行後的 count=1 寫入記憶體。此時，CPU 切換到執行緒 A 繼續執行，在執行執行緒 A 中的 count++ 操作後，執行緒 A 中的 count 值為 1，執行緒 A 將 count=1 寫入記憶體。因此，最終的 count 值仍然為 1。

4.2.4 原子性問題複習

如果在 CPU 中存在正在執行的執行緒，而此時發生了執行緒切換，就可能導致並行程式設計的原子性問題，所以，造成原子性問題的根本原因是在執行緒執行過程中發生了執行緒切換。這也是並行程式設計容易出現 Bug 的根本原因之一。

4.3 可見性

可見性指一個執行緒修改了共享變數，其他執行緒能夠立刻讀取到共享變數最新的值。也就是說無論共享變數的值如何變化，執行緒總是能夠立刻讀取到共享變數的最新值。

4.3.1 可見性概述

並行程式設計中的可見性，說直白些，就是兩個或者多個執行緒共享一個變數，無論哪個執行緒修改了這個共享變數，其他執行緒都能夠立刻讀取到共享變數被修改後的值。這裡說的共享變數指多個執行緒都能存取和修改其值的變數。

在並行程式設計中，在兩種情況下能實現一個執行緒修改了共享變數後，其他執行緒一定能夠立刻讀取到修改後的值，也就是不會出現執行緒之間的可見性問題。這兩種情況就是：執行緒在串列程式中執行和執行緒在單核心 CPU 中執行。

在串列程式中，多個執行緒之間不會存在可見性問題。因為在串列程式中，操作是串列執行的，上一步操作完成後，才會啟動下一步操作，後續的步驟一定能夠立刻讀取到最新變數值，串列程式讀寫資料的執行流程如圖 4-7 所示。

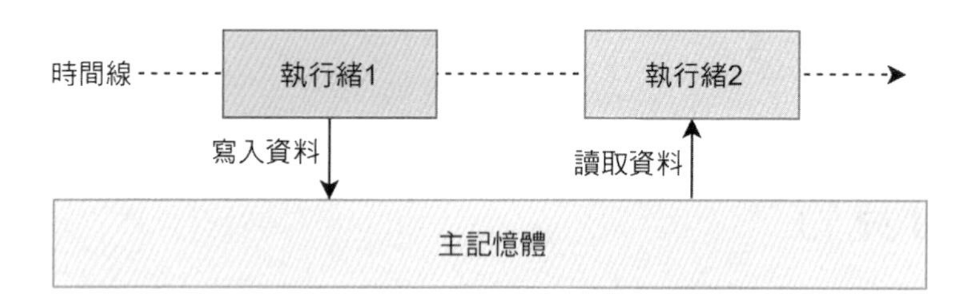

▲ 圖 4-7　串列程式讀寫資料的執行流程

由圖 4-7 可以看出，執行緒 1 和執行緒 2 是串列執行的，執行緒 1 向主記憶體寫入完資料後，執行緒 2 才會從主記憶體中讀取資料。執行緒 1 向主記憶體寫入的資料對執行緒 2 是可見的，所以，執行緒 1 和執行緒 2 之間不存在可見性問題。

在單核心 CPU 中，多個執行緒之間不會存在可見性問題。因為在單核心 CPU 中，無論程式在執行的過程中建立了多少執行緒，在同一時刻都只能有一個執行緒先佔到 CPU 的資源來執行任務。哪怕這個單核心 CPU 中增加了快取，這些執行緒最終還是在同一個 CPU 核心上執行，也還是對同一個 CPU 快取進行讀寫入操作，同一時刻也只會有一個執行緒操作 CPU 快取中的資料。只要有一個執行緒修改了 CPU 快取中的資料，當其他執行緒先佔到 CPU 資源執行任務時，就一定能夠立刻讀取到 CPU 快取中最新的共享變數的值。

單核心 CPU 讀寫資料的流程如圖 4-8 所示。

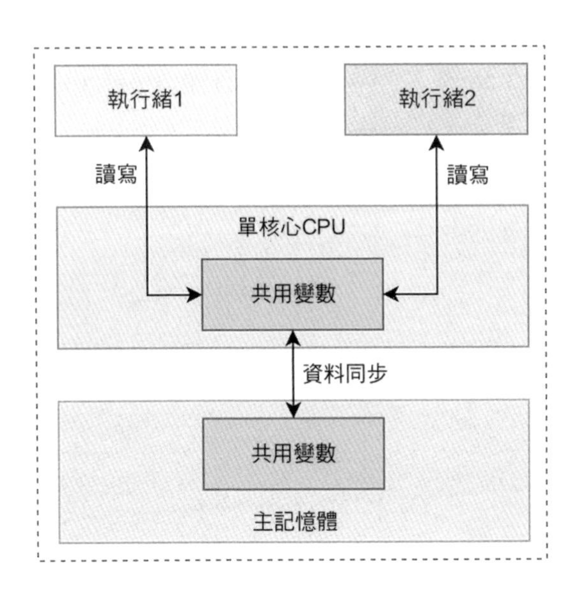

▲ 圖 4-8 單核心 CPU 讀寫資料的流程

由圖 4-8 可以看出，多個執行緒在單一 CPU 中對共享變數進行讀寫，操作的都是單核心 CPU 快取中的同一個共享變數。執行緒 1 對共享變數進行修改，執行緒 2 能夠立刻讀取到修改後的共享變數值。

4.3.2 可見性問題

在串列程式和單核心 CPU 中，多個執行緒之間對共享變數的修改不存在可見性問題。但是多個執行緒在多核心 CPU 上執行時期，就會出現可見性問題了。造成可見性問題的根本原因就是 CPU 快取機制。

在多核心 CPU 中，每個 CPU 的核心都有自己單獨的快取，多個執行緒可能同時執行在不同的 CPU 核心上，對共享變數的讀寫也就發生在不同的 CPU 核心上。一個執行緒對共享變數進行了寫入操作，另一個執行緒不一定能夠立刻讀取到共享變數的最新值。多個執行緒之間對共享變數的讀寫入操作存在可見性問題。

例如，雙核心 CPU 的核心分別為 CPU-1 和 CPU-2，執行緒 1 執行在 CPU-1 上，執行緒 2 執行在 CPU-2 上，CPU-1 和 CPU-2 有各自的快取。執行緒 1 和執行緒 2 同時讀寫主記憶體中的共享變數 X，如圖 4-9 所示。

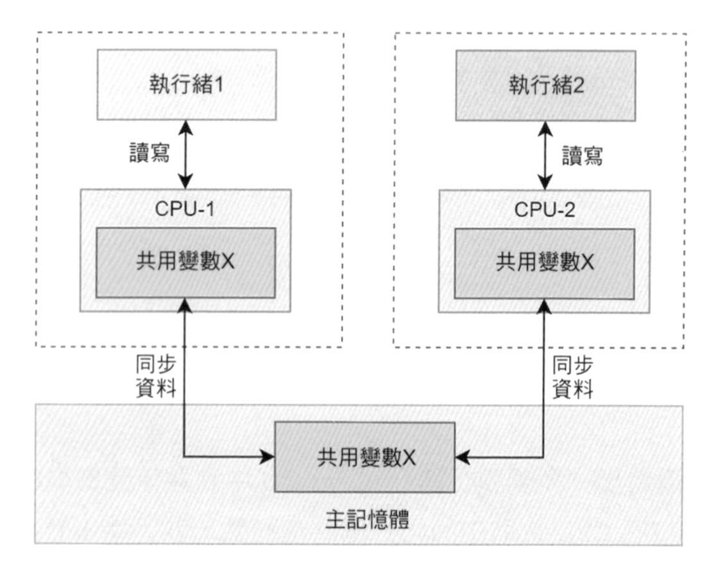

▲ 圖 4-9 執行緒 1 和執行緒 2 同時讀寫主記憶體中的共享變數 X

由圖 4-9 可以看出，執行緒 1 和執行緒 2 執行在不同的 CPU 核心上，當執行緒 1 和執行緒 2 同時讀寫主記憶體中的共享變數 X 時，並不是直接修改主記憶體中共享變數 X 的值，而是各自先將共享變數 X 複製到對應的 CPU 核心的快取中。執行緒 1 和執行緒 2 修改的是自身對應的 CPU 核心快取中的 X 值，執行緒 1 修改了共享變數 X 的值後執行緒 2 不能立刻讀取到修改後的值，執行緒 2 修改了共享變數 X 的值後執行緒 1 也不能立刻讀取到修改後的值。執行緒 1 和執行緒 2 之間對共享變數 X 的修改存在可見性問題。

4.3.3 Java 中的可見性問題

在 Java 中，大部分場景都是透過多執行緒的方式實現並行程式設計的，多個執行緒在多核心 CPU 上執行時期，就會出現可見性問題。

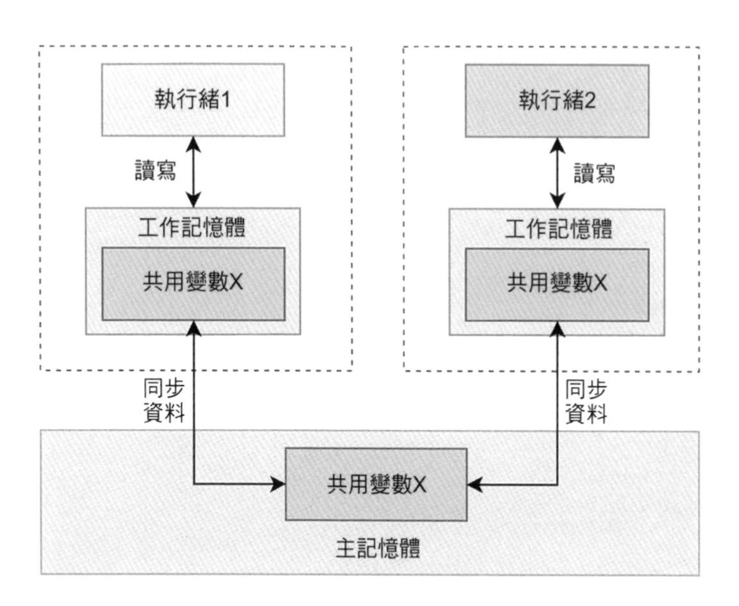

▲ 圖 4-10 多個執行緒讀寫主記憶體中的共享變數

使用 Java 語言撰寫並行程式時，多個執行緒在讀寫主記憶體中的共享變數時，會先把主記憶體中的共享變數資料複製到執行緒的私有記憶體中，也就是執行緒的工作記憶體中。每個執行緒在對資料進行讀寫入操作時，都是直接操作自身工作記憶體中的資料，如圖 4-10 所示。

由圖 4-10 可以看出，由於每個執行緒獨享各自的工作記憶體，所以執行緒 1 修改的資料對執行緒 2 是不可見的。同理，執行緒 2 修改的資料對執行緒 1 也是不可見的。

所以，執行緒 1 修改了共享變數後，執行緒 2 不一定能夠立刻讀取到修改後的值，這就造成了執行緒 1 和執行緒 2 之間的可見性問題。

> **注意**：Java 中多個執行緒讀寫主記憶體中共享變數的值可以類比多核心 CPU 執行多個執行緒讀寫主記憶體中共享變數的值，此時，執行緒的私有記憶體就相當於多核心 CPU 中每個核心對應的快取。

為了更好地說明執行緒的可見性問題，這裡舉出一個完整的程式範例，如下所示。

```
/**
 * @author binghe
 * @versI/On 1.0.0
 * @descriptI/On 測試多個執行緒修改共享變數的值
 */
public class MultiThreadAtomicityTest {

    private Long count = 0L;

    public void  incrementCount(){
        count++;
    }
```

```
    public Long execute() throws InterruptedExceptI/On {
        Thread thread1 = new Thread(()->{
            IntStream.range(0, 1000).forEach((i) -> incrementCount());
        });

        Thread thread2 = new Thread(()->{
            IntStream.range(0, 1000).forEach((i) -> incrementCount());
        });

        //啟動執行緒1和執行緒2
        thread1.start();
        thread2.start();

        //等待中的執行緒1和執行緒2執行完畢
        thread1.join();
        thread2.join();

        //返回count的值
        return count;
    }

    public static void main(String[] args) throws InterruptedExceptI/On {
        MultiThreadAtomicityTest multiThreadAtomicity = new
MultiThreadAtomicityTest();
        Long count = multiThreadAtomicity.execute();
        System.out.println(count);
    }
}
```

在上述程式中，定義了 MultiThreadAtomicityTest 類別，在 MultiThread AtomicityTest 類別中定義了全域成員變數 count，同時，定義了一個 incrementCount() 方法，在 incrementCount() 方法中對 count 的值進行自動增加操作。

接下來，定義了 execute() 方法，在 execute() 方法中，建立了兩個 Thread 執行緒物件，分別為 thread1 和 thread2，在兩個執行緒中分別迴圈呼叫 1000 次 incrementCount() 方法對 count 的值進行自動增加操作。在執行緒啟動後，為了避免未執行完迴圈操作就退出，程式中分別呼叫了 thread1 和 thread2 的 join() 方法。最後在 execute() 方法中返回 thread1 和 thread2 對 count 的累加值。

隨後，在 MultiThreadAtomicityTest 類別中定義了 main() 方法，在 main() 方法中建立 MultiThreadAtomicityTest 類別的物件，呼叫 execute() 方法並接收列印 execute() 的返回值。

上述程式看起來列印的結果資料應該是 2000，而實際上在大部分情況下列印的結果資料小於 2000。

接下來，我們分析下為何上述程式在大部分情況下列印的結果資料小於 2000。首先，變數 count 屬於 MultiThreadAtomicityTest 類別的成員變數，這個成員變數對於執行緒 1 和執行緒 2 來說，是一個共享變數。假設執行緒 1 和執行緒 2 同時執行，它們同時將 count=0 讀取到各自的工作記憶體中，每個執行緒第一次執行完 count++ 操作後，都將 count 的值寫入記憶體，此時，記憶體中 count 的值為 1，而非我們想像的 2。而在整個計算過程中，執行緒 1 和執行緒 2 都基於各自工作記憶體中的 count 值進行計算，這就導致了最終的 count 值小於 2000。

4.3.4 可見性問題複習

如果一個執行緒修改了共享變數，其他執行緒能夠立刻讀取到修改後的值，則不存在可見性問題。否則，存在可見性問題。在串列程式和單核心 CPU 上不存在可見性問題，在多核心 CPU 上執行並行程式，可能產生可見性問題。造成可見性問題的根本原因是 CPU 快取機制。可見性問題也是並行程式設計容易出現 Bug 的根本原因之一。

4.4 有序性

4.4.1 有序性概述

在並行程式設計中，有序性指程式能夠按照撰寫的程式循序執行，不會發生跳過程式行的情況，也不會發生跳過 CPU 指令的情況。例如，當程式被編譯為 CPU 指令後，在 CPU 中的執行順序是先執行第一筆指令，再執行第二筆指令，然後執行第三筆指令，依此類推，如圖 4-11 所示。

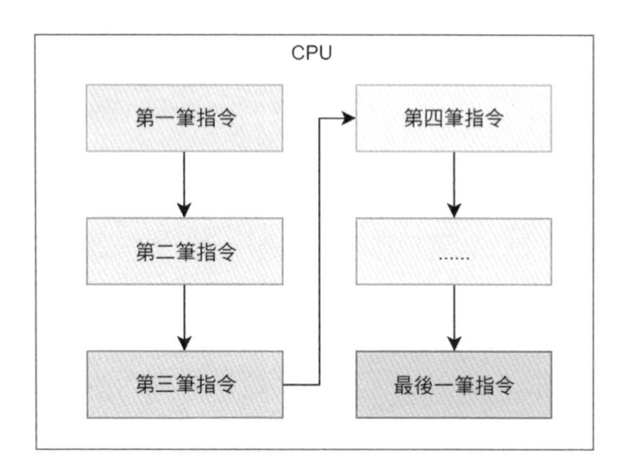

▲ 圖 4-11 指令在 CPU 中的循序執行

4.4.2 有序性問題

為了提高程式的執行性能和編譯性能，電腦和編譯器有時候會修改程式的執行順序。在單執行緒場景下，編譯器能夠保證修改執行順序後的程式結果與程式循序執行的結果一致。但是在多執行緒場景下，編譯器對執行順序的修改可能造成意想不到的後果。

如果編譯器修改了程式的執行順序，則 CPU 在執行程式時，可能先執行第一筆指令，再執行第二筆指令，然後執行第四筆指令，接著執行第三筆指令，如圖 4-12 所示。

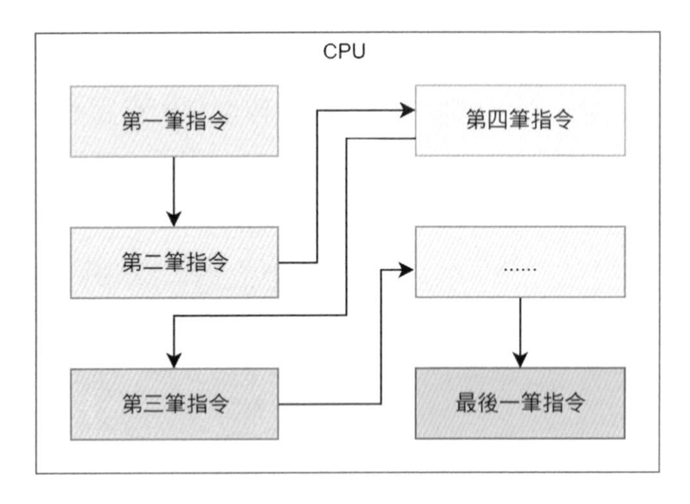

▲ 圖 4-12 編譯器修改了程式的執行順序

由圖 4-12 可以看出，當編譯器修改了程式的執行順序時，程式在 CPU 中執行指令的順序發生了變化。此時，就會出現並行程式設計中的有序性問題。

4.4.3 Java 中的有序性問題

在 Java 中，一個典型的案例就是使用雙重檢測機制來建立單例物件，稍不注意就會由於並行程式設計中的有序性問題導致 Bug。

例如，下面的程式片段中，在 getInstance() 方法中獲取 SingleInstance 類別的物件實例時，首先判斷 instance 物件是否為空，如果為空，則鎖定當前類別的 class 物件，並再次檢查 instance 是否為空，如果 instance 物件仍然為空，則建立 SingleInstance 類別的物件並將物件實例給予值給 instance。

```
/**
 * @author binghe
 * @versI/On 1.0.0
 * @descriptI/On 測試不安全的單例物件
 */
public class SingleInstance {

    private static SingleInstance instance;

    private SingleInstance(){

    }

    public static SingleInstance getInstance(){
        if (instance == null){
            synchronized (SingleInstance.class){
                if (instance == null){
                    instance = new SingleInstance();
                }
            }
        }
        return instance;
    }
}
```

如果編譯器和解譯器不會對上面的程式進行最佳化，也不會修改程式的執行順序，則上述程式的執行流程如圖 4-13 所示。

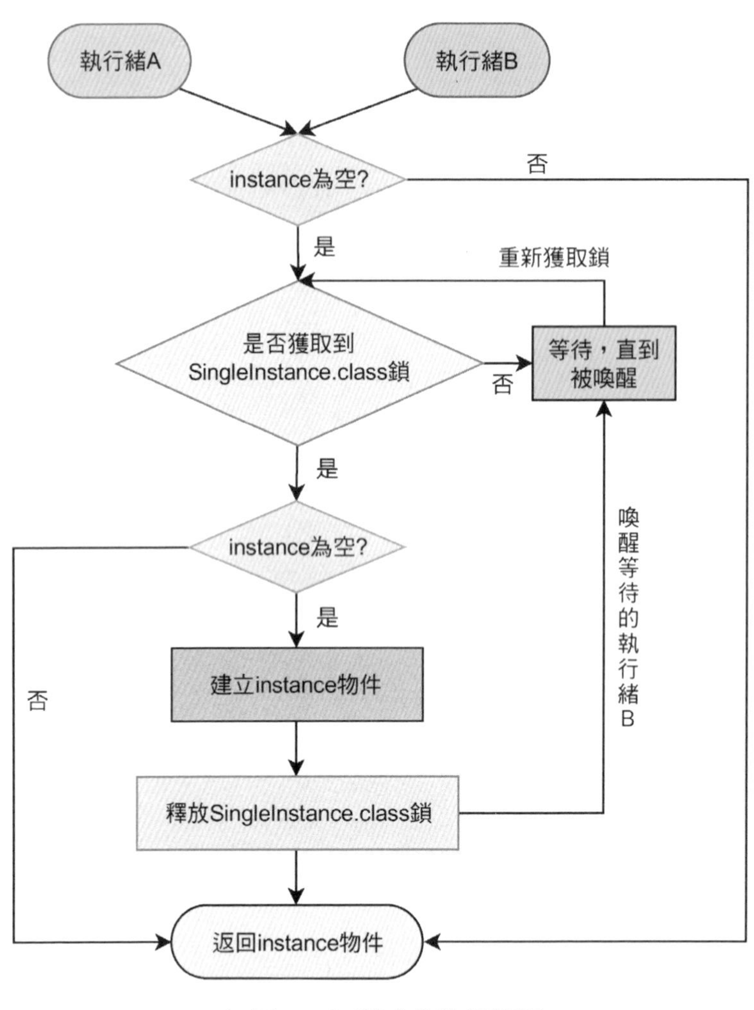

▲ 圖 4-13 程式的執行流程

在圖 4-13 中，假設有執行緒 A 和執行緒 B 同時呼叫 getInstance() 方法獲取物件實例，兩個執行緒會同時發現 instance 物件為空，同時對 SingleInstance.class 加鎖，而 JVM 會保證只有一個執行緒獲取到鎖。這裡我們假設執行緒 A 獲取到鎖，執行緒 B 由於未獲取到鎖而進行等待。

接下來，執行緒 A 再次判斷 instance 物件為空，從而建立 instance 物件的實例，然後釋放鎖。此時，執行緒 B 被喚醒，再次嘗試獲取鎖，獲取鎖成功後，執行緒 B 檢查此時的 instance 物件已經不再為空，執行緒 B 不再建立 instance 物件。

上述流程表面上看起來沒什麼問題，但是在高並行、大流量的場景下獲取 instance 物件時，使用 new 關鍵字建立 SingleInstance 類別的實例物件時，會因為編譯器或者解譯器對程式的最佳化而出現問題。也就是說，問題的根源在於如下程式。

```
instance = new SingleInstance();
```

對於上面的程式包括如下三個步驟。

（1）分配記憶體空間。

（2）初始化物件。

（3）將 instance 引用指向記憶體空間。

正常執行的 CPU 指令順序為（1）→（2）→（3），CPU 對程式進行重排序後的執行順序可能為（1）→（3）→（2），此時就會出現問題。當 CPU 對程式進行重排序後的執行順序為（1）→（3）→（2）時，我們將執行緒 A 和執行緒 B 呼叫 getInstance() 方法獲取物件實例的兩種步驟複習如下。

1. 第一種步驟

（1）假設執行緒 A 和執行緒 B 同時進入第一個 if 條件判斷。

（2）假設執行緒 A 首先獲取到 synchronized 鎖，進入 synchronized 程式區塊，此時因為 instance 物件為 null，所以執行 instance= new SingleInstance() 敘述。

（3）在執行 instance = new SingleInstance() 敘述時，執行緒 A 會在 JVM 中開闢一塊空白的記憶體空間。

（4）執行緒 A 將 instance 引用指向空白的記憶體空間，在沒有進行物件初始化的時，發生了執行緒切換，執行緒 A 釋放 synchronized 鎖，CPU 切換到執行緒 B 上。

（5）執行緒 B 進入 synchronized 程式區塊，讀取到執行緒 A 返回的 instance 物件，此時這個 instance 不為 null，但是並未進行物件的初始化操作，是一個空物件。此時執行緒 B 如果使用 instance，就可能出現問題。

2. 第二種步驟

（1）執行緒 A 先進入 if 條件判斷。

（2）執行緒 A 獲取 synchronized 鎖，並進行第二次 if 條件判斷，此時的 instance 為 null，執行 instance = new SingleInstance() 敘述。

（3）執行緒 A 在 JVM 中開闢一塊空白的記憶體空間。

（4）執行緒 A 將 instance 引用指向空白的記憶體空間，在沒有進行物件初始化時，發生了執行緒切換，CPU 切換到執行緒 B 上。

（5）執行緒 B 進行第一次 if 判斷，發現 instance 物件不為 null，但是此時的 instance 物件並未進行初始化操作，是一個空物件。如果執行緒 B 直接使用這個 instance 物件，就可能出現問題。

注意：在第二種步驟中，在發生執行緒切換時，執行緒 A 沒有釋放鎖，所以執行緒 B 在進行第一次 if 判斷時，發現 instance 已經不為 null，則直接返回 instance，而無須嘗試獲取 synchronized 鎖。

建立單例物件的異常流程如圖 4-14 所示。

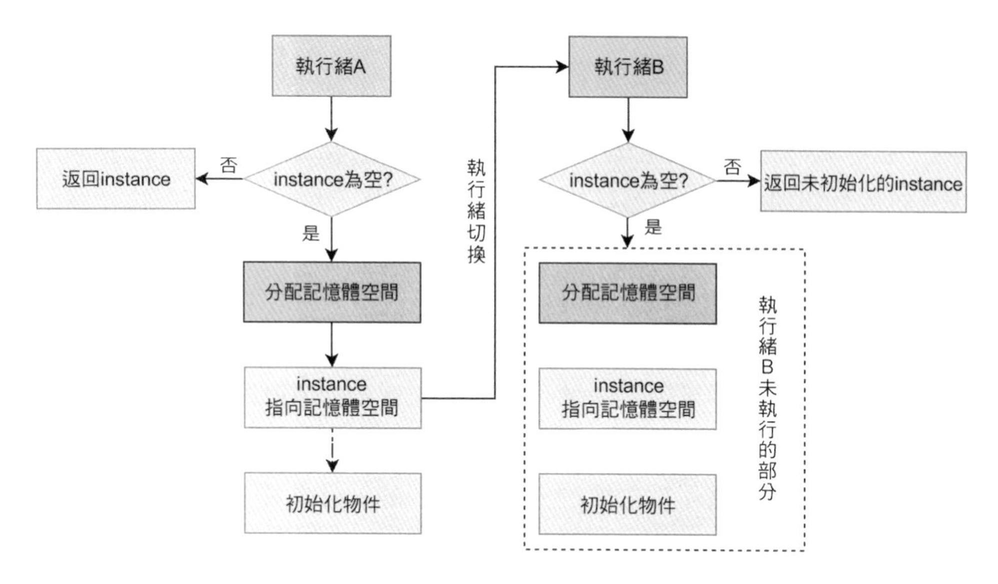

▲ 圖 4-14 建立單例物件的異常流程

由圖 4-14 可以看出，當執行緒 A 判斷 instance 為空時，為物件分配記憶體空間，並將 instance 指向記憶體空間。此時還沒有進行物件的初始化操作，發生了執行緒切換，執行緒 B 獲取到 CPU 資源執行任務。執行緒 B 判斷此時的 instance 不為空，則不再執行後續建立物件的操作，直接返回未初始化的 instance 物件。

究其根本原因就是編譯器修改了程式的執行順序。

4.4.4 有序性問題複習

如果編譯器對程式進行最佳化，那麼可能修改程式的執行順序，從而造成有序性問題。有序性問題也是並行程式設計容易出現 Bug 的根本原因之一。

4.5 解決方案

原子性、可見性和有序性是導致並行程式設計頻繁出現問題的根本原因。本節介紹如何解決並行程式設計中的原子性、可見性和有序性問題。

4.5.1 原子性問題解決方案

造成原子性問題的根本原因是執行緒切換，那禁止 CPU 發生執行緒切換是不是就能解決原子性問題呢？其實不然。在單核心 CPU 上禁止 CPU 發生執行緒切換解決原子性問題的方案是可行的，但是在多核心 CPU 中卻無法用這個方法解決問題。

例如，在 32 位元 CPU 上執行 long 或 double 等 64 位元資料型態的寫入操作時，會把 long 或 double 等 64 位元資料型態的資料分成寫入高 32 位元和寫入低 32 位元。如果 CPU 是單核心的，那麼在寫入資料的過程中，不會發生執行緒切換，獲得 CPU 資源的執行緒會一直執行，寫入高 32 位元和寫入低 32 位元具有原子性。

如果這個 32 位元的 CPU 是多核心的，那麼在同一時刻，可能有多個執行緒同時執行在 CPU 的不同核心上。如果只是禁止 CPU 發生執行緒切換，則只能保證執行緒在 CPU 中的執行不被中斷，無法保證同一時刻只有一個執行緒執行。此時，如果多個執行緒同時讀取 64 位元資料的高 32 位元，並對這高 32 位元進行修改操作，則可能出現意想不到的 Bug。

所以，禁止 CPU 執行緒切換無法從根本上解決原子性問題。

保證同一時刻只能有一個執行緒執行任務，就能夠保證原子性。在 Java 中，解決原子性問題的方案包括 synchronized 鎖、Lock 鎖、

ReentrantLock 鎖、ReadWriteLock 鎖、CAS 操作、Java 中提供的原子類別等。

> **注意**：有關 synchronized 鎖原理、Lock 鎖原理、CAS 核心原理等內容，本書的後續章節會進行詳細的介紹，筆者在這裡不再贅述。

4.5.2 可見性與有序性問題解決方案

如果想解決可見性和有序性問題，那麼根據需要適當禁用 CPU 快取和編譯最佳化即可。為此，Java 虛擬機器（JVM）提供了禁用快取和編譯最佳化的方法。這些方法包括 volatile 關鍵字、synchronized 鎖、final 關鍵字以及 Java 記憶體模型中的 Happens-Before 原則。

> **注意**：有關 volatile 的核心原理、synchronized 鎖原理和 Happens-Before 原則等內容，本書的後續章節會進行詳細的介紹，筆者在這裡不再贅述。

4.6 本章複習

本章主要介紹了並行程式設計中的本質問題，首先對電腦中的核心矛盾——CPU、記憶體和磁碟等 I/O 裝置的速度差距——進行了簡單的介紹，並介紹了 CPU、作業系統和編譯器是如何緩解這個矛盾的。接下來，介紹了並行程式設計中的三大本質問題：原子性、可見性和有序性，並對每種問題的產生原因進行了簡單的描述，同時，分別介紹了在 Java 中原子性、可見性和有序性是如何產生的。最後，針對原子性、可見性和有序性問題舉出了解決方案。

本章只是簡單列舉了問題的解決方案，關於方案的核心原理，在本書的後續章節還會進行詳細介紹，筆者不再贅述。

下一章將會對原子性的核心原理進行簡單介紹。

注意：本章相關的原始程式碼已經提交到 GitHub 和 Gitee，GitHub 和 Gitee 連結位址見 2.4 節結尾。

Chapter

05

原子性的核心原理

並行程式設計中很多讓人費解的問題都是原子性問題造成的，深刻理解原子性並保證原子性有助於更好地撰寫正確的並行程式。本章對原子性的核心原理進行簡單介紹。

本章相關的基礎知識如下。

- 原子性原理。
- 處理器保證原子性。
- 互斥鎖保證原子性。
- CAS 保證原子性。

5.1 原子性原理

原子性規定：在並行程式設計中，如果將指定的一系列操作作為一個不可分割的整體，那麼這些操作要麼全部執行，要麼全部不執行，不會出現只執行一部分的情況。

在並行程式設計中，對於涉及原子性的操作，同一時刻只能有一個執行緒執行，其他執行緒要麼不執行，要麼等待當前執行緒執行完畢之後再執行，要麼基於某種特定的方式不斷重試執行，直到成功。

在並行程式設計中要實現對某些資源的原子操作，需要保證多個執行緒在對這些資源進行操作時是互斥的。

5.2 處理器保證原子性

32 位元的 IA-32 CPU 使用對快取加鎖和對匯流排加鎖等方式來實現多個處理器之間的原子操作。

5.2.1 CPU 保證基本記憶體操作的原子性

第 4 章中提到在 32 位元多核心 CPU 中，當多個執行緒同時讀寫 long 或 double 等 64 位元資料型態的高 32 位元資料時存在原子性問題。不僅如此，當多個執行緒同時讀寫 long 或 double 等 64 位元資料型態的低 32 位元資料時也會存在原子性問題。

如果在 32 位元多核心 CPU 中，一個執行緒操作完 64 位元資料的前 32 位元資料後，另外一個執行緒恰好唯讀取到後 32 位元資料，這樣就導致另外一個執行緒讀取到的資料既不是原來的值，也不是修改後的值，同樣存在原子性問題。

不過，隨著 CPU 技術的不斷發展，現在的 CPU 能夠保證從記憶體中讀取或者寫入 1 位元組的資料是原子的，最近幾年推出的 CPU 也能夠保證在單一處理器核心內部，在同一個快取行裡讀 / 寫 16 位元、32 位元和 64 位元的資料是原子的。

所以，目前的大部分 CPU 支援在同一個快取行裡讀 / 寫 16 位元、32 位元和 64 位元資料的原子性，也就基本解決了在 32 位元多核心 CPU 中，當多個執行緒讀寫儲存在同一個快取行裡的 long 或 double 等 64 位元資料時出現的原子性問題。

但是，只靠 CPU 不能解決跨匯流排、跨多個快取行、跨頁表等存取資料的原子性問題，需要借助 CPU 提供的匯流排鎖和快取鎖。

> **注意**：在 CPU 中，快取行是快取的最小單位，也就是最小的快取區塊，在一般情況下，一個快取行的大小是 64byte。

5.2.2 匯流排鎖保證原子性

CPU 與記憶體之間的資料傳輸是透過匯流排進行的，如圖 5-1 所示。

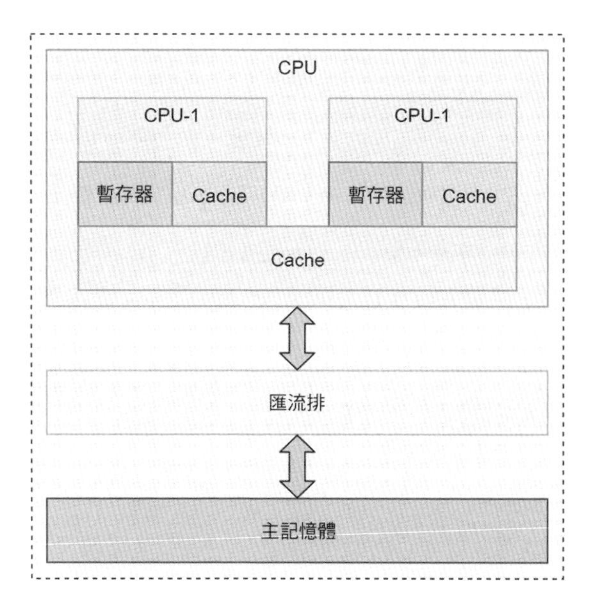

▲ 圖 5-1 CPU 與記憶體之間的資料傳輸

由圖 5-1 可以看出，CPU 與記憶體之間並不是直接進行資料通信的。一個典型的案例就是多個 CPU 核心同時讀取一修改一寫入共享變數的值，會出現意想不到的情況。

在多核心 CPU 中對記憶體中的一個共享變數 count 的值進行加 1 操作。count 的初值為 0，如果這個 count 的值被兩個 CPU 核心同時操作，則最終的 count 值可能為 2，也可能為 1。

這是因為在 CPU 中對 count 值加 1 的操作可以分為如下 3 步。

（1）將主記憶體中的 count 值讀取到暫存器。
（2）對暫存器中的 count 值進行加 1 操作。
（3）將暫存器中的 count 值寫回主記憶體。

對 count 值加 1 的操作並不是原子性操作，如果要保證對讀取一修改一寫入共享變數（count 值加 1）過程的原子性，就必須保證在 CPU-1 讀取一修改一寫入共享變數的過程中，CPU-2 不能讀寫快取了這個共享變數記憶體位址的快取。

CPU 是透過對匯流排加鎖來解決這個問題的，也就是在執行的過程中，CPU 會發出一個 LOCK# 訊號，如果匯流排接收到 CPU 核心發出的 LOCK# 訊號，匯流排就會被鎖住，其他 CPU 核心讀寫記憶體的資料會被阻塞，發出 LOCK# 訊號的 CPU 核心此時能夠獨佔記憶體，實現原子性。

5.2.3 快取鎖保證原子性

匯流排鎖定會將其他 CPU 核心和所有記憶體之間的通訊全部阻塞，而輸出 LOCK# 訊號的 CPU 核心可能只需要佔用記憶體當中很小的一部分空間，此時，匯流排鎖定的銷耗太大。

如果資料被快取在 CPU 的快取行中，並且此時 CPU 已經發出了 LOCK# 訊號，那麼當執行完資料操作回寫記憶體時，CPU 不在匯流排上增加 LOCK# 訊號，只是修改內部的快取位址，並透過開啟快取一致性協定機制保證整個操作的原子性，這就是 CPU 利用快取鎖保證原子性。

注意：有關快取一致性協定的知識，在第 6 章中會進行詳細的介紹，筆者在這裡不再贅述。

5.3 互斥鎖保證原子性

在並行程式設計中，如果能夠保證多執行緒之間的互斥性，也就是說，在同一時刻只有一個執行緒在執行，則無論是單核心 CPU 還是多核心 CPU，都能夠保證多執行緒之間的原子性。

5.3.1 互斥鎖模型

在並行程式設計中，可以使用互斥鎖來保證多個執行緒之間的互斥性。透過對臨界區資源增加互斥鎖可以保證同一時刻只能有一個執行緒佔用臨界區的資源，其他執行緒在該執行緒釋放互斥鎖之前阻塞，直到它釋放鎖。

互斥鎖模型如圖 5-2 所示。

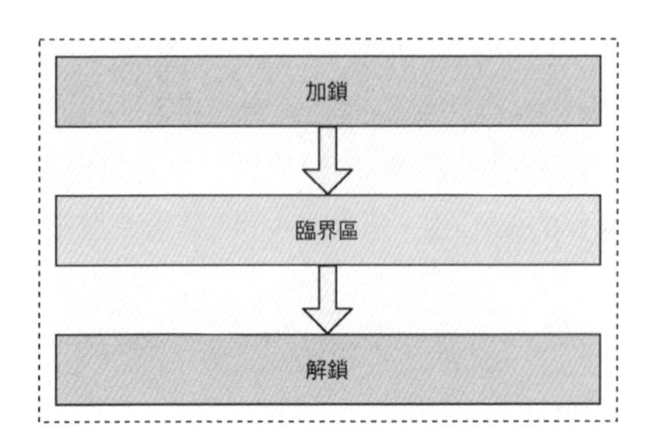

▲ 圖 5-2 互斥鎖模型

如圖 5-2 所示，互斥鎖模型包括加鎖、臨界區和解鎖 3 部分。當多個執行緒進入臨界區時，這些執行緒首先先佔鎖資源，先佔成功的執行緒執行加鎖操作，然後執行臨界區的程式或者修改臨界區的資料資源。其他執行緒先佔鎖資源失敗阻塞，直到加鎖成功的執行緒解鎖後，其他執行緒再次先佔鎖資源。

在上述互斥鎖模型中，執行緒在進入臨界區時先執行加鎖操作，在退出臨界區時執行解鎖操作，同一時間只能有一個執行緒進入臨界區，多個執行緒在臨界區是互斥的，看起來是能夠保證臨界區資源獨佔性的，但是在實際使用的過程中存在著意想不到的 Bug，最佳化後的互斥鎖模型能夠解決這個問題。

5.3.2 最佳化後的互斥鎖模型

5.3.1 節中的鎖模型忽略了兩個非常重要的資訊：一個是對什麼資源進行加鎖操作，另一個是加鎖後要保護什麼資源。只有在使用互斥鎖時搞清楚這兩個問題，才能更好地利用互斥鎖實現原子性。最佳化後的互斥鎖模型如圖 5-3 所示。

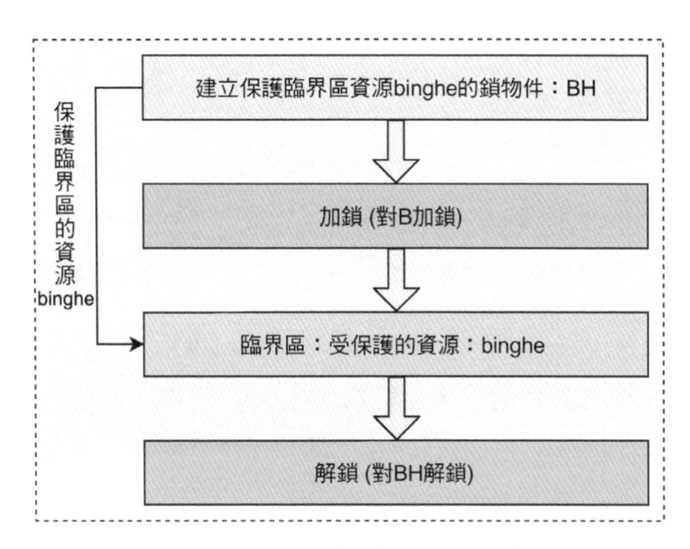

▲ 圖 5-3 最佳化後的互斥鎖模型

由圖 5-3 可以看出，在最佳化後的互斥鎖模型中，先建立了一個保護臨界區資源的鎖物件，然後使用這個鎖物件進行加鎖操作，再進入臨界區執行程式，操作完臨界區的資源後，退出臨界區並執行解鎖操作。其中，建立的保護臨界區資源的鎖物件，就造成了保護臨界區特定資源的作用。

注意：在最佳化後的互斥鎖模型中，建立特定資源的鎖物件是為了保護臨界區特定的資源，如果一個資源的鎖保護了其他資源，則會出現意想不到的 Bug。

5.4 CAS 保證原子性

在 Java 的實現中，可以透過 CAS 機制來保證原子性，CAS 演算法涉及 3 個運算元，如下所示。

- 需要讀寫的記憶體值 X。
- 進行比較的值 A。
- 要寫入的新值 B。

當且僅當 X 的值等於 A 時，CAS 演算法透過原子方式用新值 B 來更新記憶體中 X 的值。否則，會以自旋的方式不斷重試更新記憶體中 X 的值。

在 JVM 中，CAS 操作是基於 CPU 中的 CMPXCHG 指令實現的，CMPXCHG 指令能夠保證在更新記憶體中 X 的值時，整個 CAS 過程是原子性的。

> **注意**：Java 中 java.util.concurrent.atomic 套件下的原子類別底層也是基於 CAS 實現的，有關 CAS 的核心原理，在第 10 章中還會進行詳細的介紹，筆者在這裡不再贅述。

5.5 本章複習

本章主要介紹了原子性的核心原理。對原子性的原理進行了簡單的概述，並從處理器、互斥鎖和 CAS 操作三個角度分別介紹了如何在並行程式設計中保證原子性。

下一章將會對並行程式設計中可見性與有序性的核心原理進行簡單的介紹。

Chapter

06

可見性與有序性核心原理

可見性與有序性是並行程式設計中兩個重要的核心問題，理解可見性與有序性的核心原理，有助於更好地理解並行程式設計，撰寫正確的並行程式。本章就對並行程式設計中的可見性與有序性的核心原理進行簡單的介紹。

本章相關的基礎知識如下。

- CPU 多級快取架構。
- 快取一致性。
- 錯誤分享。
- volatile 核心原理。
- 記憶體屏障。
- Java 記憶體模型。
- Happens-Before 原則。

6.1 CPU 多級快取架構

為了縮小 CPU 與記憶體和磁碟等 I/O 裝置之間的速度差距，CPU 的設計者和開發者們在 CPU 中引入了多級快取，有效地提升了 CPU 的資源使用率。本節對 CPU 多級快取架構進行簡單的介紹。

6.1.1 CPU 為何使用多級快取架構

CPU 的早期發展規律與摩爾定律相符，這意味著每隔 18 個月 CPU 就會實現如下幾點質的提升。

（1） 積體電路上所整合的電晶體數量增加一倍。
（2） CPU 的核心性能提升一倍。
（3） CPU 的價格下降一半。

後來，隨著硬體技術的不斷突破，電晶體的大小已經達到原子等級和奈米等級，CPU 技術開始向多核心和多 CPU 方向發展。

然而，CPU 的執行速度太快了，記憶體和磁碟等 I/O 裝置根本無法跟上，這樣會造成 CPU 資源的浪費。

為了緩解 CPU 和記憶體、磁碟等 I/O 裝置之間速度不匹配的問題，CPU 內部引入了多級快取。儘管多級快取的容量遠遠小於記憶體、磁碟等 I/O 裝置，但是在電腦局部性原理的指引下，這一方案還是極大地緩解了 CPU 和記憶體、磁碟等 I/O 裝置之間速度不匹配的問題。

注意：局部性原理包括空間局部性和時間局部性。

- 空間局部性：如果某個資料被存取了，則與它相鄰的資料有可能很快被存取。
- 時間局部性：如果某個資料被存取了，則在不久的將來它很有可能再次被存取。

6.1.2 CPU 多級快取架構原理

為了提高 CPU 的執行效率和資源使用率，減少 CPU 與記憶體的資料互動，CPU 內部整合了多級快取。目前，最為常見的是三級快取架構，如圖 6-1 所示。

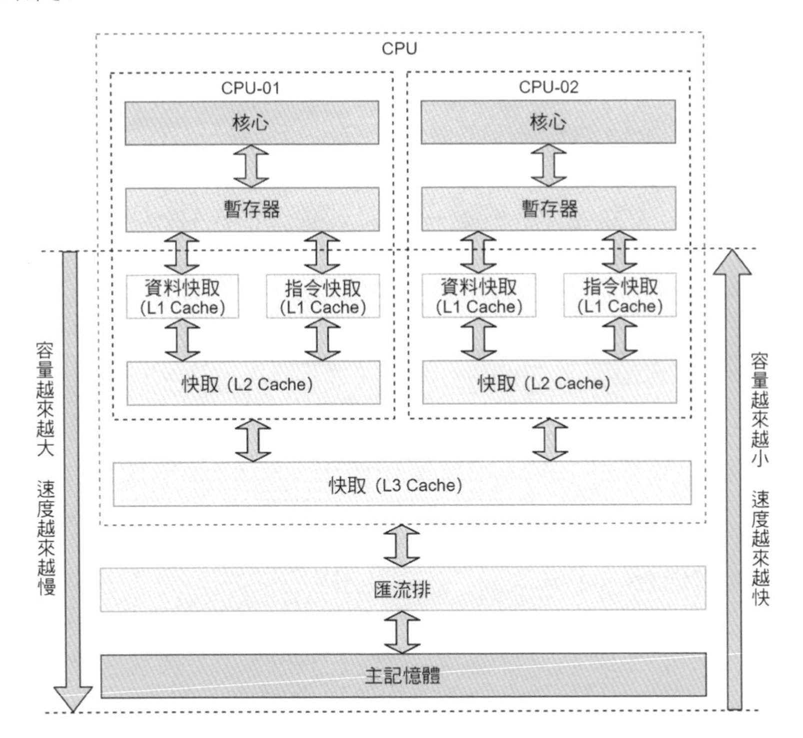

▲ 圖 6-1 CPU 三級快取架構

由圖 6-1 可以看出如下資訊。

（1）在 CPU 內部除了整合暫存器，還內建了 L1、L2 和 L3 三級快取。

（2）L1 快取分為資料快取和指令快取，由每個 CPU 邏輯核心獨佔。

（3）L2 快取由 CPU 物理核心獨佔，邏輯核心共享。

（4）L3 快取由所有 CPU 物理核心共享。

（5）在儲存速度上，暫存器快於 L1 快取，L1 快取快於 L2 快取，L2 快取快於 L3 快取，L3 快取快於記憶體。

（6）在儲存容量上，暫存器小於 L1 快取，L1 快取小於 L2 快取，L2 快取小於 L3 快取，L3 快取小於記憶體。

（7）CPU 與記憶體之間是透過匯流排進行資料通信的。

（8）電腦中的主記憶體是所有 CPU 都可以存取的，並且主記憶體的容量比 CPU 快取大。

6.1.3 CPU 的計算流程

在引入多級快取後，CPU 的計算流程會發生一些變化，整體來說，CPU 讀取資料的流程如下。

（1）如果 CPU 需要讀取暫存器中的資料，則直接讀取。

（2）如果 CPU 需要讀取 L1 快取中的資料，則需要將快取行鎖住，讀取 L1 快取中的資料，然後進行解鎖操作，從 L1 快取讀取資料的過程結束。如果 CPU 在讀取 L1 快取中的資料時，沒鎖住快取行，執行速度就會很慢。

（3）如果 CPU 需要讀取 L2 快取中的資料，則需要先到 L1 快取中讀取。如果 L1 快取中不存在，則在 L2 快取中讀取。此時先為 L2 快取加鎖，在加鎖成功後，將 L2 快取中的資料複製到 L1 快取中，再從 L1

快取讀取資料，在從 L1 快取讀取完資料後，對 L2 快取進行解鎖操作。從 L2 快取讀取資料的過程結束。

（4）如果 CPU 需要讀取 L3 快取中的資料，則需要先到 L1 快取中讀取。如果 L1 快取中不存在，則再到 L2 快取中讀取。如果 L2 快取中不存在，則再到 L3 快取中讀取，此時先為 L3 快取加鎖，在加鎖成功後，資料會先從 L3 快取複製到 L2 快取，再從 L2 快取複製到 L1 快取，CPU 從 L1 快取中讀取出資料，然後對 L3 快取進行解鎖操作。從 L3 快取讀取資料的過程結束。

（5）CPU 從記憶體中讀取資料的過程最為複雜。當 CPU 從記憶體中讀取資料時，需要先通知記憶體控制器佔用電腦的匯流排頻寬，然後通知記憶體加鎖，並發起讀取記憶體資料的請求，等待記憶體回應資料。記憶體回應的資料首先儲存到 L3 快取，再從 L3 快取複製到 L2 快取，然後由 L2 快取複製到 L1 快取，最後由 L1 快取到 CPU。在完成整個過程後，解除匯流排鎖定。從主記憶體讀取資料的過程結束。

6.2 快取一致性

在 CPU 的多級快取架構中，每個 CPU 的邏輯核心都有自己的 L1 快取，共享 L2 快取和 L3 快取。每個 CPU 的物理核心都有自己的 L2 快取，共享 L3 快取。所有 CPU 核心共享 L3 快取。所有 CPU 共享主記憶體。

這種快取記憶體的儲存方式極佳地縮小了 CPU 與主記憶體之間的速度差距，卻引入了新的問題，那就是快取一致性的問題。本節就對快取一致性的問題及其解決方案進行簡單的介紹。

6.2.1 什麼是快取一致性

快取一致性，顧名思義就是快取中的資料是一致的。舉個大家都比較熟悉的例子，就是資料庫和快取資料的一致性。例如，在 Web 系統中，有些場景需要資料庫中的資料和快取中的資料保持即時強一致性，在這些場景下，快取中的資料和資料庫中的資料就是即時一致的，具備快取一致性的特徵。有些場景則不需要保持即時強一致性，在這些場景下，快取中的資料在某個時刻與資料庫中的資料可能不一致，在這個時刻，就不具備快取一致性的特徵。

CPU 的快取一致性要求 CPU 內部各級快取之間的資料是一致的。當多個 CPU 核心涉及對同一塊主記憶體的資料進行讀寫和計算操作時，可能導致各個 CPU 核心之間快取的資料不一致，就會引發快取一致性的問題。

6.2.2 快取一致性協定

為了解決 CPU 在讀寫和計算資料時產生的快取一致性問題，需要每個 CPU 核心在存取和讀寫快取資料時，都遵循一定的協定，這個協定就是快取一致性協定，如圖 6-2 所示。

由圖 6-2 可以看出，CPU 與主記憶體之間可以透過快取一致性協定來保證資料的一致性。快取一致性協定包括 MSI 協定、MESI 協定、DragonProtocol 協定、MOSI 協定、Filefly 協定和 Synapse 協定。

注意：在後續的章節中，會著重討論 MESI 協定。

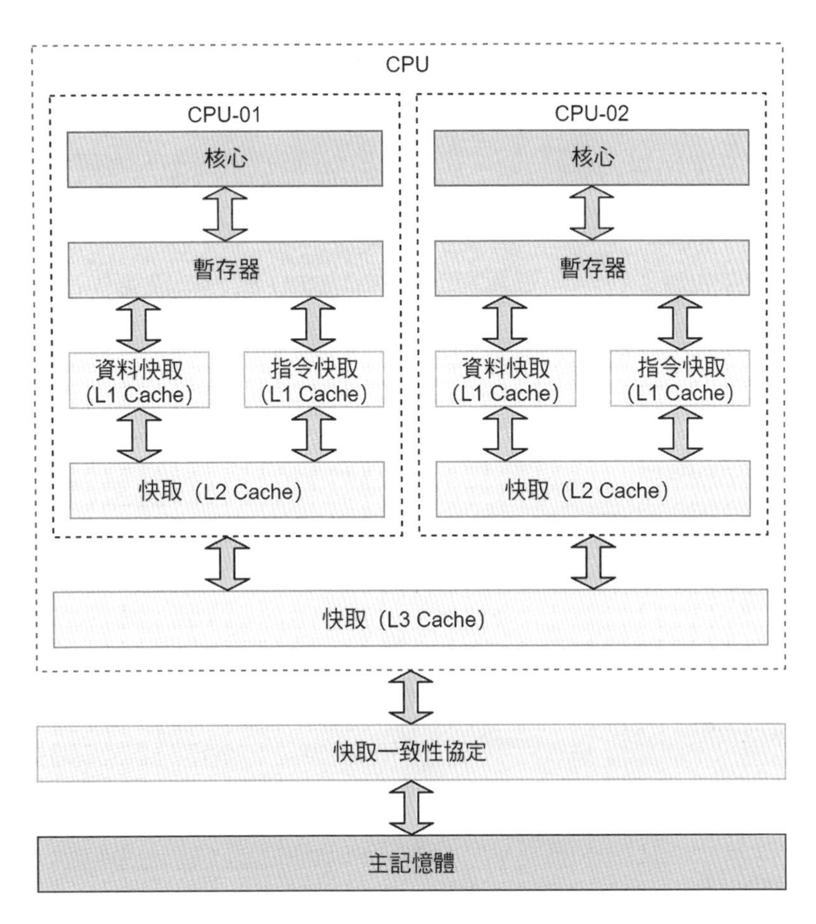

▲ 圖 6-2 快取一致性協定

6.2.3 MESI 協定快取狀態

MESI 協定的每個字母都是一種狀態的簡稱，M 的全稱是 Modified，表示修改；E 的全稱是 Exclusive，表示獨享與互斥；S 的全稱是 Shared，表示共享；I 的全稱是 Invalid，表示故障或無效。

1. M：Modified

處於 M 狀態的快取行有效，資料已經被修改，並且修改後的資料只在當前 CPU 快取中存在，在其他 CPU 快取中不存在。當前快取中的資料未更新到主記憶體，當前快取中的資料與主記憶體中的資料不一致。

處於 M 狀態的快取行中的資料必須在其他 CPU 核心讀取主記憶體的資料之前寫回主記憶體，當資料被回寫主記憶體後，當前快取行的狀態會被標記為 E。

2. E：Exclusive

處於 E 狀態的快取行有效，資料未被修改過，只在當前 CPU 快取中存在，在其他 CPU 快取中不存在，並且快取的資料與主記憶體中的資料是一致的。

當處於 E 狀態的快取行中的資料被其他 CPU 核心讀取後，就會變成 S 狀態。在當前 CPU 核心修改了快取行中的資料後，當前快取行的狀態就會變成 M。

3. S：Shared

處於 S 狀態的快取行有效，資料存在於 CPU 的多個快取記憶體中，並且每個快取中的資料與主記憶體中的資料都是一致的。

當處於 S 狀態的快取行中的資料被一個 CPU 核心修改時，其他 CPU 中對應的該快取行的狀態將被標記為 I。

4. I：Invalid

處於 I 狀態的快取行無效，如果快取行處於 S 狀態，有 CPU 修改了快取行的資料，那麼快取行的狀態就會被標記為 I。

6.2.4 MESI 協定的狀態轉換

MESI 協定每種狀態之間的轉換關係如圖 6-3 所示。

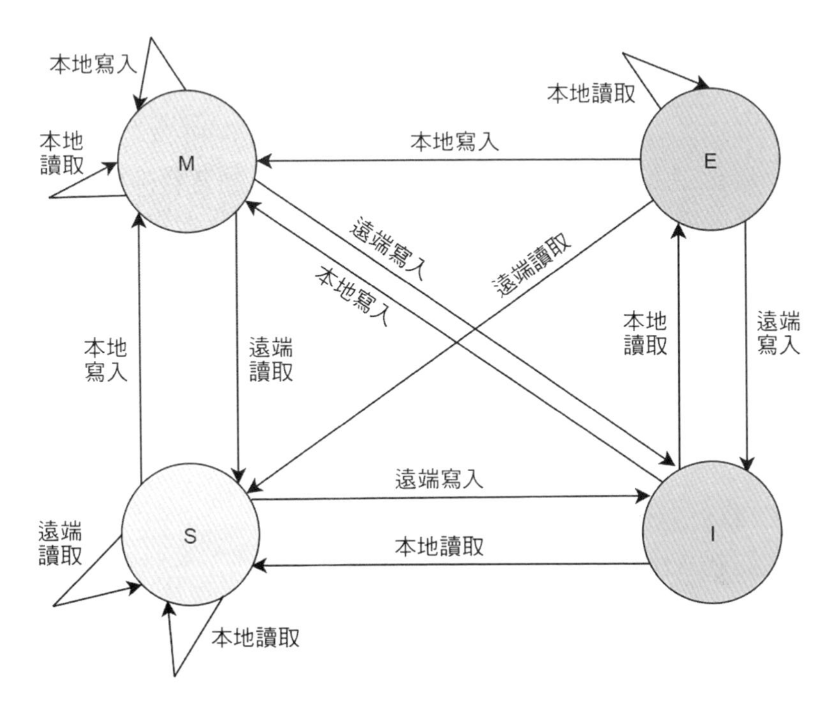

▲ 圖 6-3 MESI 協定每種狀態之間的轉換關係

由圖 6-3 可以看出，MESI 之間的轉換關係如下。

1. 當前快取行狀態為 M

（1）如果發生了本地讀取和本地寫入事件，則當前快取行的狀態不變，仍為 M。

（2）如果發生了遠端讀取事件，那麼當前快取行的資料會被寫到記憶體中，CPU 其他核心能夠使用最新的資料，此時，快取行的狀態變為 S。

（3）如果發生了遠端寫入事件，那麼當前快取行的資料會被寫到記憶體中，CPU 其他核心能夠使用最新的資料，並且其他 CPU 核心能夠修改這行資料。此時，快取行的狀態變為 I。

2. 當前快取行狀態為 E

（1）如果發生了本地讀取事件，則當前快取行的狀態不變，仍為 E。

（2）如果發生了本地寫入事件，修改了快取行中的資料，則當前快取行的狀態被修改為 M。

（3）如果發生了遠端讀取事件，則當前快取行的資料與其他 CPU 核心共享，快取行的狀態被修改為 S。

（4）如果發生了遠端寫入事件，則當前快取行中的資料不能再被使用，當前快取行被標記為 I。

3. 當前快取行狀態為 S

（1）如果發生了本地讀取和遠端讀取事件，則當前快取行的狀態不變，仍為 S。

（2）如果發生了本地寫入事件，修改了當前快取行的資料，則當前快取行被修改為 M，其他 CPU 核心共享的快取行狀態被修改為 I。

（3）如果發生了遠端寫入事件，資料被修改，則當前快取行不能再使用，狀態被修改為 I。

4. 當前快取行狀態為 I

（1）如果發生了本地讀取事件，則會有以下幾種情況。

- 如果其他 CPU 快取中沒有當前快取行的資料，則 CPU 快取會從主記憶體讀取資料，此時快取行狀態會被修改為 E。

- 如果其他 CPU 快取中存在當前快取行的資料，並且狀態為 M，則將資料更新到主記憶體，CPU 快取再從主記憶體中讀取資料，最終兩個 CPU 快取（一個當前 CPU 快取，一個狀態為 M 的其他 CPU 快取）的快取行狀態被修改為 S。
- 如果其他 CPU 快取中存在當前快取行的資料，並且狀態為 S 或者 E，則當前 CPU 快取從其他 CPU 快取中讀取資料，這些 CPU 快取的狀態被修改為 S。

（2）如果發生了本地寫入事件，則會有以下幾種情況。

- 如果從主記憶體中讀取資料，在 CPU 快取中修改，則當前快取行的狀態被修改為 M。如果其他 CPU 快取中存在當前快取行的資料，並且狀態為 M，則需要先將資料更新到主記憶體。
- 如果其他 CPU 快取中存在當前快取行的資料，則其他 CPU 的快取行狀態被修改為 I。

注意：本地讀取、本地寫入、遠端讀取和遠端寫入的含義如下。

- 本地讀取：當前 CPU 快取讀取當前 CPU 快取的資料。
- 本地寫入：當前 CPU 快取中的資料寫入當前 CPU 快取。
- 遠端讀取：其他 CPU 快取讀取當前 CPU 快取中的資料。
- 遠端寫入：將其他 CPU 快取中的資料寫入當前 CPU 的快取。

為了更好地理解 MESI 狀態之間的轉換關係，下面以雙核心 CPU 為例簡單描述 MESI 的狀態是如何在 CPU 中轉換的。

例如，現在有 CPU-01 和 CPU-02 兩個 CPU 核心，並且對應的快取為 cache-01 和 cache-02，支援快取一致性協定。在初始狀態下，主記憶體中的資料 v 的值為 1，如圖 6-4 所示。

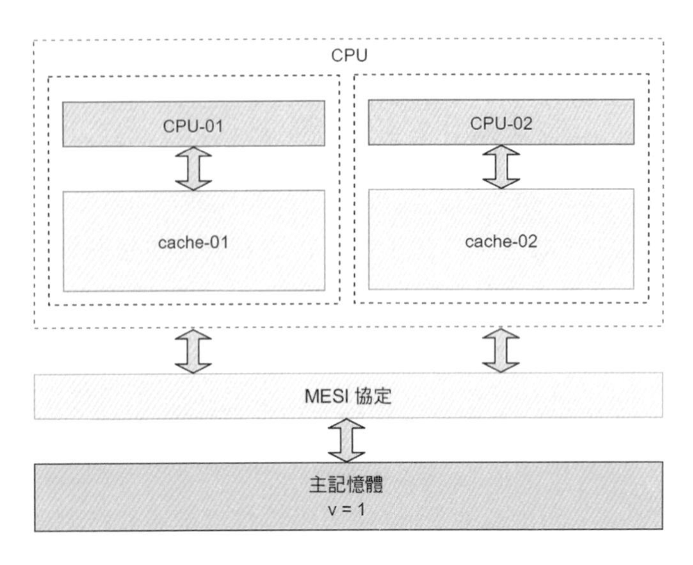

▲ 圖 6-4 初始狀態

接下來，列舉幾個 MESI 狀態轉換的典型案例。

（1）CPU-01 讀取主記憶體中的資料，如圖 6-5 所示。

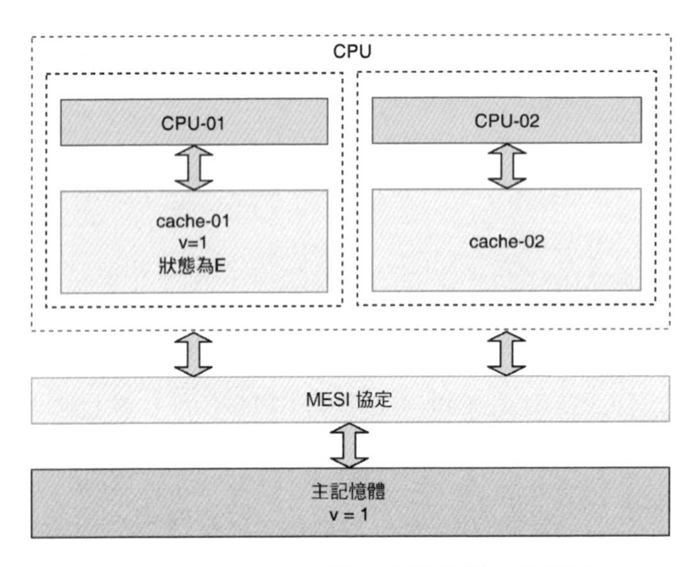

▲ 圖 6-5 CPU-01 讀取主記憶體中的資料

由圖 6-5 可以看出，當只有一個 CPU 核心讀取主記憶體的資料時，資料會被儲存在 CPU 的快取中，同時，當前 CPU 的快取行狀態被標記為 E。

（2）CPU-01 和 CPU-02 讀取資料，CPU-01 先於 CPU-02 讀取資料，如圖 6-6 所示。

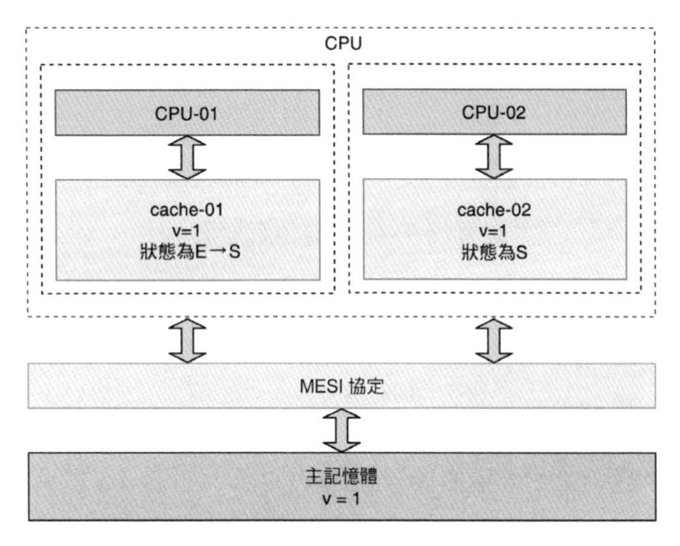

▲ 圖 6-6 CPU-01 先於 CPU-02 讀取資料

由圖 6-6 可以看出，當 CPU-01 先讀取主記憶體中 v 的值時，會將資料存入 cache-01 快取，並將快取行的狀態標記為 E。當 CPU-02 從主記憶體中讀取 v 的值時，CPU-01 會檢測到位址衝突，並對相關的資料做出回應。隨後 v 的值會儲存於 cache-01 和 cache-02 中，cache-01 中快取行的狀態會由 E 變為 S，cache-02 中快取行的狀態為 S。

（3）CPU-01 和 CPU-02 讀取資料後，由 CPU-01 修改資料，將 v 的值由 1 修改為 2，如圖 6-7 所示。

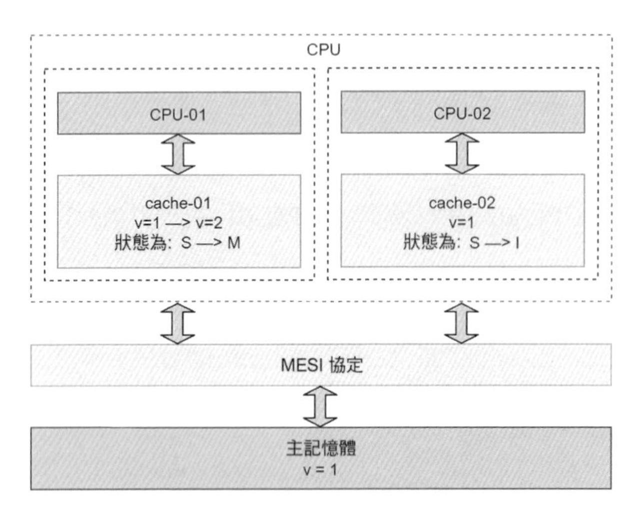

▲ 圖 6-7 CPU-01 修改資料

由圖 6-7 可以看出，CPU-01 發出需要修改 v 的值的指令，並將快取行的狀態由 S 修改為 M，CPU-02 將快取行的狀態由 S 修改為 I，隨後 CPU-01 將 v 的值由 1 修改為 2。

（4）CPU-02 讀取主記憶體中修改後的 v 的值，如圖 6-8 所示。

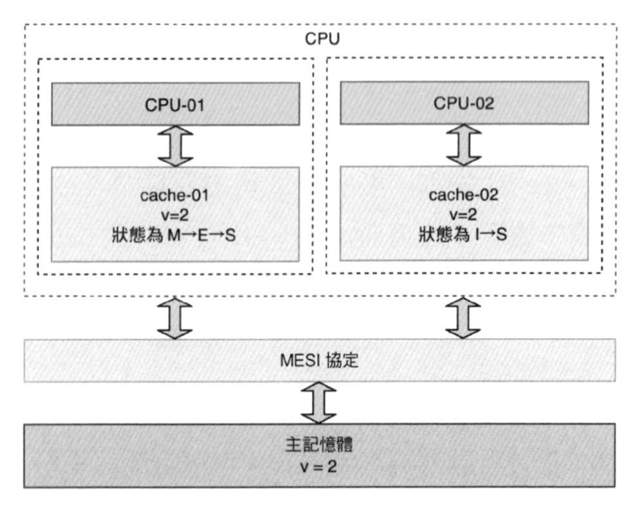

▲ 圖 6-8 CPU-02 讀取主記憶體中修改後的 v 的值

由圖 6-8 可以看出，當 CPU-02 讀取主記憶體的資料時，發出讀取資料的指令。CPU-01 感知到 CPU-02 讀取資料會將修改後的 v 的值同步到主記憶體中，並將快取行的狀態修改為 E。CPU-02 遠端讀取 v 的值，並將快取行的狀態由 I 修改為 S，將 CPU-01 快取行的狀態由 E 修改為 S。

6.2.5 MESI 協定帶來的問題

MESI 協定在高並行的場景下可能存在問題。在 MESI 協定下，如果當前 CPU 需要其他 CPU 快取行變更狀態，就會發送 RFO（Request For Owner）請求。RFO 請求相對於 CPU 的計算耗時較長，在高並行場景下可能存在問題。

（1）CPU 快取行中狀態為 M 的資料往往不會立即更新到主記憶體，在極短的時間內（一般是毫微秒等級），可能導致其他 CPU 快取行中的資料出現短暫不一致的情況。這在超高並行下偶爾會導致某個執行緒修改了變數的值，另一個執行緒在短時間內無法感知到修改後的變數的值的情況。

這種問題可以使用 Java 中的 synchronized 和 Lock 鎖解決，但是出於性能考慮，筆者更推薦使用 volatile。

關於 volatile 的核心原理，在後續章節中會進行詳細的介紹，筆者在這裡不再贅述。

（2）MESI 協定會導致錯誤分享的問題，關於錯誤分享的問題，在 6.4 節中會進行詳細的介紹，筆者在這裡不再贅述。

注意：RFO 的全稱為 Request For Owner，當發生遠端寫入事件時，當前 CPU 的快取行會透過暫存器控制器向遠端具有相同快取行的暫存器發送一個 RFO 請求，要求其他所有的暫存器將指定的快取行的狀態更新為 I。

實際上，當前 CPU 如果需要其他 CPU 快取行變更狀態，就會發送 RFO（Request For Owner）請求。

6.3 錯誤分享

當多個變數被儲存在同一個快取行中時，可能出現錯誤分享問題。本節就對錯誤分享的概念、產生的場景和解決方式進行簡單的介紹。

6.3.1 錯誤分享的概念

CPU 在讀取資料時，是以一個快取行來讀取的。目前，主流的 CPU 中的快取行大小為 64Bytes，所以，一個快取行中可能儲存多個資料（實際儲存的是資料的區塊），當多個執行緒同時修改一個快取行裡的多個變數時，由於 MESI 協定是針對快取行修改狀態的，就會導致多個執行緒的性能相互影響，這就是錯誤分享。

6.3.2 錯誤分享產生的場景

快取與主記憶體交換資料的單位是快取行，MESI 協定針對快取行變更狀態。例如，以 CPU 一級快取的總容量為 320Kb，每個快取行的大小為 64byte 計算，整個 CPU 一級快取共有 5120 個快取行。假設快取行中儲存的都是 64 位元，也就是 8byte 的 double 類型的資料，則一個快取行可以儲存 8 個 double 類型的資料。

如果多個執行緒共享儲存在同一個快取行上的不同 double 資料，且執行緒 1 對變數 X 的值進行了修改，那麼此時，即使在 CPU 另一個核心工作的執行緒 2 並沒有修改變數 Y 的值，執行緒 2 所在 CPU 的快取行也會被標記為 I。

如果執行緒 2 需要修改變數 Y 的值，就需要發送 RFO 請求，將執行緒 1 所在的 CPU 的快取行的狀態更新為 I。

這就會造成執行緒 1 和執行緒 2 即使不共享同一個變數，也會相互變更為 I 的情況。執行緒 1 和執行緒 2 會影響彼此的性能，導致錯誤分享的問題。

6.3.3 如何解決錯誤分享問題

在 JDK 8 之前可以透過位元組填充的方式解決錯誤分享的問題，大致的思路是：在建立變數時，用其他欄位來填充當前變數所在的快取行，避免同一個快取行儲存多個變數，如下所示。

```
public class FullCacheLineDouble {
    public volatile double value = 0;
    public double d1, d2, d3, d4, d5, d6;
}
```

假設快取行的大小為 64 位元組，上述 FullCacheLineDouble 類別中除了定義了一個 double 類型的變數 value，還填充了 6 個 double 類型的變數——d1 到 d6。在 Java 中，double 類型的資料占 8 位元組，一共是 56 位元組。而 FullCacheLineDouble 類別物件的物件標頭占 8 位元組，一共是 64 位元組，正好占滿一個快取行。在同一個快取行中就不會存入其他變數了。

在 JDK 8 版本中引入了 @Contended 註釋來自動填充快取行，程式如下。

```
@Retention(RetentionPolicy.RUNTIME)
@Target({ElementType.FIELD, ElementType.TYPE})
```

```java
public @interface Contended {
    String value() default "";
}
```

@Contended 註釋可以用在類別和成員變數上，加上 @Contended 註釋後 JVM 會自動填充，避免快取行的錯誤分享問題。

> **注意**：在預設情況下，@Contended 註釋只能用在 Java 自身的核心類別中，如果需要用在自己寫的類別中，則需要增加 JVM 參數 "-XX:-RestrictContended"。另外，在使用 @Contended 註釋時，預設填充的寬度是 128，如果需要自訂寬度則需要設定 JVM 的 "-XX:ContendedPaddingWidth" 參數。

6.4 volatile 核心原理

volatile 在記憶體語義上有兩個作用，一個作用是保證被 volatile 修飾的共享變數對每個執行緒都是可見的，當一個執行緒修改了被 volatile 修飾的共享變數後，另一個執行緒能夠立刻看到修改後的資料。另一個作用是禁止指令重排。

6.4.1 保證可見性核心原理

volatile 能夠保證共享變數的可見性。如果一個共享變數使用 volatile 修飾，則該共享變數所在的快取行會被要求進行快取一致性驗證。當一個執行緒修改了 volatile 修飾的共享變數後，修改後的共享變數的值會立刻刷新到主記憶體，其他執行緒每次都從主記憶體中讀取 volatile 修飾的共享變數，這就保證了使用 volatile 修飾的共享變數對執行緒的可見性。

例如，在程式中使用 volatile 修飾了一個共享變數 count，如下所示。

```
volatile long count = 0;
```

此時，執行緒對這個變數的讀寫都必須經過主記憶體。volatile 保證可見性的原理如圖 6-9 所示。

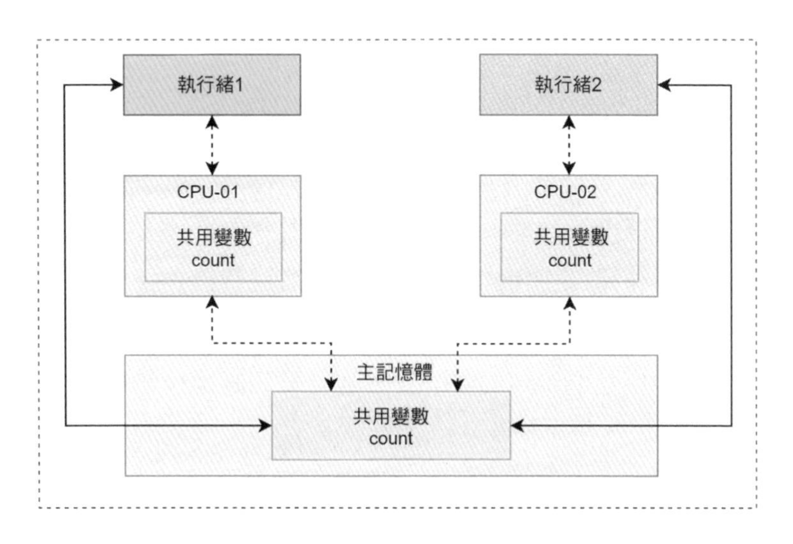

▲ 圖 6-9 volatile 保證可見性的原理

6.4.2 保證有序性核心原理

volatile 能夠禁止指令重排，從而能夠避免在高並行環境下多個執行緒之間出現亂數執行的情況。volatile 禁止指令重排是透過記憶體屏障實現的，記憶體屏障本質上就是一筆 CPU 指令，這個 CPU 指令有兩個作用，一個是保證共享變數的可見性，另一個是保證指令的執行順序。volatile 禁止指令重排的規則如表 6-1 所示。

表 6-1 volatile 禁止指令重排的規則

是否可以重排序	第二個操作		
第一個操作	普通讀或寫	volatile 讀	volatile 寫
普通讀或寫	可以重排序	可以重排序	不能重排序
volatile 讀	不能重排序	不能重排序	不能重排序
volatile 寫	可以重排序	不能重排序	不能重排序

由表 6-1 可以看出 volatile 禁止指令重排的規則如下。

（1）當第一個操作是普通的讀取或者寫入時，如果第二個操作是 volatile 寫入，則編譯器不能對 volatile 前後的指令重排。

（2）當第二個操作是 volatile 寫入時，無論第一個操作是什麼，都不能重排序。

（3）當第一個操作是 volatile 讀取時，無論第二個操作是什麼，都不能重排序。

（4）當第一個操作是 volatile 寫入，第二個操作是 volatile 讀取時，不能重排序。

為了實現上述禁止指令重排的規則，JVM 編譯器可以透過在程式編譯生成的指令序列中插入記憶體屏障來禁止在記憶體屏障前後的指令發生重排。Java 記憶體模型建議 JVM 採用保守的策略嚴格禁止指令重排，volatile 讀取策略如圖 6-10 所示。

由圖 6-10 可以看出 volatile 讀取策略如下。

（1）在每個 volatile 讀取操作的後面都插入一個 LoadLoad 屏障，禁止後面的普通讀與前面的 volatile 讀取發生重排序。

（2）在每個 volatile 讀取操作的後面都插入一個 LoadStore 屏障，禁止後面的普通寫入與前面的 volatile 讀取發生重排序。

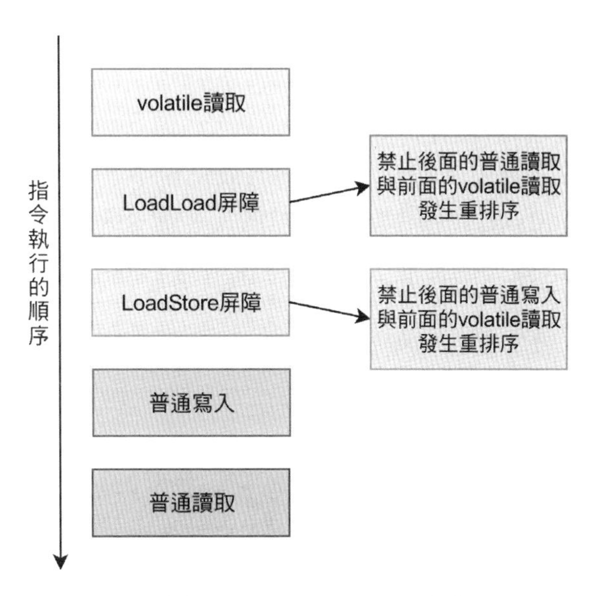

▲ 圖 6-10 volatile 讀取策略

volatile 寫入策略如圖 6-11 所示。

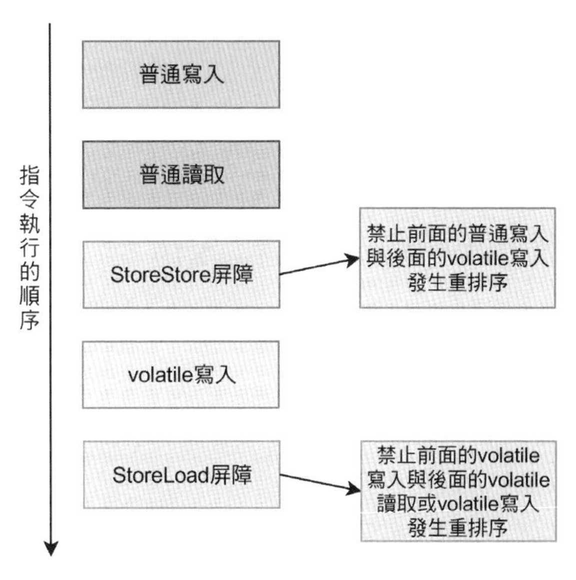

▲ 圖 6-11 volatile 寫入策略

由圖 6-11 可以看出 volatile 寫入策略如下。

（1）在每個 volatile 寫入操作的前面都插入一個 StoreStore 屏障，禁止前面的普通寫入與後面的 volatile 寫入發生重排序。

（2）在每個 volatile 寫入操作的後面都插入一個 StoreLoad 屏障，禁止前面的 volatile 寫入與後面的 volatile 讀取或 volatile 寫入發生重排序。

這種保守的記憶體屏障可以保證在任意 CPU 中都能夠得到正確的執行結果。

> **注意**：上述 volatile 讀寫策略非常保守，在實際執行過程中，只要不改變 volatile 讀取和 volatile 寫入的記憶體語義，編譯器就可以根據實際情況進行最佳化，省略不必要的屏障。

另外，在 4.4.3 節中，列舉了一個執行緒不安全的單例的案例，在 SingleInstance 類別中建立的單例物件不是執行緒安全的，問題就出在如下程式上。

```
private static SingleInstance instance;
//=======省略程式無數=======//
instance = new SingleInstance();
```

具體原因可參見 4.4.3 節，筆者在這裡不再贅述。

只要為 instance 變數增加 volatile 修飾即可解決問題，如下所示。

```
private static volatile SingleInstance instance;
```

6.4.3 volatile 的局限性

volatile 雖然能夠保證資料的可見性和有序性，但是無法保證資料的原子性。例如，在 VolatileAtomicityTest 類別中同時有兩個執行緒對 volatile 修飾的 Long 類型的 count 值進行累加操作，count 的初值為 0，每個執行緒都對 count 的值累加 1000 次，程式如下。

```
/**
 * @author binghe
 * @version 1.0.0
 * @description 測試volatile不能保證原子性
 */
public class VolatileAtomicityTest {

    private volatile Long count = 0L;

    public void  incrementCount(){
        count++;
    }

    public Long execute() throws InterruptedException {
        Thread thread1 = new Thread(()->{
            IntStream.range(0, 1000).forEach((i) -> incrementCount());
        });

        Thread thread2 = new Thread(()->{
            IntStream.range(0, 1000).forEach((i) -> incrementCount());
        });

        //啟動執行緒1和執行緒2
        thread1.start();
        thread2.start();
```

```
        //等待中的執行緒1和執行緒2執行完畢
        thread1.join();
        thread2.join();

        //返回count的值
        return count;
    }

    public static void main(String[] args) throws InterruptedException {
        VolatileAtomicityTest multiThreadAtomicity = new
VolatileAtomicityTest();
        Long count = multiThreadAtomicity.execute();
        System.out.println(count);
    }
}
```

在執行上述程式時，在絕大部分情況下輸出的 count 結果小於 2000，說明 volatile 不能保證資料的原子性。

6.5 記憶體屏障

為了提高程式的執行性能，編譯器和 CPU 會對程式的指令進行重排序。重排序可以分為編譯器重排序和 CPU 重排序兩大類，CPU 重排序又可以分為指令級重排序和記憶體系統重排序。

程式原始程式需要經過編譯器的重排序、CPU 重排序中的指令級重排序和記憶體系統重排序之後才能生成最終的指令執行序列。可以在這個過程中插入記憶體屏障來禁止指令重排。

6.5.1 編譯器重排序

編譯器重排序是在程式編譯階段為了提高程式的執行效率，但不改變程式的執行結果而進行的重排序。

例如，在編譯過程中，如果編譯器需要長時間等待某個操作，而這個操作和它後面的程式沒有任何資料上的依賴關係，則編譯器可以選擇先編譯這個操作後面的程式，再回來處理這個操作，這樣可以提升編譯的速度。

6.5.2 CPU 重排序

現代 CPU 基本上都支援管線操作，在多核心 CPU 中，為了提高 CPU 的執行效率，管線都是並行的。同時，在不影響程式語義的前提下，CPU 中的處理順序可以和程式的順序不一致，只要滿足 as-if-serial 原則即可。

注意：這裡的不影響程式語義只能保證在程式存在顯性資料依賴關係的情況下，CPU 的處理順序和程式順序一致，不能保證與處理邏輯相關的程式的處理順序和程式順序一致。

CPU 重排序包括指令級重排序和記憶體系統重排序兩部分，如下所示。

（1）指令級重排序指在不影響程式執行的最終結果的前提下，CPU 核心對不存在資料依賴性的指令進行的重排序操作。

（2）記憶體系統重排序指在不影響程式執行的最終結果的前提下，CPU 對儲存在快取記憶體中的資料進行的重排序，記憶體系統重排序雖然可能提升程式的執行效率，但是可能導致資料不一致。

6.5.3 as-if-serial 原則

編譯器和 CPU 對程式碼的重排序必須遵循 as-if-serial 原則。as-if-serial 原則規定編譯器和 CPU 無論對程式碼如何重排序，都必須保證程式在單執行緒環境下執行的正確性。

在符合 as-if-serial 原則的基礎上，編譯器和 CPU 只可能對不存在資料依賴關係的操作進行重排序。如果指令之間存在資料依賴關係，則編譯器和 CPU 不會對這些指令進行重排序。

注意：as-if-serial 原則能夠保證在單執行緒環境下程式執行結果的正確性，不能保證在多執行緒環境下程式執行結果的正確性。

例如對於如下程式。

```
/**
 * @author binghe
 * @version 1.0.0
 * @description 測試as-if-serial原則
 */
public class AsIfSerialTest {

    public void getSumData(){
        int x = 20;        ①
        int y = 10;        ②
        int z = x / y;       ③
    }
}
```

由於第①行程式和第②行程式不存在資料依賴關係，重排序後不影響程式的執行結果，所以，第①行程式和第②行程式可以重排序。第③行程式依賴第①行程式和第②行程式的執行結果，所以，第③行程式不能和第①行程式重排序，也不能和第②行程式重排序。

6.5.4 電腦硬體實現的記憶體屏障

現代多核心 CPU 一般都支援快取一致性協定（MESI 協定），快取一致性協定能夠保證共享變數的可見性，但是不能禁止編譯器和 CPU 的重排序，也就是不能保證多個 CPU 核心執行指令的順序性。

如果要保證多個 CPU 核心執行指令的順序，需要用到記憶體屏障，一個是電腦硬體實現的記憶體屏障，一個是 volatile 實現的記憶體屏障。

注意：volatile 實現的記憶體屏障可以參見 6.4.2 節，筆者在這裡重點討論電腦硬體實現的記憶體屏障。

電腦硬體實現的記憶體屏障包括讀取屏障（Load Barrier）、寫入屏障（Store Barrier）和全屏障（Full Barrier）。每種屏障的作用如表 6-2 所示。

表 6-2 硬體記憶體屏障及其作用

記憶體屏障	作 用
讀取屏障	在指令前面插入讀取屏障，能夠強制從主記憶體載入資料，也能夠保證在讀屏障前面的指令先執行，也就是能夠禁止讀取屏障前後的指令重排序
寫入屏障	在指令後面插入寫入屏障，能夠強制將 CPU 快取中的資料寫入主記憶體，讓其他執行緒可見，也能夠保證在寫入屏障後面的指令後執行，也就是能夠禁止寫入屏障前後的指令重排序
全屏障	全屏障具有讀取屏障和寫入屏障的作用

6.6 Java 記憶體模型

Java 記憶體模型簡稱 JMM，是 Java 中為了解決可見性和有序性問題而制定的一種程式設計規範和規則，與 JVM 實實在在的記憶體結構不同，JMM 只是一種程式設計規範和規則。

6.6.1 Java 記憶體模型的概念

Java 記憶體模型規定了所有的變數都儲存在主記憶體中，也就是儲存在電腦的實體記憶體中，每個執行緒都有自己的工作記憶體，用於儲存執行緒私有的資料，執行緒對變數的所有操作都需要在工作記憶體中完成。一個執行緒不能直接存取其他執行緒工作記憶體中的資料，只能透過主記憶體進行資料互動。可以使用圖 6-12 來表示執行緒、主記憶體、工作記憶體的關係。

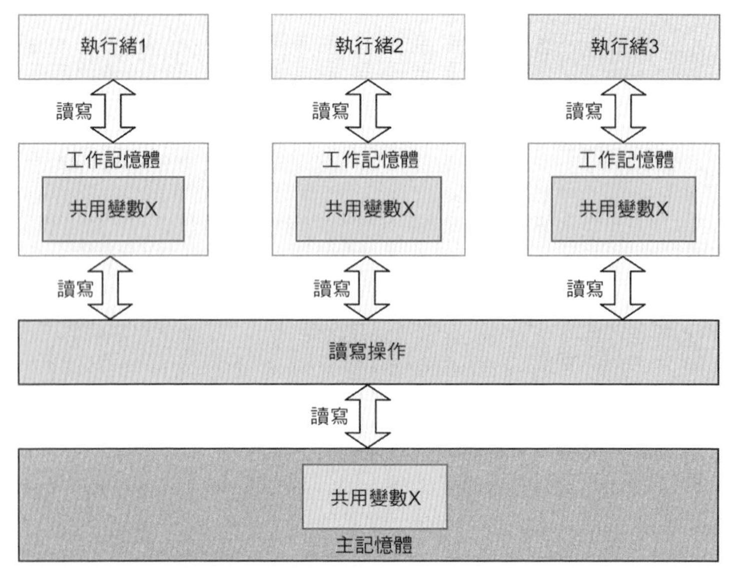

▲ 圖 6-12　執行緒、主記憶體、工作記憶體的關係

由圖 6-12 可以看出如下資訊。

（1）變數都儲存在主記憶體中。

（2）當執行緒需要操作變數時，需要先將主記憶體中的變數複製到對應的工作記憶體中。

（3）執行緒直接讀寫對應的工作記憶體中的變數。

（4）一個執行緒不能直接存取其他執行緒工作記憶體中的資料，只能透過主記憶體間接存取。

6.6.2 Java 記憶體模型的八大操作

對於執行緒工作記憶體與主記憶體之間的資料互動，JMM 定義了一套互動協定，規定了一個變數從主記憶體中複製到工作記憶體中，以及從工作記憶體中同步到主記憶體中的實現細節。JMM 同步資料的 8 種操作如表 6-3 所示。

表 6-3 JMM 同步資料的 8 種操作

指令	名稱	目標	作用
lock	鎖定	主記憶體中的變數	把主記憶體中的某個變數標記為執行緒獨佔
unlock	解鎖	主記憶體中的變數	釋放主記憶體中鎖定狀態的某個變數，釋放後可以被其他執行緒再次鎖定
store	儲存	工作記憶體中的變數	將工作記憶體中的某個變數傳送到主記憶體中
write	寫入	主記憶體中的變數	將 Store 操作從工作記憶體中得到的變數值寫入主記憶體的變數中
read	讀取	主記憶體中的變數	將主記憶體中的某個變數傳送到工作記憶體中

指令	名稱	目標	作用
load	載入	工作記憶體中的變數	將 read 操作從主記憶體中得到的變數值載入工作記憶體的變數中
use	使用	工作記憶體中的變數	將工作記憶體中的某個變數值傳遞到執行引擎
assign	給予值	工作記憶體中的變數	執行引擎將某個值給予值給工作記憶體中的某個變數

JMM 同步資料的具體流程如圖 6-13 所示。

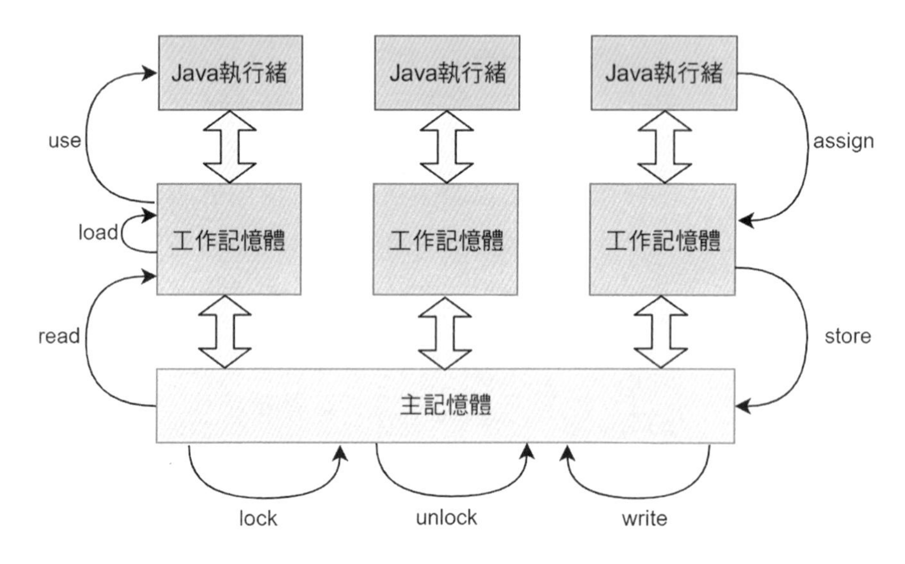

▲ 圖 6-13 JMM 同步資料的具體流程

JMM 還規定了這 8 種操作必須滿足如下規則。

（1） 沒有進行 assign 操作的執行緒允許將資料從工作記憶體中同步到主記憶體中。

（2） store 和 write 操作必須按順序成對出現，但是可以不連續執行，它們之間可以插入其他指令。

（3）read 和 load 操作必須按順序成對出現，但是可以不連續執行，它們之間可以插入其他指令。

（4）如果一個執行緒進行了 assign 操作，則它必須使用 write 操作將資料寫回主記憶體。

（5）變數只能在主記憶體中生成，對變數執行 use 和 store 操作之前，必須先執行 assign 和 load 操作。

（6）一個變數只允許同時被一個執行緒執行 lock 操作，可以被這個執行緒執行多次 lock 操作，但是後續需要執行相同次數的 unlock 操作才能解鎖。

（7）針對同一個變數的 lock 與 unlock 操作必須成對出現。

（8）對一個變數執行 lock 操作時，會清空工作記憶體中當前變數的值，當使用這個變數時，需要重新執行 load 或者 assign 操作載入並初始化變數的值。

（9）不允許對一個沒有執行 lock 操作的變數執行 unlock 操作，也不允許對其他執行緒執行了 lock 操作的變數執行 unlock 操作。

（10）必須先對變數執行 store 和 write 操作將其同步到主記憶體中，才能對該變數執行 unlock 操作。

6.6.3 Java 記憶體模型解決可見性與有序性問題

在前面的章節中，闡述了 CPU 快取導致的可見性問題，編譯最佳化導致了有序性問題。如果禁用 CPU 快取和編譯最佳化是不是就能解決問題了呢？答案是否定的，因為這樣做會極大地降低程式的執行效率。

為了解決可見性和有序性問題，Java 提供了隨選禁用快取和編譯最佳化的方法，開發人員可以根據需要使用這些方法，如圖 6-14 所示。

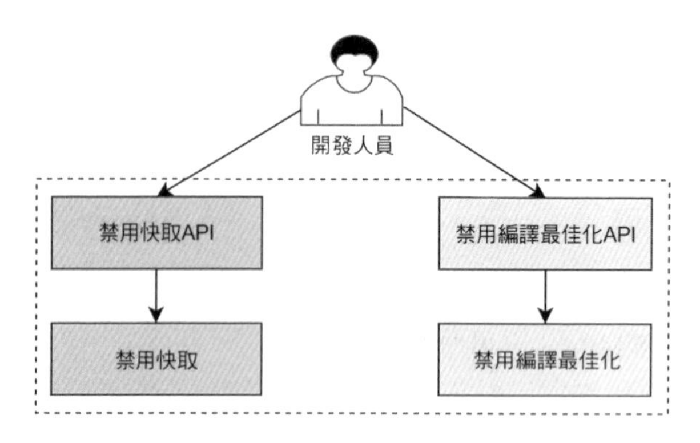

▲ 圖 6-14 隨選禁用快取和編譯最佳化的方法

JMM 規範了 JVM 提供隨選禁用快取和編譯最佳化的方法，如圖 6-15 所示。

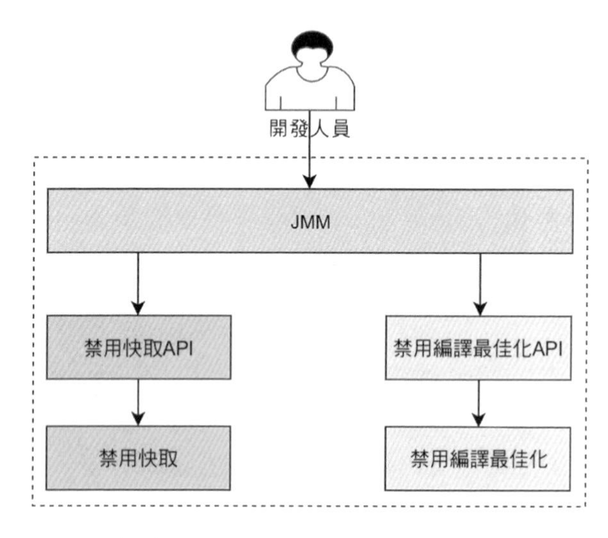

▲ 圖 6-15 JMM 規範了 JVM 提供隨選禁用快取和編譯最佳化的方法

JMM 規劃 JVM 禁用快取和編譯最佳化的方法包括 volatile、synchronized 鎖和 final 關鍵字，以及 JMM 模型中的 Happens-Before 原則，如圖 6-16 所示。

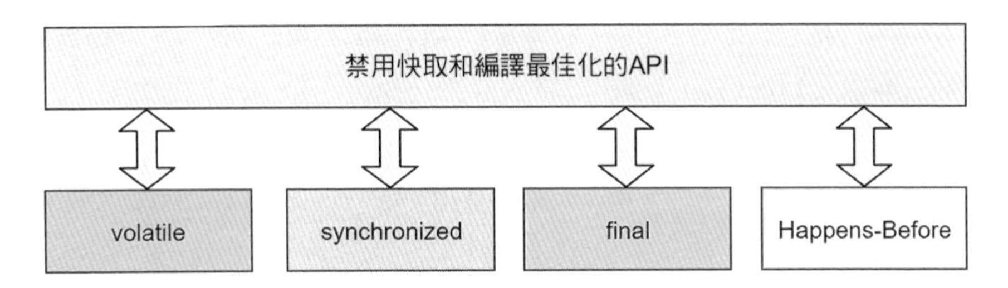

▲ 圖 6-16 JMM 規劃 JVM 禁用快取和編譯最佳化的方法

使用 final 關鍵字修飾的變數是不會被改變的。但是在 Java 1.5 版本之前使用 final 關鍵字修飾的變數也會出現錯誤。在 Java 1.5 版本之後，JMM 禁止對使用了 final 關鍵字修飾的變數進行重排序。但是，如果錯誤的使用了建構函數，則可能出現錯誤的結果。

例如，在下面的程式中，儘管在 FinalFieldExample 類別的建構函數中將被 final 修飾的變數複製為 3，但是執行緒透過 global.obj 讀取的 x 的值卻可能為 0。

```
final int x;
public FinalFieldExample() { // bad!
  x = 3;
  y = 4;
  // bad construction - allowing this to escape
  global.obj = this;
}
```

注意：上述程式片段來自馬里蘭大學派克分校官網。

關於 volatile 的核心原理和 Happens-Before 原則，在本章的其他章節有詳細的介紹；synchronized 核心原理在第 7 章中會進行詳細的介紹，筆者在這裡不再贅述。

JMM 中同樣提供了記憶體屏障來解決多執行緒之間的有序性問題，主要包括讀取屏障（Load Barrier）和寫入屏障（Store Barrier）兩大類。

（1）讀取屏障插入在讀指令的前面，能夠讓 CPU 快取中的資料故障，重新從主記憶體讀取資料。

（2）寫入屏障插入在寫入指令的後面，能夠讓寫入 CPU 快取的最新資料立刻刷新到主記憶體。

在 JMM 中，由讀寫屏障可以組合成讀取讀屏障（LoadLoad Barrier）、寫入寫屏障（StoreStore Barrier）、讀寫屏障（LoadStore Barrier）和寫入讀取屏障（StoreLoad Barrier）。

（1）讀取讀屏障

虛擬程式碼如下。

```
LoadData1 LoadLoad LoadData2
```

在上述虛擬程式碼中，LoadLoad 記憶體屏障能夠保證在執行 LoadData2 讀取資料之前，LoadData1 已經讀取資料完畢。

（2）寫入寫屏障

虛擬程式碼如下。

```
StoreData1 StoreStore StoreData2
```

在上述虛擬程式碼中，StoreStore 記憶體屏障能夠保證在執行 StoreData2 寫入資料之前，StoreData1 已經將資料寫入完畢，並且 StoreData1 寫入的資料對其他 CPU 可見。

（3）讀寫屏障

虛擬程式碼如下。

```
LoadData1 LoadStore StoreData2
```

在上述虛擬程式碼中，LoadStore 記憶體屏障能夠保證在執行 StoreData2 寫入資料之前，LoadData1 已經將資料讀取完畢。

（4） 寫入讀取屏障

虛擬程式碼如下。

```
StoreData1 StoreLoad LoadData2
```

在上述虛擬程式碼中，StoreLoad 記憶體屏障能夠保證在執行 LoadData2 讀取資料之前，StoreData1 已經將資料寫入，並且 StoreData1 寫入的資料對其他 CPU 可見。

6.7 Happens-Before 原則

開發人員無須關心 JMM 提供的記憶體屏障的底層實現細節，只要確保撰寫的程式符合 JMM 定義的 Happens-Before 原則，就能保證程式敘述之間的可見性和有序性。

6.7.1 Happens-Before 原則概述

在 JMM 中，定義了一套 Happens-Before 原則，用於保證程式在執行過程中的可見性和有序性。Happens-Before 原則主要包括程式次序原則、volatile 變數原則、傳遞原則、鎖定原則、執行緒啟動原則、執行緒複習原則、執行緒中斷原則和物件終結原則。

6.7.2 程式次序原則

程式次序原則表示在單一執行緒中，程式按照程式的循序執行，前面的程式操作必然發生於後面的程式操作之前。

例如如下程式。

```
/**
 * 程式次序原則
 */
public void programOrder(){
   int a = 1;          ①
   int b = 2;          ②
   int sum = a + b;    ③
}
```

在單一執行緒中，會按照程式的書寫順序依次執行①、②、③三行程式。

6.7.3 volatile 變數原則

volatile 變數原則表示對一個 volatile 變數的寫入操作，必然發生於後續對這個變數的讀取操作之前。

例如如下程式。

```
private volatile int count = 0;
private double amount = 0;

/**
 * volatile變數寫入規則
 */
public void writeAmountAndCount(){
   amount = 1;
```

```
    count = 1;
}

/**
 * volatile變數讀取規則
 */
public void readAmountAndCount(){
    if (count == 1){
        System.out.println(amount);
    }
}
```

在上述程式中，先將 volatile 變數 count 和普通變數 amount 都給予值為 0，然後在 writeAmountAndCount() 方法中將 amount 給予值為 1，將 count 給予值為 1。則在 readAmountAndCount() 方法中 count 的值等於 1 的前提下，amount 的值一定為 1。

6.7.4 傳遞原則

傳遞原則表示如果操作 A 先於操作 B 發生，操作 B 又先於操作 C 發生，則操作 A 一定先於操作 C 發生。

> **注意**：傳遞原則比較好理解，筆者不再舉例。

6.7.5 鎖定原則

鎖定原則表示對一個鎖的解鎖操作必然發生於後續對這個鎖的加鎖操作之前。

例如如下程式。

```
private int value = 0;
/**
 * 鎖定原則
 */
public synchronized void synchrionizedUpdatevalue(){
   if (value < 1){
      value = 1;
   }
}
```

在上述程式中，初始 value 為 0，當執行緒 1 執行 synchrionized Updatevalue() 方法時，對方法進行加鎖，判斷 value 小於 1 成立，則將 value 修改為 1，隨後執行緒 1 釋放鎖。當執行緒 2 執行 synchrionized Updatevalue() 方法時，讀取到的 value 為 1，判斷 value 小於 1 不成立，則釋放鎖。也就是説，執行緒 1 釋放鎖的操作先於執行緒 2 的加鎖操作。

注意：上述程式等於如下程式。

```
private int value = 0;
/**
 * 鎖定原則
 */
public void synchrionizedUpdatevalue(){
   synchronized (this){
      if (value < 1){
         value = 1;
      }
   }
}
```

6.7.6 執行緒啟動原則

執行緒啟動原則表示如果執行緒 1 呼叫執行緒 2 的 start() 方法啟動執行緒 2，則 start() 操作必然發生於執行緒 2 中的任意操作之前。

例如如下程式。

```
private int value = 0;
/**
 * 執行緒啟動原則
 */
public void threadStart(){
   Thread thread2 = new Thread(()-> {
      System.out.println(value);
   });
   value = 10;
   thread2.start();
}
```

在上述程式中，初始 value 為 0，雖然在 threadStart() 方法中先建立了 thread2 物件實例，但是由於在呼叫 thread2 的 start() 方法之前，將 value 指定為 10，所以在 thread2 執行緒中列印的 value 為 10。

6.7.7 執行緒終結原則

執行緒終結原則表示如果執行緒 1 等待中的執行緒 2 完成操作，那麼當執行緒 2 完成後，執行緒 1 能夠存取到執行緒 2 修改後的共享變數的值。

例如如下程式。

```
private int value = 0;
/**
```

```
 * 執行緒終結原則
 */
public void threadEnd() throws InterruptedException {
   Thread thread2 = new Thread(()-> {
      value = 10;
   });
   thread2.start();
   thread2.join();
   System.out.println(value);
}
```

在上述程式中，初始 value 為 0，在 threadEnd() 方法中，先建立 thread2 物件，並在 thread2 執行緒中將 value 指定為 10，隨後呼叫 thread2 的 start() 方法啟動 thread2 執行緒，再呼叫 thread2 的 join() 方法等待 thread2 執行緒執行完畢。隨後列印的 value 為 10。

6.7.8 執行緒中斷原則

執行緒中斷原則表示對執行緒 interrupt() 方法的呼叫必然發生於被中斷執行緒的程式檢測到中斷事件發生前。

例如如下的程式片段。

```
private int value = 0;
/**
 * 執行緒中斷原則
 */
public void threadInterrupt() throws Exception{
   Thread thread2 = new Thread(()->{
      if(Thread.currentThread().isInterrupted()){
         System.out.println(value);
      }
```

```
    });
    thread2.start();
    value = 10;
    thread2.interrupt();
}
```

在上述程式中，初始 value 為 0，在 threadInterrupt() 方法中，先建立 thread2 物件，在 thread 執行緒中判斷當前執行緒是否被中斷，如果已經被中斷，則列印 value。隨後啟動 thread2 執行緒，將 value 修改為 10，再中斷 thread2 執行緒。則在 thread2 中，檢測到當前執行緒被中斷時，列印的 value 為 10。

6.7.9 物件終結原則

物件終結原則表示一個物件的初始化必然發生於它的 finalize() 方法開始前。

例如如下程式。

```
/**
 * @author binghe
 * @version 1.0.0
 * @description Happens-Before原則
 */
public class HappensBeforeTest {
    /**
     * 物件的終結原則
     */
    public HappensBeforeTest(){
        System.out.println("執行建構方法");
    }
```

```
    @Override
    protected void finalize() throws Throwable {
        System.out.println("執行finalize()方法");
    }
    public static void main(String[] args){
        new HappensBeforeTest();
        //通知JVM執行GC，不一定立刻執行
        System.gc();
    }
}
```

在上述程式中，在 HappensBeforeTest 類別的建構方法中列印了「執行建構方法」，在 finalize() 方法中列印了「執行 finalize() 方法」。在 main() 方法中首先呼叫 HappensBeforeTest 類別的建構方法建立物件實例，隨後呼叫 "System.gc();" 通知 JVM 執行 GC 操作，但 JVM 不一定立刻執行。執行上述程式後列印的結果如下。

```
執行建構方法
執行finalize()方法
```

説明一個物件的初始化發生於它的 finalize() 方法開始前。

6.8 本章複習

本章主要對可見性與有序性的核心原理進行了簡單的介紹。首先介紹了 CPU 的多級快取架構和快取一致性協定。對當多個變數被儲存在同一個快取行中時，可能出現的錯誤分享問題進行了簡單的介紹。然後介紹了 volatile 的核心原理和記憶體屏障的相關知識。接下來，介紹了 Java 中的記憶體模型，記憶體模型中的 8 大操作以及 Java 記憶體模型是解決可見性與有序性問題的方式。最後，介紹了 Java 中的 Happens-Before 原則。

下一章將會對 synchronized 核心原理進行簡單的介紹。

注意：本章相關的原始程式碼已經提交到 GitHub 和 Gitee，GitHub 和 Gitee 連結位址見 2.4 節結尾。

Chapter

07

synchronized 核心原理

Synchronized 是 Java 提供的一個內建鎖，儘管在 JDK 1.5 及之前的版本中，synchronized 的性能被大部分開發者所詬病，但是從 JDK 1.6 開始，synchronized 進行了大量的最佳化。可以這麼說，在大部分的 Java 單機程式中，當涉及多執行緒並行問題時，幾乎都可以使用 synchronized 解決。本章對 synchronized 的核心原理進行簡單的介紹。

本章相關的基礎知識如下。

- synchronized 用法。
- Java 物件結構。
- Java 物件標頭。
- 使用 JOL 查看物件資訊。
- synchronized 核心原理。
- 偏向鎖。
- 輕量級鎖。
- 重量級鎖。

- 鎖升級的過程。
- 鎖消除。

7.1 synchronized 用法

synchronized 是 Java 提供的一種解決多執行緒並行問題的內建鎖，是目前 Java 中解決並行問題最常用的方法，也是最簡單的方法。從語法上講，synchronized 的用法可以分為三種，分別為同步實例方法、同步靜態方法和同步程式區塊。

7.1.1 同步實例方法

當一個類別中的普通方法被 synchronized 修飾時，相當於對 this 物件加鎖，這個方法被宣告為同步方法。此時，多個執行緒並行呼叫同一個物件實例中被 synchronized 修飾的方法是執行緒安全的。

一個類別中被 synchronized 修飾的普通方法的程式如下。

```
public synchronized void methodHandler(){
   //方法邏輯
}
```

在下面的程式中，count 被定義為成員變數，初值為 0，並在 incrementCount() 方法中對 count 的值進行自動增加處理。incrementCount() 方法沒有被 synchronized 修飾，當多個執行緒同時呼叫 incrementCount() 方法時，可能產生執行緒安全問題。

```
private Long count = 0L;

public void incrementCount(){
```

```
    count++;
}
```

例如，在 execute() 方法中呼叫 incrementCount() 方法就會產生執行緒安全問題，如下所示。

```
public Long execute() throws InterruptedException {
    Thread thread1 = new Thread(()->{
        IntStream.range(0, 1000).forEach((i) -> incrementCount());
    });

    Thread thread2 = new Thread(()->{
        IntStream.range(0, 1000).forEach((i) -> incrementCount());
    });

    //啟動執行緒1和執行緒2
    thread1.start();
    thread2.start();

    //等待中的執行緒1和執行緒2執行完畢
    thread1.join();
    thread2.join();

    //返回count的值
    return count;
}
```

在 execute() 方法中建立了兩個執行緒，分別為 thread1 和 thread2，執行緒 thread1 和 thread2 分別迴圈 1000 次，再呼叫 incrementCount() 方法對 count 的值進行累加操作。上述程式預期的結果是 count 的返回值是 2000，而實際的結果卻是在大部分情況下 count 的返回值小於 2000，產生了執行緒安全問題。

如果想解決上述執行緒安全問題，也就是讓 count 的返回值是 2000，則可以在 incrementCount() 方法上增加 synchronized 關鍵字，程式如下。

```
private Long count = 0L;

public synchronized void incrementCount(){
   count++;
}
```

在 incrementCount() 方法上增加 synchronized 關鍵字後，再次呼叫 execute() 方法 count 的返回值為 2000，解決了執行緒安全問題。

7.1.2 同步靜態方法

可以在 Java 的靜態方法上增加 synchronized 關鍵字來對其進行修飾，當一個類別的某個靜態方法被 synchronized 修飾時，相當於對這個類別的 Class 物件加鎖，而一個類別只對應一個 Class 物件。此時，無論建立多少個當前類別的物件呼叫被 synchronized 修飾的靜態方法，這個方法都是執行緒安全的。

一個類別中被 synchronized 修飾的靜態方法程式如下。

```
public static synchronized void methodHandler(){
   //方法邏輯
}
```

當多個執行緒並行執行被 synchronized 修飾的靜態方法時，這個方法是執行緒安全的。

例如，在下面的程式片段中，count 被定義成靜態變數，初值為 2000，並在靜態方法 decrementCount() 中對 count 的值進行自減處理。

decrementCount () 方法沒有被 synchronized 修飾，當多個執行緒同時呼叫 decrementCount () 方法時，可能產生執行緒安全問題。

```
private static Long count = 2000L;

public static void decrementCount(){
   count--;
}
```

例如，在 execute() 方法中使用多執行緒並行方式呼叫 decrementCount() 方法時，會產生多執行緒安全問題，如下所示。

```
public static Long execute() throws InterruptedException {
   Thread thread1 = new Thread(()->{
      IntStream.range(0, 1000).forEach((i) -> decrementCount());
   });

   Thread thread2 = new Thread(()->{
      IntStream.range(0, 1000).forEach((i) -> decrementCount());
   });

   //啟動執行緒1和執行緒2
   thread1.start();
   thread2.start();

   //等待中的執行緒1和執行緒2執行完畢
   thread1.join();
   thread2.join();

   //返回count的值
   return count;
}
```

在 execute() 方法中，分別建立了 thread1 和 thread2 兩個執行緒，在兩個執行緒中分別迴圈 1000 次呼叫 decrementCount() 方法，對靜態變數 count 的值進行自減操作。execute() 方法中預期返回的 count 值為 0，但是在大部分情況下返回的 count 值大於 0，說明存在執行緒安全問題。

如果希望 execute() 方法的返回值為 0，則可以在 decrementCount() 方法上增加 synchronized 關鍵字，如下所示。

```
private static Long count = 2000L;

public static synchronized void decrementCount(){
   count--;
}
```

這樣，在呼叫 execute() 方法時，返回的 count 值為 0，與預期的結果一致，decrementCount() 方法是執行緒安全的。

7.1.3 同步程式區塊

synchronized 關鍵字修飾方法可以保證當前方法是執行緒安全的，但如果修飾的方法臨界區較大，或者方法的業務邏輯過多，則可能影響程式的執行效率。此時最好的方式是將一個大的方法分成小的臨界區程式。

例如，下面的程式定義了兩個成員變數，分別為 countA 和 countB，初值都為 0，在 incrementCount() 方法中分別對 countA 和 countB 進行自動增加處理，同時，在 incrementCount() 方法上增加 synchronized 關鍵字，如下所示。

```
private Long countA = 0L;
private Long countB = 0L;
```

```
public synchronized void incrementCount(){
    countA ++;
    countB ++;
}
```

在上述程式中，在 incrementCount() 方法中分別對 countA 和 countB 進行自動增加操作，對於 countA 和 countB 來說，面對的是兩個不同的臨界區資源。當某個執行緒進入 incrementCount() 時，會對整個方法加鎖，佔用全部資源。即使在執行緒對 countA 進行自動增加操作而沒有對 countB 進行自動增加操作時，也會佔用 countB 的資源，其他執行緒只有等到當前執行緒執行完 countA 和 countB 的自動增加操作並釋放 synchronized 鎖後才能進入 incrementCount() 方法。

所以，如果只將 synchronized 增加到方法上，且方法中包含互不影響的多個臨界區資源，就會造成臨界區資源的閒置等待，影響程式的執行性能。為了進一步提高性能，可以將 synchronized 關鍵字增加到方法區塊內，也就是讓 synchronized 修飾程式區塊。

synchronized 修飾程式區塊可以分為兩種情況，一種情況是對某個物件加鎖，另一種情況是對類別的 Class 物件加鎖，如下所示。

❑ 對某個物件加鎖

```
public void methodHandler(){
    synchronized(obj){
        //省略業務邏輯
    }
}
```

當上述程式片段中的 obj 為 this 時，相當於在普通方法上增加 synchronized 關鍵字，見 7.1.1 節。

❑ 對類別的 Class 物件加鎖

```
public static void methodHandler(){
   synchronized(ClassHandler.class){
      //省略業務邏輯
   }
}
```

上述程式片段相當於在類別的靜態方法上增加 synchronized 關鍵字，見 7.1.2 節。

如果將前面範例中的 countA 和 countB 當作兩個互不影響的臨界區資源，則前面的範例可以修改成如下所示。

```
private Long countA = 0L;
private Long countB = 0L;

private Object countALock = new Object();
private Object countBLock = new Object();

public void incrementCount(){
   synchronized (countALock){
      countA ++;
   }
   synchronized (countBLock){
      countB ++;
   }
}
```

修改後的程式除了定義了兩個成員變數 countA 和 countB，還針對 countA 和 countB 分別定義了兩個物件鎖 countALock 和 countBLock，在 incrementCount() 方法中，針對 countA 和 countB 的自動增加操作，分別增加了不同的 synchronized 物件鎖。

當一個執行緒進入 incrementCount() 方法後，正在執行 countB 的自動增加操作時，其他執行緒可以進入 incrementCount() 方法執行 countA 的自動增加操作，提高了程式的執行效率。同時，incrementCount() 方法是執行緒安全的。

注意：7.1.1 節中增加 synchronized 關鍵字之後的 incrementCount() 方法可以修改成如下程式。

```
private Long count = 0L;

public void incrementCount(){
    synchronized(this){
        count++;
    }
}
```

7.1.2 節中增加 synchronized 關鍵字之後的靜態方法 decrementCount() 可以修改成如下程式。

```
private static Long count = 2000L;

public static void decrementCount(){
    synchronized(SynchronizedStaticTest.class){
        count--;
    }
}
```

讀者可自行驗證程式的具體執行結果，筆者在這裡不再贅述。

7.2 Java 物件結構

Java 中 synchronized 鎖的很多重要資訊都是儲存在物件結構中的，Java 中的物件結構主要包括物件標頭、實例資料和對齊填充三部分。本節簡單介紹 Java 中的物件結構。

7.2.1 物件結構總覽

Java 物件實例在 JVM 中的結構不僅包含在類別中定義的成員變數和方法等資訊，其在堆積區域會儲存物件的實例資訊，包括物件標頭、實例資料和對齊填充。在方法區會儲存當前類別的類別詮譯資訊，如圖 7-1 所示。

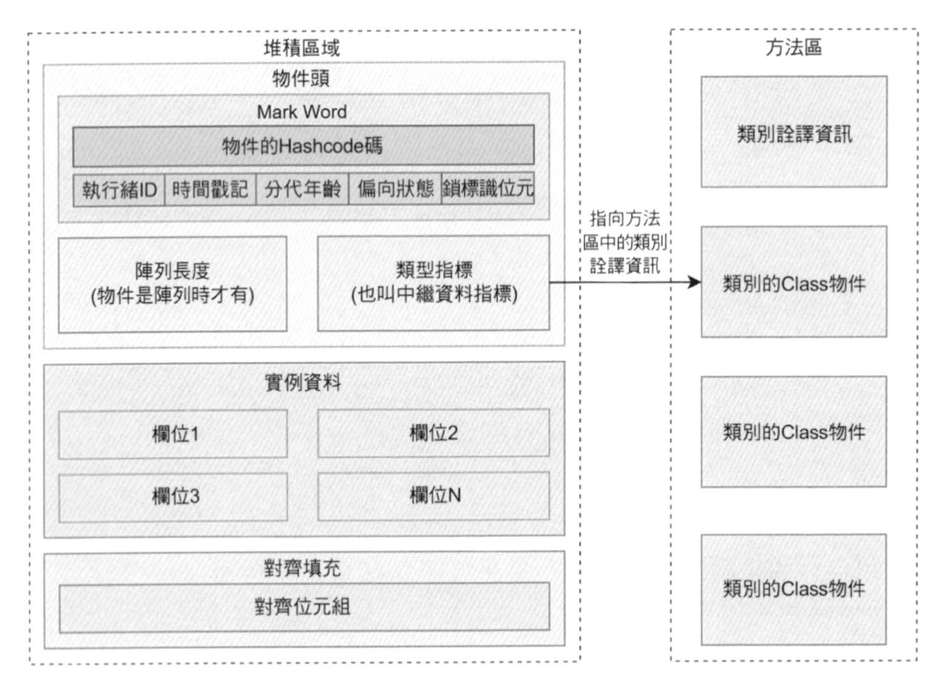

▲ 圖 7-1 Java 物件實例在 JVM 中的結構

由圖 7-1 可以看出，一個類別生成的物件實例資訊會儲存在 JVM 的堆積區域。一個完整的 Java 物件除了包括在類別中定義的成員變數和方法等資訊，還會包括物件標頭，物件標頭中又包括 Mark Word、類型指標和陣列長度，而陣列長度只在當前物件是陣列時才會存在。同時，為了滿足 JVM 中物件的起始位址必須是 8 的整數倍的要求，物件在 JVM 堆積區域中的儲存結構還會有一部分對齊填充位元。

一個類別的類別詮譯資訊會儲存在 JVM 的方法區中，物件標頭中的類型指標會指向儲存在方法區中的類別詮譯資訊。

7.2.2 物件標頭

Java 中的物件標頭一般佔用 2 個機器碼的儲存空間。在 32 位元 JVM 中，1 個機器碼佔用 4 位元組的儲存空間，也就是 32 位元；而在 64 位元 JVM 中，1 個機器碼佔用 8 位元組的儲存空間，也就是 64 位元。

物件標頭中儲存了物件的 Hash 碼、物件所屬的分代年齡、物件鎖、鎖狀態、偏向鎖的 ID（獲得鎖的執行緒 ID）、獲得偏向鎖的時間戳記等，如果當前物件是陣列物件，則物件標頭中還會儲存陣列的長度資訊。

所以，如果當前物件是陣列物件，則物件標頭會佔用 3 個機器碼空間，多出來的一個機器碼空間用於儲存陣列的長度。

> **注意**：有關物件標頭的其他資訊會在後續章節進行詳細介紹，筆者在這裡不再贅述。

7.2.3 實例資料

實例資料部分主要儲存的是物件的成員變數資訊，例如，儲存了類別的成員變數的具體值，也包括父類別的成員變數值，在 JVM 中，這部分的記憶體會按照 4 位元組進行對齊。

7.2.4 對齊填充

在 HotSpot JVM 中，物件的起始位址必須是 8 的整數倍。由於物件標頭佔用的儲存空間已經是 8 的整數倍，所以如果當前物件的執行個體變數佔用的儲存空間不是 8 的整數倍，則需要使用填充資料來保證 8 位元組的對齊。

注意：如果當前物件的執行個體變數佔用的儲存空間是 8 的整數倍，則不需要使用填充資料來保證位元組對齊，也就是說，填充資料不是必須存在的，它的存在僅僅是為了進行 8 位元組的對齊。

7.3 Java 物件標頭

Java 中的物件標頭可以進一步分為 Mark Word、類型指標和陣列長度三部分，本節簡單介紹一下 Java 物件標頭相關的知識。

7.3.1 Mark Word

Mark Word 主要用來儲存物件自身的執行時期資料，例如，物件的 Hash 碼、GC（垃圾回收）的分代年齡、鎖的狀態標識、物件的執行緒鎖狀態資訊、偏向執行緒 ID、獲得偏向鎖的時間戳記等。可以這麼說，在 Java 中，Mark Word 是實現偏向鎖和輕量級鎖的關鍵。

Mark Word 欄位的長度與 JVM 的位數相關，在 32 位元 JVM 中，Mark Word 佔用 32 位元儲存空間；在 64 位元 JVM 中，Mark Word 佔用 64 位元儲存空間。

由於物件標頭所佔用的儲存空間與物件自身儲存的資料無關，所以物件標頭佔用的是額外的空間，JVM 為了提高儲存效率，將 Mark Word 設計成一個非固定的資料結構，以便能夠在 Mark Word 中儲存更多資訊。同時，Mark Word 會隨著程式的執行發生一定的變化。

32 位元 JVM 中 Mark Word 的結構如圖 7-2 所示。

鎖狀態	25bit		4bit	1bit	2bit
	23bit	2bit		偏向鎖標記	鎖標識位元
無鎖	物件HashCode (佔25bit)		分代年齡 (佔4bit)	0	01
偏向鎖	執行緒ID (佔23bit)	時間戳記 (佔2bit)	分代年齡 (佔4bit)	1	01
輕量級鎖	指向堆疊中鎖記錄的指標 (佔30bit)				00
重量級鎖	指向重量級鎖的指標 (佔30bit)				10
GC標記	空位 (佔30bit)				11

▲ 圖 7-2 32 位元 JVM 中 Mark Word 的結構

64 位元 JVM 中 Mark Word 的結構如圖 7-3 所示。

鎖狀態	57bit			4bit	1bit	2bit
	25bit	31bit	1bit		偏向鎖標記	鎖標識位元
無鎖	空位 (佔25bit)	物件HashCode (佔31bit)	空位 (佔1bit)	分代年齡 (佔4bit)	0	01
偏向鎖	執行緒ID (佔54bit)	時間戳記 (佔2bit)	空位 (佔1bit)	分代年齡 (佔4bit)	1	01
輕量級鎖	指向堆疊中鎖記錄的指標 (佔62bit)					00
重量級鎖	指向重量級鎖的指標 (佔62bit)					10
GC標記	空位 (佔62bit)					11

▲ 圖 7-3 64 位元 JVM 中 Mark Word 的結構

這裡，重點介紹一下 64 位元 JVM 中 Mark Word 的結構，如下所示。

（1）鎖標識位元：佔用 2 位元儲存空間，鎖標識位元的值不同，所代表的整個 Mark Word 的含義不同。

（2）是否偏向鎖標記：佔用 1 位元儲存空間，標記物件是否開啟了偏向鎖。當值為 0 時，表示沒有開啟偏向鎖；當值為 1 時，表示開啟了偏向鎖。

（3）分代年齡：佔用 4 位元儲存空間，表示 Java 物件的分代年齡。在 JVM 中，當發生 GC 垃圾回收時，年輕代未被回收的物件會在 Survivor 區被複製一次，物件的分代年齡加 1。如果被複製的次數超過了一定的值，那麼當前物件會被移動到老年代。在預設情況下，當分代年齡達到 15 時，物件會被移動到老年代，這個值可以透過 JVM 參數 "--XX:MaxTenuringThreshold" 進行設定。

（4）物件 HashCode：佔用 31 位元儲存空間，主要儲存物件的 HashCode 值。

（5）執行緒 ID：佔用 54 位元儲存空間，表示持有偏向鎖的執行緒 ID。

（6）時間戳記：佔用 2 位元儲存空間，表示偏向時間戳記。

（7）指向堆疊中鎖記錄的指標：佔用 62 位元儲存空間，表示在輕量級鎖的狀態下，指向堆疊中鎖記錄的指標。

（8）指向重量級鎖的指標：佔用 62 位元儲存空間，表示在重量級鎖的狀態下，指向物件監視器的指標。

注意：32 位元 JVM 的 Mark Word 結構與 64 位元 JVM 的 Mark Word 結構類似，讀者可自行分析，筆者在這裡不再贅述。

7.3.2 類型指標

不同位數的 JVM 的類型指標所佔用的位數也不同。在 32 位元 JVM 中，類型指標佔用 32 位元儲存空間；而在 64 位元 JVM 中，類型指標佔用 64 位元儲存空間。

目前，在大部分場景下使用的都是 64 位元的 JVM。如果在 JVM 中生成的物件實例較多，那麼使用 64 位元的類型指標會浪費很多儲存空間。所以，在 64 位元 JVM 中，當螢幕記憶體小於 32GB 時，預設會開啟指標壓縮，也可以透過 JVM 參數 "-XX:+UseCompressedOops" 手動顯性開啟指標壓縮，透過 JVM 參數 "-XX:-UseCompressedOops" 手動關閉指標壓縮。

在開啟指標壓縮後，原來 64 位元的物件指標會被壓縮為 32 位元。其中，以下資訊會被壓縮。

（1）物件的全域靜態變數和成員變數。

（2）物件標頭資訊在 64 位元 JVM 下由 16 位元組被壓縮為 12 位元組。

（3）物件的參考類型在 64 位元 JVM 下由 8 位元組被壓縮為 4 位元組。

（4）物件的陣列類型在 64 位元 JVM 下由 24 位元組被壓縮為 16 位元組。

注意：雖然開啟了指標壓縮，但是如下資訊不會被壓縮。

（1） JDK 1.8 之前指向永久代的 Class 物件指標不會被壓縮。

（2） JDK 1.8 中指向方法區（元空間）的 Class 物件指標不會被壓縮。

（3） 本地變數不會被壓縮。

（4） 方法的入參、返回值不會被壓縮。

（5） NULL 指標不會被壓縮。

（6） 儲存在堆疊中的元素不會被壓縮。

7.3.3 陣列長度

如果當前物件是陣列類型的，則在物件標頭中還需要額外的空間儲存陣列的長度資訊。陣列的長度資訊在不同位數的 JVM 中所佔用的儲存空間是不同的。在 32 位元 JVM 中，陣列長度佔用 32 位元儲存空間；在 64 位元 JVM 中，陣列長度佔用 64 位元儲存空間。

如果開啟了指標壓縮，則陣列長度佔用的儲存空間會被從 64 位元壓縮為 32 位元。

7.4 使用 JOL 查看物件資訊

為了方便查看 JVM 中物件的結構版面配置並計算某個物件的大小，OpenJDK 提供了一個 JOL 工具套件。JOL 工具套件能夠比較精確地分析物件在 JVM 中的結構，也能夠計算某個物件的大小。本節簡單介紹如何使用 JOL 工具套件查看物件在 JVM 中的資訊。

7.4.1 引入 JOL 環境依賴

可以透過 Maven 專案引入 JOL 工具套件的環境依賴，在專案的 pom.xml 檔案中增加如下設定即可。

```
<dependency>
   <groupId>org.openjdk.jol</groupId>
   <artifactId>jol-core</artifactId>
   <version>0.11</version>
</dependency>
```

7.4.2 列印物件資訊

在 Maven 專案中新建 MyObject 類別作為測試的物件類別，如下所示。

```
/**
 * @author binghe
 * @version 1.0.0
 * @description 物件測試類別
 */
public class MyObject {

    private int count = 0;

    public int getCount() {
        return count;
    }

    public void setCount(int count) {
        this.count = count;
    }
}
```

可以看到，在 MyObject 中，只定義了一個 int 類型的成員變數 count。

接下來，建立 ObjectSizeAnalysis 類別，ObjectSizeAnalysis 類別中的程式如下。

```
/**
 * @author binghe
 * @version 1.0.0
 * @description 分析物件的大小
 */
public class ObjectSizeAnalysis {

    public static void main(String[] args){
        MyObject obj = new MyObject();
        System.out.println(ClassLayout.parseInstance(obj).toPrintable());
    }
}
```

在 ObjectSizeAnalysis 類別中，定義了一個 main() 方法，在 main() 方法中，建立了一個 MyObject 類別的物件，並使用 JOL 工具列印 MyObject 類別的物件資訊。

直接執行 ObjectSizeAnalysis 類別的 main() 方法，輸出結果如下。

```
io.binghe.concurrent.chapter07.jol.MyObject object internals:
 OFFSET SIZE TYPE DESCRIPTION  VALUE
      0     4  (object header) 01 00 00 00 (00000001 00000000 00000000 00000000) (1)
      4     4  (object header) 00 00 00 00 (00000000 00000000 00000000 00000000) (0)
      8     4  (object header) 43 c1 00 f8 (01000011 11000001 00000000 11111000)
(-134168253)
     12     4  int MyObject.count  0
Instance size: 16 bytes
Space losses: 0 bytes internal + 0 bytes external = 0 bytes total
```

從輸出結果可以看出，MyObject 物件在 64 位元 JVM 中佔用 16 位元組的儲存空間。由於 64 位元 JVM 預設會開啟指標壓縮，所以物件標頭（輸出的結果資訊中標記有 object header 的部分）佔用 12 位元組的儲存空間，在 MyObject 類別中定義的 int 類型的成員變數 count 佔用 4 位元組的儲存空間。

所以，當開啟指標壓縮時，整個 MyObject 物件在 64 位元 JVM 中佔用 16 位元組的儲存空間。

為了驗證 64 位元 JVM 是否會預設開啟指標壓縮，在手動增加 JVM 參數 "-XX:-UseCompressedOops" 關閉 JVM 的指標壓縮後，再次執行 ObjectSizeAnalysis 類別的 main() 方法，輸出結果如下。

```
io.binghe.concurrent.chapter07.jol.MyObject object internals:
 OFFSET  SIZE  TYPE DESCRIPTION   VALUE
      0     4  (object header)    01 00 00 00 (00000001 00000000 00000000 00000000) (1)
      4     4  (object header)    00 00 00 00 (00000000 00000000 00000000 00000000) (0)
      8     4  (object header)    68 36 87 1c (01101000 00110110 10000111 00011100)
(478623336)
     12     4  (object header)    00 00 00 00 (00000000 00000000 00000000 00000000) (0)
     16     4  int MyObject.count  0
     20     4  (loss due to the next object alignment)
Instance size: 24 bytes
Space losses: 0 bytes internal + 4 bytes external = 4 bytes total
```

從輸出結果中可以看出，當關閉了 JVM 的指標壓縮後，物件頭部分佔用的儲存空間由 12 位元組變成了 16 位元組，而 MyObject 物件中 int 類型的成員變數 count 佔用 4 位元組的儲存空間，此時 MyObject 的類別物件佔用 20 位元組的儲存空間。

由於 JVM 要求物件的起始位址必須為 8 的整數倍，20 不是 8 的整數倍，此時會有 4 位元組的對齊填充。所以，在 64 位元 JVM 中，當不開啟指標壓縮時，MyObject 類別物件會佔用 24 位元組的儲存空間。

注意：這也驗證了在 64 位元 JVM 中，如果開啟了指標壓縮，則物件標頭佔用的儲存空間會被由 16 位元組壓縮為 12 位元組。

7.4.3 列印物件鎖狀態

本節仍然使用 MyObject 類別作為測試的類別，建立 ObjectLockAnalysis 類別用於測試列印物件的鎖狀態。

首先在 ObjectLockAnalysis 類別中建立 printNormalLock() 方法，用於正常列印 MyObject 物件的鎖狀態，printNormalLock() 方法的程式如下。

```
/**
 * 列印鎖資訊
 */
private static void printNormalLock() throws InterruptedException {
   //建立測試類別物件
   MyObject obj = new MyObject();
   //列印物件資訊，此時物件處於無鎖狀態
   System.out.println(ClassLayout.parseInstance(obj).toPrintable());
   synchronized (obj){
      //列印物件資訊，此時物件處於輕量級鎖狀態
      System.out.println(ClassLayout.parseInstance(obj).toPrintable());
      //計算物件的HashCode值
      System.out.println(obj.hashCode());
      //計算處於輕量級狀態的物件的HashCode值，輕量級鎖會膨脹為重量級鎖
      System.out.println(ClassLayout.parseInstance(obj).toPrintable());
   }
```

```
    synchronized (obj){
        //列印物件資訊，此時物件處於重量級鎖狀態
        System.out.println(ClassLayout.parseInstance(obj).toPrintable());
    }
    //列印物件資訊，此時物件處於重量級鎖狀態
    System.out.println(ClassLayout.parseInstance(obj).toPrintable());
}
```

關於 printNormalLock() 方法中每行程式的含義，讀者可以參見上述程式的註釋，筆者不再贅述。當呼叫 printNormalLock() 方法時，會輸出如下結果。

```
io.binghe.concurrent.chapter07.jol.MyObject object internals:
 OFFSET  SIZE   TYPE DESCRIPTION   VALUE
      0     4   (object header)    01 00 00 00 (00000001 00000000 00000000 00000000) (1)
      4     4   (object header)    00 00 00 00 (00000000 00000000 00000000 00000000) (0)
      8     4   (object header)    43 c1 00 f8 (01000011 11000001 00000000 11111000)
(-134168253)
     12     4   int MyObject.count    0
Instance size: 16 bytes
Space losses: 0 bytes internal + 0 bytes external = 0 bytes total

io.binghe.concurrent.chapter07.jol.MyObject object internals:
 OFFSET  SIZE   TYPE DESCRIPTION   VALUE
      0     4   (object header)    70 f1 67 02 (01110000 11110001 01100111 00000010)
(40366448)
      4     4   (object header)    00 00 00 00 (00000000 00000000 00000000 00000000) (0)
      8     4   (object header)    43 c1 00 f8 (01000011 11000001 00000000 11111000)
(-134168253)
     12     4    int MyObject.count    0
Instance size: 16 bytes
Space losses: 0 bytes internal + 0 bytes external = 0 bytes total
```

```
897697267
io.binghe.concurrent.chapter07.jol.MyObject object internals:
 OFFSET  SIZE  TYPE DESCRIPTION  VALUE
      0     4  (object header)   1a 1d 0d 1c (00011010 00011101 00001101 00011100)
(470621466)
      4     4  (object header)   00 00 00 00 (00000000 00000000 00000000 00000000) (0)
      8     4  (object header)   43 c1 00 f8 (01000011 11000001 00000000 11111000)
(-134168253)
     12     4  int MyObject.count   0
Instance size: 16 bytes
Space losses: 0 bytes internal + 0 bytes external = 0 bytes total

io.binghe.concurrent.chapter07.jol.MyObject object internals:
 OFFSET  SIZE  TYPE DESCRIPTION  VALUE
      0     4  (object header)   1a 1d 0d 1c (00011010 00011101 00001101 00011100)
(470621466)
      4     4  (object header)   00 00 00 00 (00000000 00000000 00000000 00000000) (0)
      8     4  (object header)   43 c1 00 f8 (01000011 11000001 00000000 11111000)
(-134168253)
     12     4  int MyObject.count  0
Instance size: 16 bytes
Space losses: 0 bytes internal + 0 bytes external = 0 bytes total

io.binghe.concurrent.chapter07.jol.MyObject object internals:
 OFFSET  SIZE  TYPE DESCRIPTION  VALUE
      0     4  (object header)   1a 1d 0d 1c (00011010 00011101 00001101 00011100)
(470621466)
      4     4  (object header)   00 00 00 00 (00000000 00000000 00000000 00000000) (0)
      8     4  (object header)   43 c1 00 f8 (01000011 11000001 00000000 11111000)
(-134168253)
     12     4  int MyObject.count    0
Instance size: 16 bytes
Space losses: 0 bytes internal + 0 bytes external = 0 bytes total
```

透過 printNormalLock() 方法輸出的結果，可以看出如下資訊。

（1） 建立物件後輸出的偏向鎖標識位元為 0，鎖標識位元為 01，此時處於無鎖狀態。

（2） 第一次使用 synchronized 關鍵字對建立的 MyObject 物件加鎖後，再次列印的結果資訊中鎖標識位元為 00，此時處於輕量級鎖狀態。

（3） 對處於輕量級鎖狀態的物件計算其 HashCode 值，再次列印物件資訊，輸出的結果資訊中鎖標識位元為 10，此時處於重量級鎖狀態。說明計算處於輕量級鎖狀態的物件的 HashCode 值，輕量級鎖會膨脹為重量級鎖。

（4） 釋放 MyObject 物件的 synchronized 鎖後，再次對其增加 synchronized 鎖，並列印 MyObject 物件的資訊，輸出的結果資訊中鎖標識位元為 10，此時處於重量級鎖狀態。

（5） 釋放第二次增加的 synchronized 鎖，再次列印 MyObject 物件的資訊，輸出的結果資訊中鎖標識位元為 10，此時處於重量級鎖狀態。

上述列印物件鎖狀態的方法中輸出的結果沒有偏向鎖狀態，這是由於 Java 中的偏向鎖預設在 JVM 啟動幾秒之後才會被啟動。在 ObjectLockAnalysis 類別中新增 printBiasLock() 方法來列印偏向鎖資訊，printBiasLock() 方法的程式如下。

```
/**
 * 列印偏向鎖資訊
 */
private static void printBiasLock() throws InterruptedException {
    //Java中的偏向鎖在JVM啟動幾秒之後才會被啟動
    //所以程式啟動時先休眠5s，等待啟動偏向鎖
    //否則會出現一些沒必要的鎖撤銷
    Thread.sleep(5000);
    //建立測試類別物件
```

```
    MyObject obj = new MyObject();
    //列印物件資訊，此時物件處於偏向鎖狀態
    System.out.println(ClassLayout.parseInstance(obj).toPrintable());
    synchronized (obj){
        //列印物件資訊，此時物件處於偏向鎖狀態
        System.out.println(ClassLayout.parseInstance(obj).toPrintable());
        //計算物件的HashCode值
        System.out.println(obj.hashCode());
        //計算處於偏向鎖狀態的物件的HashCode值，偏向鎖會膨脹為重量級鎖
        System.out.println(ClassLayout.parseInstance(obj).toPrintable());
    }
    synchronized (obj){
        //列印物件資訊，此時物件處於重量級鎖狀態
        System.out.println(ClassLayout.parseInstance(obj).toPrintable());
    }
    //列印物件資訊，此時物件處於重量級鎖狀態
    System.out.println(ClassLayout.parseInstance(obj).toPrintable());
}
```

關於 printBiasLock() 方法中每行程式的含義，讀者可參見 printBiasLock() 方法的註釋，筆者不再贅述。需要注意的是，在 printBiasLock() 方法的開始部分呼叫了 Thread 類別的 sleep() 方法，使程式休眠了 5s。

呼叫 printBiasLock() 方法，會輸出如下結果。

```
io.binghe.concurrent.chapter07.jol.MyObject object internals:
 OFFSET  SIZE   TYPE DESCRIPTION   VALUE
      0     4   (object header)    05 00 00 00 (00000101 00000000 00000000 00000000) (5)
      4     4   (object header)    00 00 00 00 (00000000 00000000 00000000 00000000) (0)
      8     4   (object header)    43 c1 00 f8 (01000011 11000001 00000000 11111000)
(-134168253)
     12     4   int MyObject.count    0
Instance size: 16 bytes
```

```
Space losses: 0 bytes internal + 0 bytes external = 0 bytes total

io.binghe.concurrent.chapter07.jol.MyObject object internals:
 OFFSET  SIZE  TYPE DESCRIPTION  VALUE
      0     4  (object header)   05 e8 c4 02 (00000101 11101000 11000100 00000010)
(46458885)
      4     4  (object header)   00 00 00 00 (00000000 00000000 00000000 00000000) (0)
      8     4  (object header)   43 c1 00 f8 (01000011 11000001 00000000 11111000)
(-134168253)
     12     4  int MyObject.count     0
Instance size: 16 bytes
Space losses: 0 bytes internal + 0 bytes external = 0 bytes total

897697267
io.binghe.concurrent.chapter07.jol.MyObject object internals:
 OFFSET  SIZE  TYPE DESCRIPTION  VALUE
      0     4  (object header)   ba 1d d3 1c (10111010 00011101 11010011 00011100)
(483597754)
      4     4  (object header)   00 00 00 00 (00000000 00000000 00000000 00000000) (0)
      8     4  (object header)   43 c1 00 f8 (01000011 11000001 00000000 11111000)
(-134168253)
     12     4  int MyObject.count    0
Instance size: 16 bytes
Space losses: 0 bytes internal + 0 bytes external = 0 bytes total

io.binghe.concurrent.chapter07.jol.MyObject object internals:
 OFFSET  SIZE  TYPE DESCRIPTION  VALUE
      0     4  (object header)   ba 1d d3 1c (10111010 00011101 11010011 00011100)
(483597754)
      4     4  (object header)   00 00 00 00 (00000000 00000000 00000000 00000000) (0)
      8     4  (object header)   43 c1 00 f8 (01000011 11000001 00000000 11111000)
(-134168253)
     12     4   int MyObject.count    0
```

```
Instance size: 16 bytes
Space losses: 0 bytes internal + 0 bytes external = 0 bytes total

io.binghe.concurrent.chapter07.jol.MyObject object internals:
 OFFSET  SIZE  TYPE DESCRIPTION  VALUE
      0     4  (object header)   ba 1d d3 1c (10111010 00011101 11010011 00011100)
(483597754)
      4     4  (object header)   00 00 00 00 (00000000 00000000 00000000 00000000) (0)
      8     4  (object header)   43 c1 00 f8 (01000011 11000001 00000000 11111000)
(-134168253)
     12     4    int MyObject.count     0
Instance size: 16 bytes
Space losses: 0 bytes internal + 0 bytes external = 0 bytes total
```

透過輸出 printBiasLock() 方法的輸出結果，可以看出如下資訊。

（1）程式休眠 5s 後建立 MyObject 類別的物件，列印物件資訊，在輸出的結果資訊中，偏向鎖標記為 1，鎖標識位元為 01，此時處於偏向鎖狀態，説明程式已經啟動偏向鎖。

（2）對 MyObject 物件第一次增加 synchronized 鎖後列印 MyObject 物件資訊，在輸出的結果資訊中，偏向鎖標記為 1，鎖標識位元為 01，此時處於偏向鎖狀態。

（3）計算處於偏向鎖狀態的 MyObject 物件的 HashCode 值，然後再次列印 MyObject 物件的資訊，在輸出的結果資訊中，鎖標識位元為 10，此時處於重量級鎖狀態。

（4）在釋放第一次對 MyObject 物件增加的 synchronized 鎖後，再次對其增加 synchronized 鎖，並列印 MyObject 物件的資訊。在輸出的結果資訊中，鎖標識位元為 10，此時處於重量級鎖狀態。

（5） 釋放第二次增加的 synchronized 鎖，再次列印 MyObject 物件的資訊，在輸出的結果資訊中，鎖標識位元為 10，此時處於重量級鎖狀態。

對比上面兩個列印 MyObject 物件資訊的方法——printNormalLock() 和 printBiasLock()——輸出的結果資訊，可以發現如下特點。

（1） Java 中的偏向鎖預設需要在 JVM 啟動幾秒之後才會被啟動，如果想列印物件的偏向鎖狀態，那麼需要在 JVM 啟動後，讓方法休眠幾秒再執行。

（2） 無論當前物件的物件標頭中的鎖標識位元（含偏向鎖標記和鎖標識位元）是處於偏向鎖狀態還是處於輕量級鎖狀態，只要計算了當前物件的 HashCode 值，當前物件所處的鎖狀態就都會膨脹為重量級鎖狀態。也就是説，偏向鎖和輕量級鎖會膨脹為重量級鎖。

7.5 synchronized 核心原理

synchronized 是 Java 提供的一種內建鎖，使用方便，作用在物件上，可以實現對共享資源的互斥存取。在單機程式中，能夠保證多執行緒並行存取的執行緒安全性。同時，synchronized 鎖是一種可重入鎖。本節簡單介紹 synchronized 的核心原理。

7.5.1 synchronized 底層原理

synchronized 是基於 JVM 中的 Monitor 鎖實現的，Java 1.5 版本之前的 synchronized 鎖性能較低，但是從 Java 1.6 版本開始，對 synchronized 鎖進行了大量的最佳化，引入了鎖粗化、鎖消除、偏向鎖、輕量級鎖、適應性自旋等技術來提升 synchronized 鎖的性能。

當 synchronized 修飾方法時，當前方法會比普通方法在常數池中多一個 ACC_SYNCHRONIZED 識別字，synchronized 修飾方法的核心原理如圖 7-4 所示。

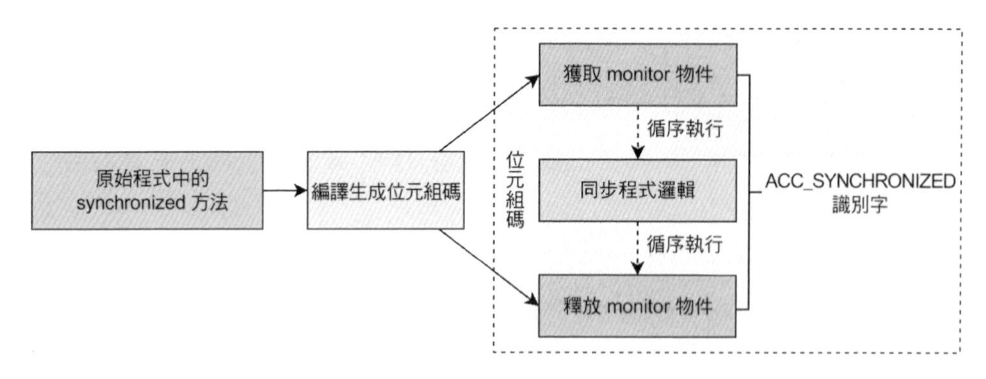

▲ 圖 7-4 synchronized 修飾方法的核心原理

JVM 在執行程式時，會根據這個 ACC_SYNCHRONIZED 識別字完成方法的同步。如果呼叫了被 synchronized 修飾的方法，則呼叫的指令會檢查方法是否設定了 ACC_SYNCHRONIZED 識別字。

如果方法設定了 ACC_SYNCHRONIZED 識別字，則當前執行緒先獲取 monitor 物件，在獲取成功後執行同步程式邏輯，執行完畢釋放 monitor 物件。同一時刻，只會有一個執行緒獲取 monitor 物件成功，進入方法區塊執行方法邏輯。在當前執行緒執行完方法邏輯之前，也就是在當前執行緒釋放 monitor 物件之前，其他執行緒無法獲取同一個 monitor 物件。從而保證了同一時刻只能有一個執行緒進入被 synchronized 修飾的方法中執行方法區塊的邏輯。

當 synchronized 修飾程式區塊時，synchronized 關鍵字會被編譯成 monitorenter 和 monitorexit 兩筆指令。monitorenter 指令會放在同步程式的前面，monitorexit 指令會放在同步程式的後面，synchronized 修飾程式區塊的核心原理如圖 7-5 所示。

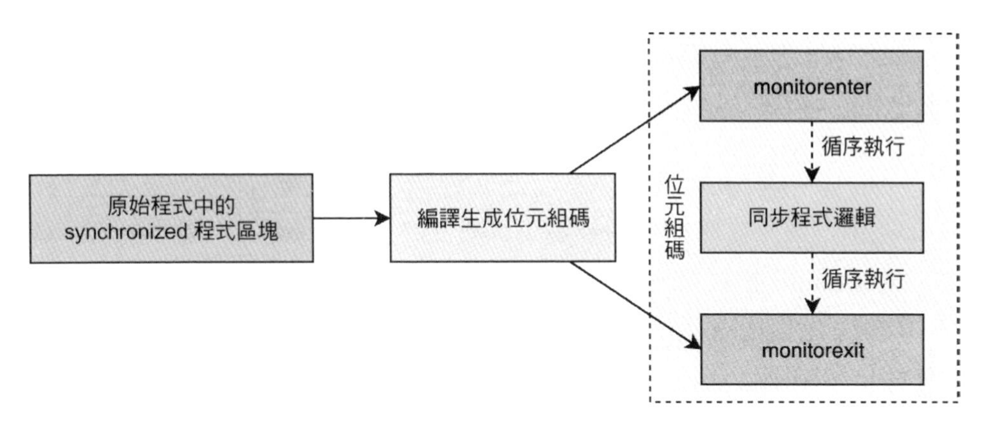

▲ 圖 7-5 synchronized 修飾程式區塊的核心原理

由圖 7-5 可以看出，當原始程式中使用了 synchronized 修飾程式區塊，原始程式被編譯成位元組碼後，同步程式的邏輯前後會分別被增加 monitorenter 指令和 monitorexit 指令，使得同一時刻只能有一個執行緒進入 monitorenter 和 monitorexit 兩筆指令中間的同步程式區塊。

synchronized 修飾方法和修飾程式區塊，在底層的實現上沒有本質區別，只是當 synchronized 修飾方法時，不需要 JVM 編譯出的位元組碼完成加鎖操作，是一種隱式的實現方式。而當 synchronized 修飾程式區塊時，是透過編譯出的位元組碼生成的 monitorenter 和 monitorexit 指令完成的，在位元組碼層面是一種顯性的實現方式。

無論 synchronized 是修飾方法，還是修飾程式區塊，底層都是透過 JVM 呼叫作業系統的 Mutex 鎖實現的，當執行緒被阻塞時會被暫停，等待 CPU 重新排程，這會導致執行緒在作業系統的使用者態和核心態之間切換，影響程式的執行性能。

7.5.2 Monitor 鎖原理

synchronized 底層是基於 Monitor 鎖實現的，而 Monitor 鎖是基於作業系統的 Mutex 鎖實現的，Mutex 鎖是作業系統等級的重量級鎖，其性能較低。

在 Java 中，建立出來的任何一個物件在 JVM 中都會連結一個 Monitor 物件，當 Monitor 物件被一個 Java 物件持有後，這個 Monitor 物件將處於鎖定狀態，synchronized 在 JVM 底層本質上都是基於進入和退出 Monitor 物件來實現同步方法和同步程式區塊的。

在 HotSpot JVM 中，Monitor 是由 ObjectMonitor 實現的，ObjectMonitor 中主要的資料結構如下。

```
ObjectMonitor(){
   _header=NULL;
   _count=0;
   _waiters=0,
   _recursions=0;
   _object=NULL;
   _owner=NULL;
   _WaitSet=NULL;
   _WaitSetLock=0;
   _Responsible=NULL;
   _succ=NULL;
   _cxq=NULL;
   FreeNext=NULL;
   _EntryList=NULL;
   _SpinFreq=0;
   _SpinClock=0;
   OwnerIsThread=0;
}
```

在 HotSpot JVM 中，ObjectMonitor 存在兩個集合，分別為 _WaitSet 和 _EntryList。每個在競爭鎖時未獲取到鎖的執行緒都會被封裝成一個 ObjectWaiter 物件，而 _WaitSet 和 _EntryList 集合就用來儲存這些 ObjectWaiter 物件。

另外，ObjectMonitor 中的 _owner 用來指向獲取到 ObjectMonitor 物件的執行緒。當一個執行緒獲取到 ObjectMonitor 物件時，這個 ObjectMonitor 物件就儲存在當前物件的物件標頭中的 Mark Word 中（實際上儲存的是指向 ObjectMonitor 物件的指標）。所以，在 Java 中可以使用任意物件作為 synchronized 鎖物件。

當多個執行緒同時存取一個被 synchronized 修飾的方法或程式區塊時，synchronized 加鎖與解鎖在 JVM 底層的實現流程大致分為如下幾步。

（1）進入 _EntryList 集合，當某個執行緒獲取到 Monitor 物件後，這個執行緒就會進入 _Owner 區域，同時，會把 Monitor 物件中的 _owner 變數複製為當前執行緒，並把 Monitor 物件中的 _count 變數值加 1。

（2）當執行緒呼叫 wait() 方法時，當前執行緒會釋放持有的 Monitor 物件，並且把 Monitor 物件中的 _owner 變數設定為 null，_count 變數值減 1。同時，當前執行緒會進入 _WaitSet 集合中等待被再次喚醒。

（3）如果獲取到 Monitor 物件的執行緒執行完畢，則也會釋放 Monitor 物件，將 Monitor 物件中的 _owner 變數設定為 null，_count 變數值減 1。

注意：由於 wait()、notify() 和 notifyAll() 等方法在執行過程中會使用 Monitor 物件，所以，必須在同步方法或者同步程式區塊中呼叫這些方法。

7.5.3 反編譯 synchronized 方法

為了更好地理解 synchronized 修飾方法時底層的實現原理，本節以一個反編譯 synchronized 方法的案例來介紹 synchronized 修飾方法時底層的實現原理。

先建立一個 SynchronizedDecompileTest 類別，作為反編譯 synchronized 的測試類別，在類別中建立一個被 synchronized 修飾的方法 syncMethod()，程式如下。

```
/**
 * @author binghe
 * @version 1.0.0
 * @description synchronized 反編譯案例
 */
public class SynchronizedDecompileTest {
    public synchronized void syncMethod(){
        System.out.println("hello synchronized method");
    }
}
```

然後編譯 SynchronizedDecompileTest 類別的原始程式碼生成 SynchronizedDecompileTest.class 檔案，使用 javap 命令對 SynchronizedDecompileTest.class 檔案進行反編譯，程式如下。

```
javap -c io.binghe.concurrent.chapter07.SynchronizedDecompileTest
```

輸出的結果如下。

```
public synchronized void syncMethod();
  descriptor: ()V
  flags: ACC_PUBLIC, ACC_SYNCHRONIZED
  Code:
```

```
    stack=2, locals=1, args_size=1
       0:getstatic      #2          // Field java/lang/System.out:Ljava/io/
PrintStream;
       3 ldc            #3          // String hello synchronized method
       5:invokevirtual  #4          // Method java/io/PrintStream.
println:(Ljava/lang/String;)V
       8: return
   LineNumberTable:
     line 5: 0
     line 6: 8
   LocalVariableTable:
     Start  Length  Slot  Name Signature
         0       9     0  this Lio/binghe/concurrent/chapter07/
SynchronizedDecompileTest
```

從輸出結果中可以看出，syncMethod() 方法在反編譯後的 flags 中會有一個 ACC_SYNCHRONIZED 識別字。當呼叫 syncMethod() 方法時，呼叫方法的指令會檢查方法的 ACC_SYNCHRONIZED 識別字是否被設定。如果已經被設定，則執行方法的執行緒會先獲取 Monitor 鎖物件，在獲取成功之後才能執行方法區塊的邏輯，方法執行完畢，會釋放 Monitor 鎖物件。

在某個執行緒獲取到 Monitor 鎖物件執行方法區塊期間，其他執行緒無法再獲取同一個 Monitor 鎖物件，從而無法執行方法區塊的邏輯，保證了被 synchronized 修飾的方法同一時刻只能被一個執行緒執行。

7.5.4 反編譯 synchronized 程式區塊

在 SynchronizedDecompileTest 類別中建立 synCodeBlock() 方法，用於測試反編譯 synchronized 修飾程式區塊的案例。synCodeBlock() 方法的程式如下。

```
public void synCodeBlock(){
   synchronized (this){
      System.out.println("hello synchronized code block");
   }
}
```

對 SynchronizedDecompileTest 類別進行編譯，使用 javap 命令反編譯生成 SynchronizedDecompileTest.class 檔案，輸出的結果如下。

```
public class io.binghe.concurrent.chapter07.SynchronizedDecompileTest {
  public io.binghe.concurrent.chapter07.SynchronizedDecompileTest();
    Code:
       0: aload_0
       1: invokespecial #1                  // Method java/lang/
Object."<init>":()V
       4: return

  public void synCodeBlock();
    Code:
       0: aload_0
       1: dup
       2: astore_1
       3: monitorenter
       4: getstatic     #2          // Field java/lang/System.out:Ljava/io/
PrintStream;
       7: ldc           #3          // String hello synchronized code block
       9: invokevirtual #4          // Method java/io/PrintStream.
println:(Ljava/lang/String;)V
      12: aload_1
      13: monitorexit
      14: goto          22
      17: astore_2
      18: aload_1
```

```
      19: monitorexit
      20: aload_2
      21: athrow
      22: return
    Exception table:
      from    to  target  type
         4    14     17   any
        17    20     17   any
}
```

從輸出結果可以看出，當 synchronized 修飾程式區塊時，會在編譯出的位元組碼中插入 monitorenter 指令和 monitorexit 指令，如下所示。

```
3: monitorenter
13: monitorexit
19: monitorexit
```

> **注意**：在正常情況下，會執行 monitorenter 指令和對應的標誌為 13 的 monitorexit 指令，如果程式發生異常，則會執行標誌為 19 的 monitorexit 指令。

在 JVM 的規範中也有針對 monitorenter 指令和 monitorexit 指令的描述，對於 monitorenter 指令的描述原文如下。

Each object is associated with a monitor. A monitor is locked if and only if it has an owner. The thread that executes monitorenter attempts to gain ownership of the monitor associated with objectref, as follows:

- *If the entry count of the monitor associated with objectref is zero, the thread enters the monitor and sets its entry count to one. The thread is then the owner of the monitor.*

- *If the thread already owns the monitor associated with objectref, it reenters the monitor, incrementing its entry count.*
- *If another thread already owns the monitor associated with objectref, the thread blocks until the monitor's entry count is zero, then tries again to gain ownership*

大意如下。

每個物件都有一個監視器鎖（monitor）。當 monitor 被佔用時就會處於鎖定狀態，執行緒執行 monitorenter 指令時首先會嘗試獲取 monitor 的所有權，整個流程如下。

- 如果 monitor 計數為零，則執行緒進入 monitor 並將 monitor 計數設定為 1。當前執行緒就是 monitor 的所有者。
- 如果執行緒已經獲取到 monitor，此時只是重新進入 monitor，則只是將進入 monitor 的計數加 1。
- 如果另一個執行緒已經佔用了 monitor，則當前執行緒將阻塞，直到 monitor 的計數為零，當前執行緒將再次嘗試獲取 monitor。

JVM 規範中對於 monitorexit 指令的描述原文如下。

The thread that executes monitorexit must be the owner of the monitor associated with the instance referenced by objectref.

The thread decrements the entry count of the monitor associated with objectref. If as a result the value of the entry count is zero, the thread exits the monitor and is no longer its owner. Other threads that are blocking to enter the monitor are allowed to attempt to do so.

大意如下。

執行 monitorexit 執行緒的必須是與 objectref 對應的 monitor 的所有者。

在執行 monitorexit 指令時，monitor 的計數會減 1。如果減 1 後 monitor 的計數為 0，則當前執行緒將退出 monitor，不再是當前 monitor 所有者。其他被阻止進入當前 monitor 的執行緒可以嘗試再次獲取當前 monitor 的所有權。

透過對 synchronized 修飾方法和修飾程式區塊的反編譯，進一步證明了 synchronized 底層是透過 Monitor 鎖實現的。

7.6 偏向鎖

雖然程式中的方法或者程式區塊增加了 synchronized 鎖，但是在大部分情況下，被增加的 synchronized 鎖不會存在多執行緒競爭的情況，並且會出現同一個執行緒多次獲取同一個 synchronized 鎖的現象。為了提升這種情況下程式的執行性能，引入了偏向鎖。

7.6.1 偏向鎖核心原理

如果在同一時刻有且僅有一個執行緒執行了 synchronized 修飾的方法或程式區塊，則執行方法或程式區塊的執行緒不存在與其他執行緒競爭 synchronized 鎖的情況。此時，鎖會進入偏向狀態。

當鎖進入偏向狀態時，物件標頭中的 Mark Word 的結構就會進入偏向結構。此時偏向鎖標記為 1，鎖標識位元為 01，並將當前執行緒的 ID 記錄在 Mark Word 中。當前執行緒如果再次進入方法或程式區塊，則先要檢查物件標頭中的 Mark Word 中是否儲存了自己的執行緒 ID。

如果物件標頭的 Mark Word 中儲存了自己的執行緒 ID，則表示當前執行緒已經獲取到鎖，此後當前執行緒可直接進入和退出方法或程式區塊。

如果物件標頭中的 Mark Word 中儲存的不是自己的執行緒 ID，則說明有其他執行緒參與鎖競爭並且獲得了偏向鎖。此時當前執行緒會嘗試使用 CAS 方式將 Mark Word 中的執行緒 ID 替換為自己的執行緒 ID，替換的結果分為兩種情況，如下所示。

（1）CAS 操作執行成功，表示之前獲取到偏向鎖的執行緒已經不存在，Mark Word 中的執行緒 ID 被替換成當前執行緒的 ID，此時仍然處於偏向鎖狀態。

（2）CAS 操作執行失敗，表示之前獲取到偏向鎖的執行緒仍然存在。此時會暫停之前獲取到偏向鎖的執行緒，將 Mark Word 中的偏向鎖標記設定為 0，鎖標識位元設定為 00，偏向鎖升級為輕量級鎖。執行緒之間會按照輕量級鎖的方式來競爭鎖。

7.6.2 偏向鎖的撤銷

雖然偏向鎖在大部分場景下會提升程式的執行性能，但是如果存在多個執行緒同時競爭偏向鎖的情況，就會發生撤銷偏向鎖，進而升級為輕量級鎖的現象。

撤銷偏向鎖的過程比較複雜，性能也比較低，大概會經歷如下過程。

（1）選擇某個沒有執行位元組碼的安全時間點，暫停擁有鎖的執行緒。

（2）遍歷整個執行緒堆疊，檢查是否存在對應的鎖記錄。如果存在鎖記錄，則需要清空鎖記錄，變成無鎖狀態。同時，將鎖記錄指向的 Mark Word 中的偏向鎖標記設定為 0，鎖標識位元設定為 01，也就是將其設定為無鎖狀態，並清除 Mark Word 中的執行緒 ID。

(3) 將當前鎖升級為輕量級鎖，並喚醒被暫停的執行緒。

所以，如果明確知道當前應用會經常存在多個執行緒競爭鎖的情況，則可以透過 JVM 參數 "-XX:UseBiasedLocking=false" 在啟動程式時關閉偏向鎖功能。

7.6.3 偏向鎖案例

在 7.4.3 節中，透過在方法中增加 Thread.sleep() 方法，使程式休眠一段時間後再執行，可以列印出偏向鎖狀態。這是因為 Java 中的偏向鎖預設在 JVM 啟動幾秒之後才會被啟動。可以透過設定 JVM 參數 "-XX:+UseBiasedLocking -XX:BiasedLockingStartupDelay=0" 來禁止偏向鎖延遲，此時無須讓程式休眠即可列印出偏向鎖資訊。

例如，透過設定 JVM 參數 "-XX:+UseBiasedLocking -XX:BiasedLocking StartupDelay=0" 來執行如下程式。

```
/**
 * @author binghe
 * @version 1.0.0
 * @description 測試偏向鎖，
 * 執行時期增加-XX:+UseBiasedLocking -XX:BiasedLockingStartupDelay=0參數
 */
public class ObjectBiasLockTest {
    public static void main(String[] args){
        //建立測試類別物件
        MyObject obj = new MyObject();
        //列印物件資訊，此時物件處於無鎖狀態
        System.out.println(ClassLayout.parseInstance(obj).toPrintable());
    }
}
```

輸出結果如下。

```
io.binghe.concurrent.chapter07.jol.MyObject object internals:
 OFFSET  SIZE  TYPE DESCRIPTION  VALUE
      0     4  (object header)   05 00 00 00 (00000101 00000000 00000000 00000000) (5)
      4     4  (object header)   00 00 00 00 (00000000 00000000 00000000 00000000) (0)
      8     4  (object header)   43 c1 00 f8 (01000011 11000001 00000000 11111000)
(-134168253)
     12     4   int MyObject.count   0
Instance size: 16 bytes
Space losses: 0 bytes internal + 0 bytes external = 0 bytes total
```

從輸出結果可以看出，偏向鎖標記為 1，鎖標識位元為 01，此時處於偏向鎖狀態。

7.7 輕量級鎖

當多執行緒競爭鎖不激烈時，可以透過 CAS 機制競爭鎖，這就是輕量級鎖。引入輕量級鎖的目的是在執行緒競爭鎖不激烈時，避免由於使用作業系統層面的 Mutex 重量級鎖導致性能低下。

7.7.1 輕量級鎖核心原理

當執行緒被建立後，JVM 會在執行緒的堆疊幀中建立一個用於儲存鎖記錄的空間，這個空間被稱為 Displaced Mark Word。對於輕量級鎖，在加鎖的過程中，爭搶鎖的執行緒在進入 synchronized 修飾的方法或程式區塊之前，會將鎖物件（加鎖時同步的物件）的 Mark Word 複製到當前執行緒的 Displaced Mark Word 空間裡面。此時執行緒的堆疊和鎖物件示意圖如圖 7-6 所示。

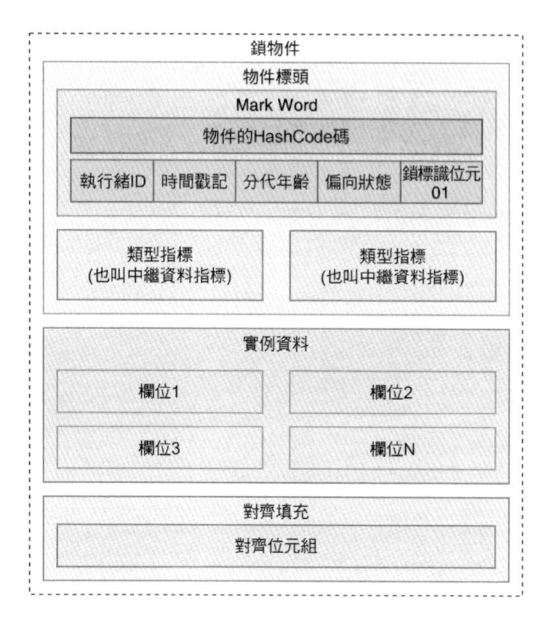

▲ 圖 7-6 執行緒進入方法或程式區塊之前的執行緒堆疊和鎖物件示意圖

接下來，執行緒會嘗試使用 CAS 自旋操作將鎖物件的 Mark Word 替換成指向鎖記錄的指標。如果替換成功，則表示當前執行緒獲取到鎖。隨後 JVM 會將 Mark Word 中的鎖標識位元設定為 00，此時處於輕量級鎖狀態。當前執行緒獲取到鎖之後，JVM 會將鎖物件的 Mark Word 中的資訊儲存到獲取到鎖的執行緒的 Displaced Mark Word 中，並將執行緒的 owner 指標指向鎖物件。

執行緒先佔鎖成功後的示意圖如圖 7-7 所示。

執行緒在先佔鎖成功後會將鎖物件的 Mark Word 中的資訊儲存在當前執行緒的 Displaced Mark Word 中，鎖物件的 Mark Word 中的資訊會發生變化，不再儲存物件的 HashCode 碼等資訊，由一個指標指向當前執行緒的 Displaced Mark Word。當執行緒釋放鎖時，會使用到當前執行緒的 Displaced Mark Word 中儲存的資訊。

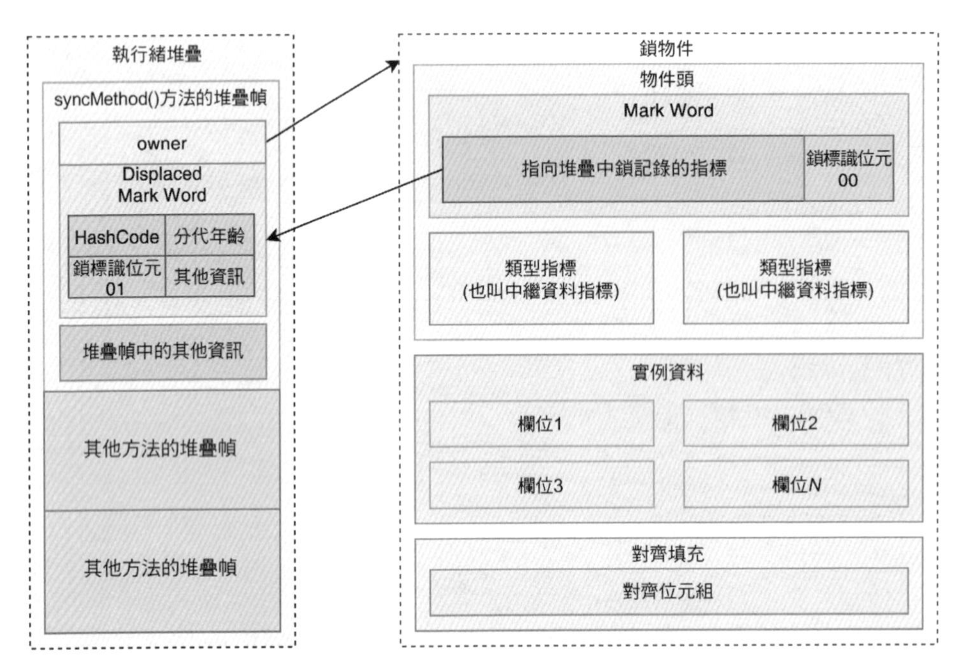

▲ 圖 7-7 執行緒先佔鎖成功後的示意圖

注意：執行緒在使用 CAS 自旋操作獲取鎖物件時，如果不加以限制，則當一直獲取鎖失時，會一直重試，浪費 CPU 的資源。為了解決這個問題，可以指定 CAS 自旋操作的次數。如果執行緒自旋達到了指定的次數，仍未獲取到鎖，則阻塞當前執行緒。

在 JDK 中提供了一種更加智慧的自旋方式，那就是自我調整自旋。如果當前執行緒 CAS 自旋成功獲取到鎖，則當前執行緒下次自旋的次數會更多；如果當前執行緒 CAS 自旋獲取鎖失敗，則當前執行緒自旋的次數會減少。

當執行緒釋放鎖時，會嘗試使用 CAS 操作將 Displaced Mark Word 中儲存的資訊複製到鎖物件的 Mark Word 中。此時如果沒有發生鎖競爭，則複製操作成功，執行緒釋放鎖。如果此時由於其他執行緒多次執行 CAS

操作導致輕量級鎖升級為重量級鎖，則當前執行緒的 CAS 操作會失敗，此時會釋放鎖並喚醒其他未獲取到鎖而被阻塞的執行緒同時爭搶鎖。

7.7.2 輕量級鎖案例

建立 ObjectLightweightLockTest 類別用於測試輕量級鎖，ObjectLightweight LockTest 類別的程式如下。

```
/**
 * @author binghe
 * @version 1.0.0
 * @description 測試輕量級鎖
 */
public class ObjectLightweightLockTest {
    public static void main(String[] args){
        //建立測試類別物件
        MyObject obj = new MyObject();
        //列印物件資訊，此時物件處於無鎖狀態
        System.out.println(ClassLayout.parseInstance(obj).toPrintable());
        synchronized (obj){
            System.out.println(ClassLayout.parseInstance(obj).toPrintable());
        }
    }
}
```

執行程式後的輸出結果如下。

```
io.binghe.concurrent.chapter07.jol.MyObject object internals:
 OFFSET  SIZE  TYPE DESCRIPTION  VALUE
      0     4  (object header)   01 00 00 00 (00000001 00000000 00000000 00000000) (1)
      4     4  (object header)   00 00 00 00 (00000000 00000000 00000000 00000000) (0)
      8     4  (object header)   43 c1 00 f8 (01000011 11000001 00000000 11111000)
(-134168253)
```

```
    12     4  int MyObject.count   0
Instance size: 16 bytes
Space losses: 0 bytes internal + 0 bytes external = 0 bytes total

io.binghe.concurrent.chapter07.jol.MyObject object internals:
 OFFSET  SIZE  TYPE DESCRIPTION  VALUE
      0     4  (object header)   b8 f4 20 03 (10111000 11110100 00100000 00000011)
(52491448)
      4     4  (object header)   00 00 00 00 (00000000 00000000 00000000 00000000) (0)
      8     4  (object header)   43 c1 00 f8 (01000011 11000001 00000000 11111000)
(-134168253)
     12     4   int MyObject.count  0
Instance size: 16 bytes
Space losses: 0 bytes internal + 0 bytes external = 0 bytes total
```

從輸出結果可以看出，在建立 MyObject 物件後，直接列印 MyObject 物件的資訊，此時物件標頭中的偏向鎖標記為 0，鎖標識位元為 01，處於無鎖狀態。在對 MyObject 物件增加 synchronized 鎖後，再次列印 MyObject 物件的資訊，此時物件標頭中的偏向鎖標記為 0，鎖標識位元為 00，處於輕量級鎖狀態。

7.8 重量級鎖

重量級鎖主要基於作業系統中的 Mutex 鎖實現，重量級鎖的執行效率比較低，處於重量級鎖時被阻塞的執行緒不會消耗 CPU 資源。

7.8.1 重量級鎖核心原理

重量級鎖的底層是透過 Monitor 鎖實現的，有關 Monitor 鎖的原理，讀者可參見 7.5.2 節，筆者不再贅述。

注意：如果當前鎖的狀態為偏向鎖或輕量級鎖，那麼在呼叫鎖物件的 wait() 或 notify() 方法，或者計算鎖物件的 HashCode 值時，偏向鎖或輕量級鎖會膨脹為重量級鎖。

7.8.2 重量級鎖案例

建立 ObjectHeavyweightLockTest 類別用於測試重量級鎖，Object HeavyweightLockTest 類別的程式如下。

```
/**
 * @author binghe
 * @version 1.0.0
 * @description 測試重量級鎖
 */
public class ObjectHeavyweightLockTest {
    public static void main(String[] args){
        //建立測試類別物件
        MyObject obj = new MyObject();
        //列印物件資訊，此時物件處於無鎖狀態
        System.out.println(ClassLayout.parseInstance(obj).toPrintable());
        synchronized (obj){
            //當前鎖狀態為輕量級鎖
            System.out.println(ClassLayout.parseInstance(obj).
toPrintable());
            //計算處於輕量級鎖狀態的物件的HashCode值，輕量級鎖會膨脹為重量級鎖
            obj.hashCode();
            System.out.println(ClassLayout.parseInstance(obj).toPrintable());
        }
    }
}
```

執行程式的輸出結果如下。

```
io.binghe.concurrent.chapter07.jol.MyObject object internals:
 OFFSET  SIZE  TYPE DESCRIPTION  VALUE
      0     4  (object header)   01 00 00 00 (00000001 00000000 00000000 00000000) (1)
      4     4  (object header)   00 00 00 00 (00000000 00000000 00000000 00000000) (0)
      8     4  (object header)   43 c1 00 f8 (01000011 11000001 00000000 11111000)
(-134168253)
     12     4   int MyObject.count   0
Instance size: 16 bytes
Space losses: 0 bytes internal + 0 bytes external = 0 bytes total

io.binghe.concurrent.chapter07.jol.MyObject object internals:
 OFFSET  SIZE  TYPE DESCRIPTION  VALUE
      0     4  (object header)   a8 f5 7f 02 (10101000 11110101 01111111 00000010)
(41940392)
      4     4  (object header)   00 00 00 00 (00000000 00000000 00000000 00000000) (0)
      8     4  (object header)   43 c1 00 f8 (01000011 11000001 00000000 11111000)
(-134168253)
     12     4  int MyObject.count   0
Instance size: 16 bytes
Space losses: 0 bytes internal + 0 bytes external = 0 bytes total

io.binghe.concurrent.chapter07.jol.MyObject object internals:
 OFFSET  SIZE  TYPE DESCRIPTION  VALUE
      0     4  (object header)   9a 1d 32 1c (10011010 00011101 00110010 00011100)
(473046426)
      4     4  (object header)   00 00 00 00 (00000000 00000000 00000000 00000000) (0)
      8     4  (object header)   43 c1 00 f8 (01000011 11000001 00000000 11111000)
(-134168253)
     12     4  int MyObject.count    0
Instance size: 16 bytes
Space losses: 0 bytes internal + 0 bytes external = 0 bytes total
```

從輸出結果中可以看出如下資訊。

（1）在建立 MyObject 物件後，列印 MyObject 物件的資訊，物件標頭中的偏向鎖標記為 0，鎖標識位元為 01，此時處於無鎖狀態。

（2）在對 MyObject 物件增加 synchronized 鎖後，列印 MyObject 物件的資訊，物件標頭中的偏向鎖標記為 0，鎖標識位元為 00，此時處於輕量級鎖狀態。

（3）計算處於輕量級鎖狀態的 MyObject 物件的 HashCode 值，再次列印 MyObject 物件的資訊，物件標頭中的偏向鎖標記為 0，鎖標識位元為 10，此時處於重量級鎖狀態。

7.9 鎖升級的過程

多個執行緒在爭搶 synchronized 鎖時，在某些情況下，會由無鎖狀態一步步升級為最終的重量級鎖狀態。整個升級過程大致包括如下幾個步驟。

（1）執行緒在競爭 synchronized 鎖時，JVM 首先會檢測鎖物件的 Mark Word 中偏向鎖鎖標記位元是否為 1，鎖標記位元是否為 01，如果兩個條件都滿足，則當前鎖處於可偏向的狀態。

（2）爭搶 synchronized 鎖的執行緒檢查鎖物件的 Mark Word 中儲存的執行緒 ID 是否是自己的執行緒 ID，如果是自己的執行緒 ID，則表示處於偏向鎖狀態。當前執行緒可以直接進入方法或者程式區塊執行邏輯。

（3）如果鎖物件的 Mark Word 中儲存的不是當前執行緒的 ID，則當前執行緒會透過 CAS 自旋的方式競爭鎖資源。如果成功先佔到鎖，則將 Mark Word 中儲存的執行緒 ID 修改為自己的執行緒 ID，將偏向鎖標記設定為 1，鎖標識位元設定為 01，當前鎖處於偏向鎖狀態。

（4）如果當前執行緒透過 CAS 自旋操作競爭鎖失敗，則說明此時有其他執行緒也在爭搶鎖資源。此時會撤銷偏向鎖，觸發升級為輕量級鎖的操作。

（5）當前執行緒會根據鎖物件的 Mark Word 中儲存的執行緒 ID 通知對應的執行緒暫停，對應的執行緒會將 Mark Word 的內容清空。

（6）當前執行緒與上次獲取到鎖的執行緒都會把鎖物件的 HashCode 等資訊複製到自己的 Displaced Mark Word 中，隨後兩個執行緒都會執行 CAS 自旋操作，嘗試把鎖物件的 Mark Word 中的內容修改為指向自己的 Displaced Mark Word 空間來競爭鎖。

（7）競爭鎖成功的執行緒獲取到鎖，執行方法或程式區塊中的邏輯。同時，競爭鎖成功的執行緒會將鎖物件的 Mark Word 中的鎖標識位元設定為 00，此時進入輕量級鎖狀態。

（8）競爭失敗的執行緒會繼續使用 CAS 自旋的方式嘗試競爭鎖，如果自旋成功競爭到鎖，則當前鎖仍然處於輕量級鎖狀態。

（9）如果執行緒的 CAS 自旋操作達到一定次數仍未獲取到鎖，則輕量級鎖會膨脹為重量級鎖，此時會將鎖物件的 Mark Word 中的鎖標識位元設定為 10，進入重量級鎖狀態。

總之，偏向鎖發生於同一時刻只有一個執行緒競爭鎖的場景。如果有多個執行緒同時競爭鎖，則偏向鎖會升級為輕量級鎖。如果執行緒的 CAS 自旋操作達到一定次數仍未競爭到鎖，則輕量級鎖會升級為重量級鎖。

注意：在 JVM 中除了鎖升級，也會存在鎖降級的情況，不過重量級鎖的降級只會發生於 GC 期間的 STW 階段，只能降級為可以被 JVM 執行緒存取，而不被其他 Java 執行緒存取的物件。

7.10 鎖消除

鎖消除的前提是 JVM 開啟了逃逸分析，如果 JVM 透過逃逸分析，發現一個物件只能從一個執行緒被存取到，則在存取這個物件時，可以不加同步鎖。如果程式中使用了 synchronized 鎖，則 JVM 會將 synchronized 鎖消除。

要開啟同步鎖消除，需要增加 JVM 參數 "-XX:+EliminateLocks"。因為這個參數依賴逃逸分析，所以同時要增加 JVM 參數 "-XX:+DoEscapeAnalysis" 來開啟 JVM 的逃逸分析。

注意：JVM 中的鎖消除只針對 synchronized 鎖。另外，JVM 在開啟逃逸分析後，不僅支援同步鎖消除，還支援物件在堆疊上分配、分離物件和純量替換，從而進一步提升 Java 程式的執行性能。更多有關 JVM 逃逸分析的內容，讀者可以關注「冰河技術」微信公眾號進行了解，限於篇幅，筆者在這裡不再贅述。

7.11 本章複習

本章主要對 synchronized 鎖的核心原理進行了簡單的介紹。首先，介紹了 synchronized 的基本用法。然後分析了 Java 中與物件結構和物件標頭相關的知識，使用 JOL 工具查看並分析了 Java 中的物件資訊。接下來，詳細介紹了 synchronized 的底層原理和 Monitor 鎖的原理，分別介紹了偏向鎖、輕量級鎖和重量級鎖的核心原理，並分別舉出了對應的實現案例。隨後，介紹了鎖升級的過程。最後，簡單介紹了與 JVM 鎖消除相關的知識。

下一章將對抽象佇列同步器（AbstractQueueSynchronizer，AQS）的核心原理進行簡單的介紹。

> **注意**：本章相關的原始程式碼已經提交到 GitHub 和 Gitee，GitHub 和 Gitee 連結位址見 2.4 節結尾。

Chapter

08

AQS 核心原理

AQS 的全稱是 AbstractQueuedSynchronizer，翻譯成中文就是抽象佇列同步器，它其實是 Java 中提供的一個抽象類別，位於 java.util.concurrent.locks 套件下。Java 中 java.util.concurrent 套件下大部分工具類別的實現都是基於 AQS 的。本章簡單介紹一下 AQS 的核心原理。

本章相關的基礎知識如下。

- AQS 核心資料結構。
- AQS 底層鎖的支援。

8.1 AQS 核心資料結構

AQS 內部主要維護了一個 FIFO（先進先出）的雙向鏈結串列，本節簡單介紹一下 AQS 內部維護的雙向鏈結串列。

8.1.1 AQS 資料結構原理

AQS 內部維護的雙向鏈結串列中的各個節點分別指向直接的前驅節點和直接的後繼節點。所以，在 AQS 內部維護的雙向鏈結串列可以從其中的任意一個節點遍歷前驅節點和後繼節點。

鏈結串列中的每個節點其實都是對執行緒的封裝，在並行場景下，如果某個執行緒競爭鎖失敗，就會被封裝成一個 Node 節點加入 AQS 佇列的尾端。當獲取到鎖的執行緒釋放鎖後，會從 AQS 佇列中喚醒一個被阻塞的執行緒。同時，在 AQS 中維護了一個使用 volatile 修飾的變數 state 來標識對應的狀態。

AQS 內部的資料結構如圖 8-1 所示。

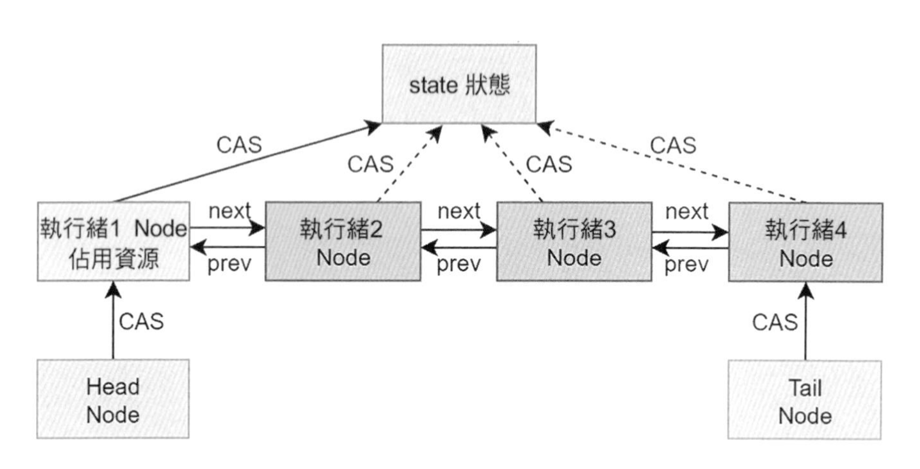

▲ 圖 8-1 AQS 內部的資料結構

由圖 8-1 可以看出，在 AQS 內部的雙向鏈結串列中，每個節點都是對一個執行緒的封裝。同時，存在一個頭節點指標指向鏈結串列的頭部，存在一個尾節點指標指向鏈結串列的尾部。頭節點指標和尾節點指標會透過 CAS 操作改變鏈結串列中節點的指向。

另外，頭節點指標指向的節點封裝的執行緒會佔用資源，同時會透過 CAS 的方式更新 AQS 中的 state 變數。鏈結串列中其他節點的執行緒未競爭到資源，不會透過 CAS 操作更新 state 資源。

8.1.2 AQS 內部佇列模式

從本質上講，AQS 內部實現了兩個佇列，一個是同步佇列，另一個是條件佇列。同步佇列的結構如圖 8-2 所示。

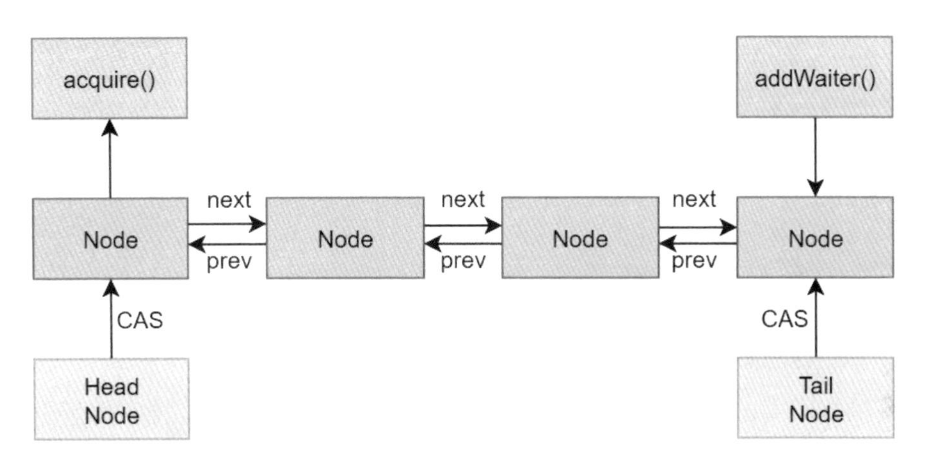

▲ 圖 8-2 同步佇列的結構

在同步佇列中，如果當前執行緒獲取資源失敗，就會透過 addWaiter() 方法將當前執行緒放入佇列的尾部，並且保持自旋等待的狀態，不斷判斷自己所在的節點是否是佇列的頭節點。如果自己所在的節點是頭節點，那麼此時會不斷嘗試獲取資源，如果獲取資源成功，則透過 acquire() 方法退出同步佇列。

AQS 同步條件佇列的結構如圖 8-3 所示。

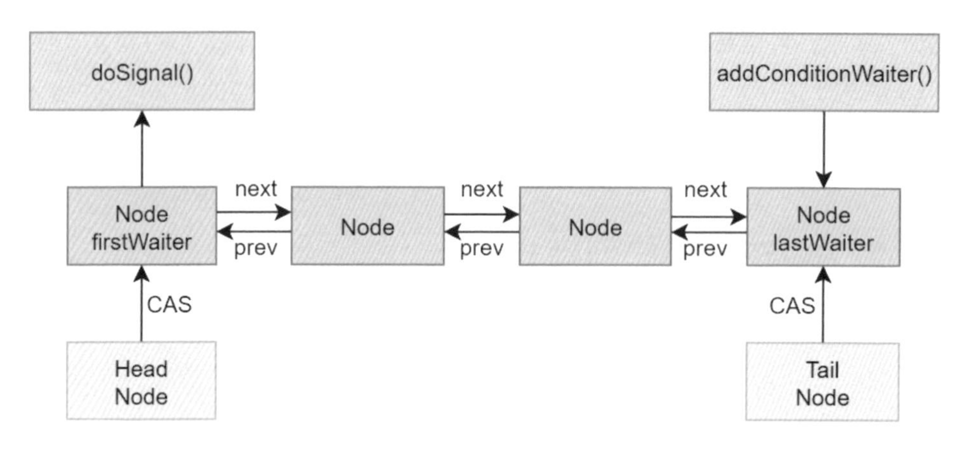

▲ 圖 8-3 AQS 同步條件佇列的結構

AQS 中的條件佇列就是為 Lock 鎖實現的一個基礎同步器，只有在使用了 Condition 時才會存在條件佇列，並且一個執行緒可能存在多個條件佇列。

8.2 AQS 底層鎖的支援

AQS 底層支援獨佔鎖和共享鎖兩種模式。其中，獨佔鎖同一時刻只能被一個執行緒佔用，例如，基於 AQS 實現的 Reentrantlock 鎖。共享鎖則在同一時刻可以被多個執行緒佔用，例如，基於 AQS 實現的 CountDownLatch 和 Semaphore 等。基於 AQS 實現的 ReadWriteLock 則同時實現了獨佔鎖和共享鎖兩種模式。

8.2.1 核心狀態位元

在 AQS 中維護了一個 volatile 修飾的核心狀態標識 state，用以標識鎖的狀態，如下所示。

```
/**
 * 同步狀態
 */
private volatile int state;
```

state 純量使用 volatile 修飾，所以能夠保證可見性，當任意執行緒修改了 state 變數的值後，其他執行緒能夠立刻讀取到 state 變數的最新值。

AQS 針對 state 變數提供了 getState() 方法來讀取 state 變數的值，提供了 setState() 方法來設定 state 變數的值。由於 setState() 方法無法保證原子性，所以，AQS 中又提供了 compareAndSetState() 方法保證修改 state 變數的原子性。AQS 中提供的 getState()、setStatus() 和 compareAndSetState() 方法的程式如下。

```
protected final int getState() {
   return state;
}

protected final void setState(int newState) {
   state = newState;
}

protected final boolean compareAndSetState(int expect, int update) {
   return unsafe.compareAndSwapInt(this, stateOffset, expect, update);
}
```

8.2.2 核心節點類別

AQS 實現的獨佔鎖和共享鎖模式都是在其靜態內部類別 Node 中定義的。靜態內部類別 Node 的原始程式如下。

```
static final class Node {
    static final Node SHARED = new Node();
    static final Node EXCLUSIVE = null;

    static final int CANCELLED =  1;
    static final int SIGNAL    = -1;
    static final int CONDITION = -2;
    static final int PROPAGATE = -3;

    volatile int waitStatus;
    volatile Node prev;
    volatile Node next;
    volatile Thread thread;
    Node nextWaiter;

    final boolean isShared() {
        return nextWaiter == SHARED;
    }

    final Node predecessor() throws NullPointerException {
        Node p = prev;
        if (p == null)
            throw new NullPointerException();
        else
            return p;
    }

    Node() {
    }

    Node(Thread thread, Node mode) {      // Used by addWaiter
        this.nextWaiter = mode;
        this.thread = thread;
    }
```

```
    Node(Thread thread, int waitStatus) { // Used by Condition
        this.waitStatus = waitStatus;
        this.thread = thread;
    }
}
```

透過上述程式可以看出，靜態內部類別 Node 是一個雙向鏈結串列，鏈結串列中的每個節點都存在一個指向直接前驅節點的指標 prev 和一個指向直接後繼節點的指標 next，每個節點中都儲存了當前的狀態 waitStatus 和當前執行緒 thread。並且在 Node 類別中透過 SHARED 和 EXCLUSIVE 將其定義成共享和獨佔模式，如下所示。

```
//標識當前節點為共享模式
static final Node SHARED = new Node();
//標識當前節點為獨佔模式
static final Node EXCLUSIVE = null;
```

在 Node 類別中定義了 4 個常數，如下所示。

```
static final int CANCELLED =  1;
static final int SIGNAL    = -1;
static final int CONDITION = -2;
static final int PROPAGATE = -3;
```

其中，每個常數的含義如下。

- CANCELLED：表示當前節點中的執行緒已被取消。
- SIGNAL：表示後繼節點中的執行緒處於等候狀態，需要被喚醒。
- CONDITION：表示當前節點中的執行緒在等待某個條件，也就是當前節點處於 condition 佇列中。
- PROPAGATE：表示在當前場景下能夠執行後續的 acquireShared 操作。

另外，在 Node 類別中存在一個 volatile 修飾的成員變數 waitStatus，如下所示。

```
volatile int waitStatus;
```

waitStatus 的取值就是上面的 4 個常數值，在預設情況下，waitStatus 的取值為 0，表示當前節點在 sync 佇列中，等待獲取鎖。

8.2.3 獨佔鎖模式

在 AQS 中，獨佔鎖模式比較常用，使用範圍也比較廣泛，它的一個典型實現就是 ReentrantLock 鎖。獨佔鎖的加鎖和解鎖都是透過互斥實現的。

1. 獨佔模式加鎖流程

在 AQS 中，獨佔模式中加鎖的核心入口是 acquire() 方法，如下所示。

```
public final void acquire(int arg) {
    if (!tryAcquire(arg) &&
        acquireQueued(addWaiter(Node.EXCLUSIVE), arg))
        selfInterrupt();
}
```

當某個執行緒呼叫 acquire() 方法獲取獨佔鎖時，在 acquire() 方法中會首先呼叫 tryAcquire() 方法嘗試獲取鎖資源，tryAcquire() 方法在 AQS 中沒有具體的實現，只是簡單地拋出了 UnsupportedOperationException 異常，具體的邏輯由 AQS 的子類別實現，如下所示。

```
protected boolean tryAcquire(int arg) {
    throw new UnsupportedOperationException();
}
```

當 tryAcquire() 方法返回 false 時，首先會呼叫 addWaiter() 方法將當前執行緒封裝成獨佔模式的節點，增加到 AQS 的佇列尾部。addWaiter() 方法的原始程式如下。

```
private Node addWaiter(Node mode) {
    Node node = new Node(Thread.currentThread(), mode);
    //將node放入佇列尾部
    Node pred = tail;
    if (pred != null) {
        node.prev = pred;
        if (compareAndSetTail(pred, node)) {
            pred.next = node;
            return node;
        }
    }

    //嘗試透過快速方式直接放到佇列尾失敗
    //或者CAS操作失敗
    enq(node);
    return node;
}
```

在 addWaiter() 方法中，當前執行緒會被封裝成獨佔模式的 Node 節點，Node 節點被嘗試放入佇列尾部，如果放入成功，則透過 CAS 操作修改 Node 節點與前驅節點的指向關係。如果 Node 節點放入佇列尾部失敗或者 CAS 操作失敗，則呼叫 end() 方法處理 Node 節點。

end() 方法的原始程式如下。

```
private Node enq(final Node node) {
    for (;;) {
        Node t = tail;
        if (t == null) { // 佇列為空
```

```
            //建立一個空節點作為head節點
                if (compareAndSetHead(new Node()))
            //將tail指向head節點
                    tail = head;
            } else { 佇列不為空
                node.prev = t;
            //將node節點放入佇列尾部
                if (compareAndSetTail(t, node)) {
                    t.next = node;
                    return t;
                }
            }
        }
    }
```

在 end() 方法中，Node 節點透過 CAS 自旋的方式被增加到佇列尾部，直到增加成功為止。具體的實現方式是判斷佇列是否為空，如果佇列為空，則建立一個空節點作為 head 節點，同時將 tail 指向 head 節點。在下次自旋時，就會滿足佇列不為空的條件，透過 CAS 方式將 Node 節點放入佇列尾部。

此時，回到 acquire() 方法，當透過呼叫 addWaiter() 成功將當前執行緒封裝成獨佔模式的 Node 節點放入佇列後，會呼叫 acquireQueued() 方法在等待佇列中排隊。acquireQueued() 方法的原始程式如下。

```
final boolean acquireQueued(final Node node, int arg) {
   //標識是否成功獲取到鎖
    boolean failed = true;
    try {
      //是否被中斷
        boolean interrupted = false;
```

```
        for (;;) {
         //獲取當前節點的前驅節點
            final Node p = node.predecessor();
            //如果前驅是head節點，則嘗試獲取資源
            if (p == head && tryAcquire(arg)) {
            //若成功獲取到資源，則將head指向當前節點
                setHead(node);
                p.next = null;
                failed = false;
            //返回是否被中斷過的標識
                return interrupted;
            }

            if (shouldParkAfterFailedAcquire(p, node) &&
                parkAndCheckInterrupt())
                interrupted = true;
        }
    } finally {
        if (failed)
            cancelAcquire(node);
    }
}
```

在 acquireQueued() 方法中，首先定義一個 failed 變數來標識獲取資源是否失敗，預設值為 true，表示獲取資源失敗。然後，定義一個表示當前執行緒是否被中斷過的標識 interrupted，預設值為 false，表示沒有被中斷過。

最後，進入一個自旋邏輯，獲取當前 Node 節點的前驅節點，如果當前 Node 節點的前驅節點是 head 節點，則表示當前 Node 節點可以嘗試獲取資源。如果當前節點獲取資源成功，則將 head 指向當前 Node 節點。也就是說，head 節點指向的 Node 節點就是獲取到資源的節點或者為 null。

在 setHead() 方法中，當前節點的 prev 指標會被設定為 null，隨後，當前 Node 節點的前驅節點的 next 指標被設定為 null，表示 head 節點出佇列，整個操作成功後會返回等待過程是否被中斷過的標識。

如果當前節點的前驅節點不是 head，則呼叫 shouldParkAfterFailedAcquire() 方法判斷當前執行緒是否可以進入 waiting 狀態。如果可以進入阻塞狀態，則進入阻塞狀態直到呼叫 LockSupport 的 unpark() 方法喚醒當前執行緒。

shouldParkAfterFailedAcquire() 方法的原始程式如下。

```
private static boolean shouldParkAfterFailedAcquire(Node pred, Node node) {
   //獲取前驅節點的狀態
    int ws = pred.waitStatus;
    if (ws == Node.SIGNAL)
        //如果前驅節點的狀態為SIGNAL（-1），則返回true
        return true;
    if (ws > 0) {
        do {
            node.prev = pred = pred.prev;
        } while (pred.waitStatus > 0);
        pred.next = node;
    } else {
         //如果前驅節點正常，則把前驅的狀態設定為SIGNAL
        compareAndSetWaitStatus(pred, ws, Node.SIGNAL);
    }
    return false;
}
```

在 shouldParkAfterFailedAcquire() 方法中，先獲取當前節點的前驅節點的狀態，如果前驅節點的狀態為 SIGNAL（-1），則直接返回 true。如果前驅節點的狀態大於 0，則當前節點一直向前移動，直到找到一個 waitStatus 狀態小於或等於 0 的節點，排在這個節點的後面。

在 acquireQueued() 方法中，如果 shouldParkAfterFailedAcquire() 方法返回 true，則呼叫 parkAndCheckInterrupt() 方法阻塞當前執行緒。parkAndCheckInterrupt() 方法的原始程式如下。

```
private final boolean parkAndCheckInterrupt() {
    LockSupport.park(this);
    return Thread.interrupted();
}
```

在 parkAndCheckInterrupt() 方法中，透過 LockSupport 的 park() 方法阻塞執行緒。至此，在獨佔鎖模式下，整個加鎖流程分析完畢。

注意：在獨佔鎖模式下，除了可以使用 acquire() 方法加鎖，還可以透過 acquireInterruptibly() 方法加鎖，acquireInterruptibly() 方法增加的鎖是一種可中斷鎖。

2. 獨佔模式釋放鎖流程

在獨佔鎖模式中，釋放鎖的核心入口方法是 release()，如下所示。

```
public final boolean release(int arg) {
    if (tryRelease(arg)) {
        Node h = head;
        if (h != null && h.waitStatus != 0)
            unparkSuccessor(h);
        return true;
    }
    return false;
}
```

在 release() 方法中，會先呼叫 tryRelease() 方法嘗試釋放鎖，tryRelease() 方法在 AQS 中同樣沒有具體的實現邏輯，只是簡單地拋出了 Unsupported

OperationException 異常，具體的邏輯交由 AQS 的子類別實現，如下所示。

```
protected boolean tryRelease(int arg) {
   throw new UnsupportedOperationException();
}
```

在 release() 方法中，如果 tryRelease() 方法返回 true，則會先獲取 head 節點，當 head 節點不為空，並且 head 節點的 waitStatus 狀態不為 0 時，會呼叫 unparkSuccessor() 方法，並將 head 節點傳入方法中。

unparkSuccessor() 方法的原始程式如下。

```
private void unparkSuccessor(Node node) {
    int ws = node.waitStatus;
    if (ws < 0)
        compareAndSetWaitStatus(node, ws, 0);

    Node s = node.next;
   //如果後繼節點為空或者已經取消，則遍歷後續節點
    if (s == null || s.waitStatus > 0) {
        s = null;
        for (Node t = tail; t != null && t != node; t = t.prev)
            if (t.waitStatus <= 0)
                s = t;
    }
    if (s != null)
        LockSupport.unpark(s.thread);
}
```

unparkSuccessor() 方法的主要邏輯是喚醒佇列中最前面的執行緒。這裡需要結合 acquireQueued() 方法理解，當執行緒被喚醒後，會進入 acquire

Queued() 方法中的 if (p == head && tryAcquire(arg)) 邏輯判斷，當條件成立時，被喚醒的執行緒會將自己所在的節點設定為 head，表示已經獲取到資源，此時，acquire() 方法也執行完畢了。

至此，獨佔鎖模式下的鎖釋放流程分析完畢。

8.2.4 共享鎖模式

在 AQS 中，共享鎖模式下的加鎖和釋放鎖操作與獨佔鎖不同，接下來，就簡單介紹一下 AQS 共享鎖模式下的加鎖和釋放鎖的流程。

1. 共享模式加鎖流程

在 AQS 中，共享模式下的加鎖操作核心入口方法是 acquireShared()，如下所示。

```
public final void acquireShared(int arg) {
   if (tryAcquireShared(arg) < 0)
      doAcquireShared(arg);
}
```

在 acquireShared() 方法中，會先呼叫 tryAcquireShared() 方法嘗試獲取共享資源，tryAcquireShared() 方法在 AQS 中並沒有具體的實現邏輯，只是簡單地拋出了 UnsupportedOperationException 異常，具體的邏輯由 AQS 的子類別實現，如下所示。

```
protected int tryAcquireShared(int arg) {
   throw new UnsupportedOperationException();
}
```

tryAcquireShared() 方法的返回值存在如下幾種情況。

- 返回負數：表示獲取資源失敗。
- 返回 0：表示獲取資源成功，但是沒有剩餘資源。
- 返回正數：表示獲取資源成功，還有剩餘資源。

當 tryAcquireShared() 方法獲取資源失敗時，在 acquireShared() 方法中會呼叫 doAcquireShared() 方法，doAcquireShared() 方法的原始程式如下。

```
private void doAcquireShared(int arg) {
    final Node node = addWaiter(Node.SHARED)
   //是否成功標識
    boolean failed = true;
    try {
        boolean interrupted = false;
        for (;;) {
            final Node p = node.predecessor();
            if (p == head) {
            //嘗試獲取資源
                int r = tryAcquireShared(arg);
                if (r >= 0) {//成功獲取資源
                    setHeadAndPropagate(node, r);
                    p.next = null; // help GC
                    if (interrupted)/
                        selfInterrupt();
                    failed = false;
                    return;
                }
            }

            if (shouldParkAfterFailedAcquire(p, node) &&
                parkAndCheckInterrupt())
                interrupted = true;
        }
    } finally {
```

```
        if (failed)
            cancelAcquire(node);
    }
}
```

doAcquireShared() 方法的主要邏輯就是將當前執行緒放入佇列的尾部並阻塞，直到有其他執行緒釋放資源並喚醒當前執行緒，當前執行緒在獲取到指定量的資源後返回。

在 doAcquireShared() 方法中，如果當前節點的前驅節點是 head 節點，則嘗試獲取資源；如果資源獲取成功，則呼叫 setHeadAndPropagate() 方法將 head 指向當前節點；同時如果還有剩餘資源，則繼續喚醒佇列中後面的執行緒。

setHeadAndPropagate() 方法的原始程式如下所示。

```
private void setHeadAndPropagate(Node node, int propagate) {
    Node h = head;
    setHead(node);
     //如果還有剩餘資源，則繼續喚醒後面的執行緒
    if (propagate > 0 || h == null || h.waitStatus < 0) {
        Node s = node.next;
        if (s == null || s.isShared())
            doReleaseShared();
    }
}
```

在 setHeadAndPropagate() 方法中，首先將 head 節點給予值給臨時節點 h，並將 head 指向當前節點，如果資源還有剩餘，則繼續喚醒佇列中後面的執行緒。

注意：在共享鎖模式下，除了可以使用 acquireShared() 方法加鎖，還可以使用 acquireSharedInterruptibly() 方法加鎖，acquireSharedInterruptibly() 方法增加的鎖是一種可中斷鎖。關於 doReleaseShared() 方法的邏輯會在共享模式釋放鎖的流程中進行介紹，筆者在此不再贅述。

2. 共享模式釋放鎖流程

在共享模式下，釋放鎖的核心入口方法是 releaseShared()，如下所示。

```
public final boolean releaseShared(int arg) {
   if (tryReleaseShared(arg)) {
      doReleaseShared();
      return true;
   }
   return false;
}
```

在 releaseShared() 方法中，會先呼叫 tryReleaseShared() 方法嘗試釋放鎖資源，tryReleaseShared() 方法在 AQS 中並沒有具體的實現邏輯，只是簡單地拋出了 UnsupportedOperationException 異常，具體的邏輯仍然交由 AQS 的子類別實現，如下所示。

```
protected boolean tryReleaseShared(int arg) {
   throw new UnsupportedOperationException();
}
```

在 releaseShared() 方法中，呼叫 tryReleaseShared() 方法嘗試釋放鎖資源成功，會繼續喚醒佇列中後面的執行緒。

> **注意**：共享模式下的 releaseShared() 方法與獨佔模式下的 release() 方法類似，不過在獨佔模式下，tryRelease() 方法會在釋放所有資源的情況下喚醒佇列中後面的執行緒，這也是考慮可重入的結果。而在共享模式下的 releaseShared() 方法中無須釋放所有資源，即可喚醒佇列中後面的執行緒，這是因為在共享模式下，多個執行緒可以並行執行邏輯。所以，在共享模式下，自訂的同步器可以根據具體的需要返回指定的值。

doReleaseShared() 方法主要用來喚醒佇列中後面的執行緒，doReleaseShared() 方法的原始程式如下。

```
private void doReleaseShared() {
    for (;;) {
        Node h = head;
        if (h != null && h != tail) {
            int ws = h.waitStatus;
            if (ws == Node.SIGNAL) {
                if (!compareAndSetWaitStatus(h, Node.SIGNAL, 0))
                    continue;
            //喚醒後繼節點中的執行緒
                unparkSuccessor(h);
            }
            else if (ws == 0 &&
                     !compareAndSetWaitStatus(h, 0, Node.PROPAGATE))
                continue;
        }
        if (h == head)
            break;
    }
}
```

在 doReleaseShared() 方法中，透過自旋的方式獲取頭節點，當頭節點不為空，且佇列不為空時，判斷頭節點的 waitStatus 狀態的值是否為

SIGNAL（-1）。當滿足條件時，會透過 CAS 將頭節點的 waitStatus 狀態值設定為 0，如果 CAS 操作設定失敗，則繼續自旋。如果 CAS 操作設定成功，則喚醒佇列中的後繼節點。

如果頭節點的 waitStatus 狀態值為 0，並且在透過 CAS 操作將頭節點的 waitStatus 狀態設定為 PROPAGATE（-3）時失敗，則繼續自旋邏輯。

如果在自旋的過程中發現沒有後繼節點了，則退出自旋邏輯。

8.3 本章複習

本章主要介紹了 AQS 的核心原理。首先，介紹了 AQS 中的核心資料結構，包括 AQS 資料結夠的原理和 AQS 中內部的佇列模式，AQS 中的佇列主要包括同步佇列和條件佇列。接下來，詳細介紹了 AQS 底層鎖的支援，分析了 AQS 中的核心狀態位元和核心節點類別。最後，介紹了 AQS 中的獨佔鎖模式和共享鎖模式，並透過原始程式的形式詳細分析了兩種模式下的加鎖和釋放鎖的流程。下一章將會對 Lock 鎖的核心原理進行簡單的介紹。

Chapter

09

Lock 鎖核心原理

Synchronized 是 JVM 中提供的內建鎖，使用內建鎖無法極佳地完成一些特定場景下的功能。例如，內建鎖不支援回應中斷、不支援逾時、不支援以非阻塞的方式獲取鎖。而 Lock 鎖是在 JDK 層面實現的一種比內建鎖更靈活的鎖，它能夠彌補 synchronized 內建鎖的不足，它們都透過 Java 提供的介面來完成加鎖和解鎖操作。本章簡單介紹一下 Lock 鎖的核心原理。

本章相關的基礎知識如下。

- 顯示鎖原理。
- 公平鎖與非公平鎖原理。
- 悲觀鎖與樂觀鎖原理。
- 可中斷鎖與不可中斷鎖原理。
- 排他鎖與共享鎖原理。
- 可重入鎖原理。
- 讀 / 寫鎖原理。
- LockSupport 原理。

9.1 顯示鎖

JDK 層面提供的 Lock 鎖都是透過 Java 提供的介面來手動解鎖和釋放鎖的，所以在某種程度上，JDK 中提供的 Lock 鎖也叫顯示鎖。JDK 提供的顯示鎖位於 java.util.concurrent 套件下，所以也叫 JUC 顯示鎖。

在 JUC 顯示鎖中，一個核心的介面是 Lock 介面，Lock 介面位於 java.util.concurrent.locks 套件下，Lock 介面的原始程式如下。

```
package java.util.concurrent.locks;
import java.util.concurrent.TimeUnit;
public interface Lock {
    void lock();
    void lockInterruptibly() throws InterruptedException;
    boolean tryLock();
    boolean tryLock(long time, TimeUnit unit) throws InterruptedException;
    void unlock();
    Condition newCondition();
}
```

從 Lock 介面的原始程式中可以看出，Lock 介面提供了靈活的獲取鎖和釋放鎖的方法，每個方法的含義如下。

- lock() 方法

  阻塞模式先佔鎖的方法。如果當前執行緒先佔鎖成功，則繼續向下執行程式的業務邏輯，否則，當前執行緒會阻塞，直到其他先佔到鎖的執行緒釋放鎖後再繼續先佔鎖。

- lockInterruptibly() 方法

  可中斷模式先佔鎖的方法。當前執行緒在呼叫 lockInterruptibly() 方法先佔鎖的過程中，能夠響應中斷訊號，從而能夠中斷當前執行緒。

■ tryLock() 方法

非阻塞模式下嘗試先佔鎖的方法。當前執行緒呼叫 tryLock() 方法先佔鎖時，執行緒不會阻塞，而會立即返回先佔鎖的結果。先佔鎖成功會返回 true，先佔鎖失敗則返回 false。此方法會拋出 InterruptedException 異常。

■ tryLock(long time, TimeUnit unit) 方法

在指定的時間內先佔鎖的方法。當前執行緒如果在指定的時間內先佔鎖成功，則返回 true。如果在指定的時間內先佔鎖失敗，或者超出指定的時間未先佔到鎖，則返回 false。當前執行緒在先佔鎖的過程中可以響應中斷訊號。此方法會拋出 InterruptedException 異常。

■ unlock() 方法

釋放鎖的方法。當前執行緒加鎖成功後，在執行完程式的業務邏輯後，呼叫此方法來釋放鎖。

■ newCondition() 方法

此方法用於建立與當前鎖綁定的 Condition 物件，主要用於執行緒間以「等待一通知」的方式進行通訊。

所以，從功能上講，Lock 鎖支援回應中斷、逾時和以非阻塞的方式獲取鎖，全面彌補了 JVM 中 synchronized 內建鎖的不足。

9.2 公平鎖與非公平鎖

JVM 中的 synchronized 是一種非公平鎖，而 JDK 提供的 ReentrantLock 既支援公平鎖，也支援非公平鎖。本節簡單介紹一下 ReentrantLock 支援公平鎖和非公平鎖的原理。

9.2.1 公平鎖原理

公平鎖的核心就是對爭搶鎖的所有執行緒都是公平的，在多執行緒並行環境中，每個執行緒在先佔鎖的過程中，都會首先檢查鎖維護的等待佇列。如果等待佇列為空，或者當前執行緒是等待佇列中的第一個執行緒，則當前執行緒會獲取到鎖，否則，當前執行緒會加入等待佇列的尾部，然後佇列中的執行緒會按照先進先出的規則按順序獲取鎖資源。

執行緒先佔公平鎖的流程如圖 9-1 所示。

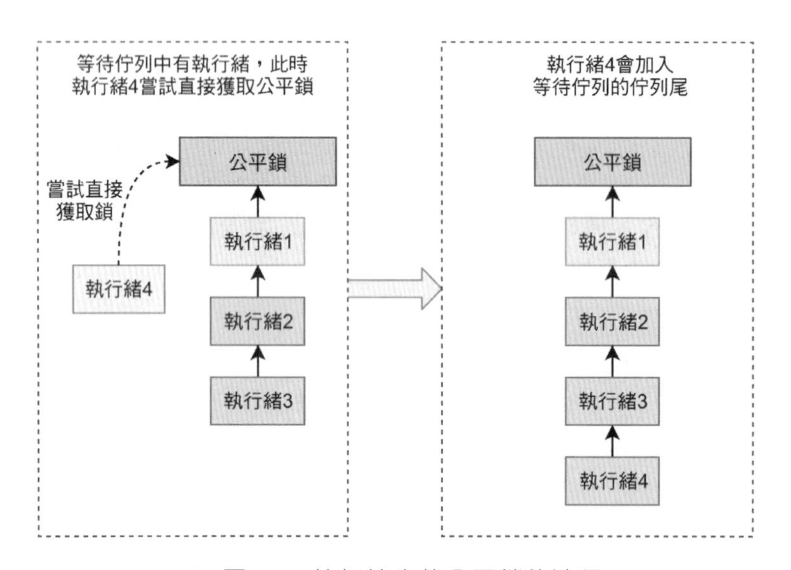

▲ 圖 9-1　執行緒先佔公平鎖的流程

由圖 9-1 可以看出，公平鎖的等待佇列中存在執行緒 1、執行緒 2 和執行緒 3 三個執行緒，並且執行緒 1 儲存在等待佇列的頭部，執行緒 3 儲存在等待佇列的尾部。

此時，有執行緒 4 嘗試直接獲取公平鎖，但執行緒 4 在先佔公平鎖時，會首先判斷鎖對應的等待佇列中是否存在元素。很顯然，此時等待佇列中存在執行緒 1、執行緒 2 和執行緒 3，因此，執行緒 4 會進入等待佇列的尾部，排在執行緒 3 的後面。等待佇列中的執行緒會按照先進先出的順序依次出隊，獲取公平鎖。也就是說，執行緒 4 會在執行緒 3 後面，在等待佇列中最後一個出隊獲取公平鎖。

9.2.2 ReentrantLock 中的公平鎖

ReentrantLock 實現了公平鎖機制，在 ReentrantLock 類別中，提供了一個帶有 boolean 類型參數的建構方法，原始程式如下。

```
public ReentrantLock(boolean fair) {
   sync = fair ? new FairSync() : new NonfairSync();
}
```

在這個建構方法中，如果傳入的參數為 true，就會建立一個 FairSync 物件並給予值給 ReentrantLock 類別的成員變數 sync，此時執行緒獲取的鎖就是公平鎖。FairSync 是 ReentrantLock 類別中提供的一個表示公平鎖的靜態內部類別，原始程式如下。

```
static final class FairSync extends Sync {
   private static final long serialVersionUID = -3000897897090466540L;

   final void lock() {
      acquire(1);
   }

   protected final boolean tryAcquire(int acquires) {
      final Thread current = Thread.currentThread();
      int c = getState();
      if (c == 0) {
         if (!hasQueuedPredecessors() &&
```

```
                compareAndSetState(0, acquires)) {
                setExclusiveOwnerThread(current);
                return true;
            }
        }
        else if (current == getExclusiveOwnerThread()) {
            int nextc = c + acquires;
            if (nextc < 0)
                throw new Error("Maximum lock count exceeded");
            setState(nextc);
            return true;
        }
        return false;
    }
}
```

可以看到，FairSync 類別的核心思想是呼叫 AQS 的範本方法進行執行緒的加入佇列和出隊操作。FairSync 類別的 lock() 方法會呼叫 AQS 的 acquire() 方法，AQS 的 acquire() 方法又會呼叫 tryAcquire() 方法，而 AQS 中的 tryAcquire() 方法實際上是基於子類別實現的，因此，此時呼叫的還是 FairSync 類別的方法。原因是 FairSync 類別繼承了 Sync 類別，而 Sync 類別直接繼承了 AQS。Sync 類別是 ReentrantLock 類別中的一個靜態抽象內部類別，原始程式如下。

```
abstract static class Sync extends AbstractQueuedSynchronizer {
    private static final long serialVersionUID = -5179523762034025860L;

    abstract void lock();

    final boolean nonfairTryAcquire(int acquires) {
        final Thread current = Thread.currentThread();
        int c = getState();
```

```
    if (c == 0) {
        if (compareAndSetState(0, acquires)) {
            setExclusiveOwnerThread(current);
            return true;
        }
    }
    else if (current == getExclusiveOwnerThread()) {
        int nextc = c + acquires;
        if (nextc < 0)
            throw new Error("Maximum lock count exceeded");
        setState(nextc);
        return true;
    }
    return false;
}

protected final boolean tryRelease(int releases) {
    int c = getState() - releases;
    if (Thread.currentThread() != getExclusiveOwnerThread())
        throw new IllegalMonitorStateException();
    boolean free = false;
    if (c == 0) {
        free = true;
        setExclusiveOwnerThread(null);
    }
    setState(c);
    return free;
}

protected final boolean isHeldExclusively() {
    return getExclusiveOwnerThread() == Thread.currentThread();
}
```

```
    final ConditionObject newCondition() {
        return new ConditionObject();
    }

    final Thread getOwner() {
        return getState() == 0 ? null : getExclusiveOwnerThread();
    }

    final int getHoldCount() {
        return isHeldExclusively() ? getState() : 0;
    }

    final boolean isLocked() {
        return getState() != 0;
    }

    private void readObject(java.io.ObjectInputStream s)
        throws java.io.IOException, ClassNotFoundException {
        s.defaultReadObject();
        setState(0);
    }
}
```

回到 FairSync 類別中，FairSync 類別的 tryAcquire() 方法會先透過 hasQueuedPredecessors() 方法判斷佇列中是否存在後繼節點，如果佇列中存在後繼節點，並且當前執行緒未佔用鎖資源，則 tryAcquire() 方法會返回 false，當前執行緒會進入等待佇列的尾部排隊。

ReentrantLock 中公平鎖的加鎖流程中方法呼叫的邏輯如圖 9-2 所示。

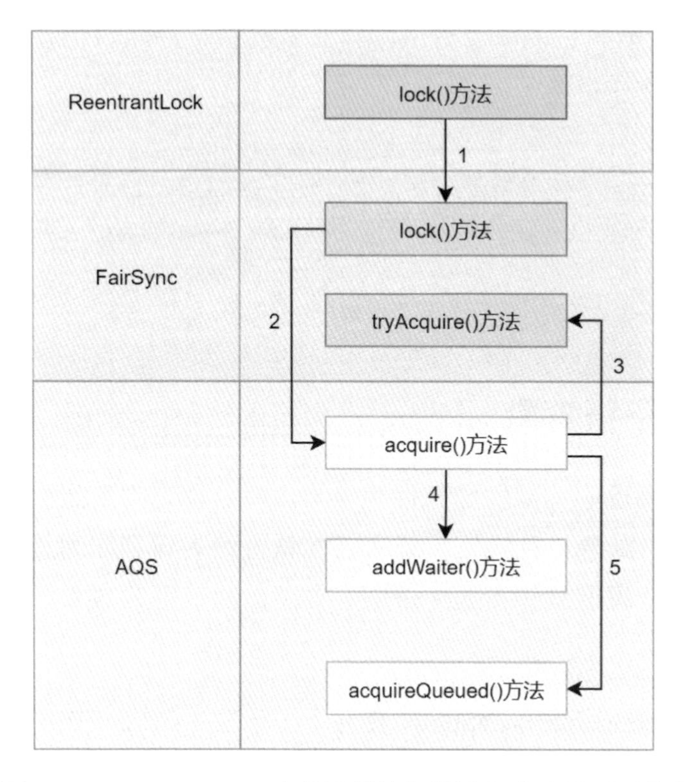

▲ 圖 9-2 ReentrantLock 中公平鎖的加鎖流程中方法呼叫的邏輯

由圖 9-2 可以看出，使用 ReentrantLock 的公平鎖，當某個執行緒呼叫 ReentrantLock 的 lock() 方法加鎖時，會經歷如下的加鎖流程。

（1）在某個執行緒呼叫 ReentrantLock 的 lock() 方法時，ReentrantLock 的 lock() 方法會先呼叫 FairSync 的 lock() 方法。

（2）FairSync 的 lock() 方法呼叫 AQS 的 acquire() 方法獲取資源。

（3）AQS 的 acquire() 方法會先回呼 FairSync 的 tryAcquire() 方法嘗試獲取資源。

（4）在 AQS 中的 acquire() 方法中呼叫 addWaiter() 方法，將當前執行緒封裝成 Node 節點加到佇列的尾部。

（5）在 AQS 中的 acquire() 方法中呼叫 acquireQueued() 方法使執行緒在等待佇列中排隊。

> **注意**：ReentrantLock 在實現公平鎖時，會呼叫 AQS 提供的方法範本，有關 AQS 的核心原理和原始程式解析讀者可參考第 8 章中的內容，筆者在此不再贅述。

9.2.3 公平鎖實戰

在公平鎖的實現中，當多個執行緒爭搶鎖時，會先判斷鎖對應的等待佇列是否為空，如果佇列為空，或者當前執行緒是佇列佇列首的元素，則當前執行緒會獲取到鎖資源，否則，會將當前執行緒放入佇列的尾部等待獲取鎖。

在 io.binghe.concurrent.chapter09 套件下，建立 FairLockTest 類別用以測試公平鎖的加鎖邏輯，FairLockTest 類別的原始程式如下。

```
/**
 * @author binghe
 * @version 1.0.0
 * @description 測試公平鎖
 */
public class FairLockTest {

    /**
     * 建立公平鎖實例
     */
    private Lock lock = new ReentrantLock(true);

    /**
```

```
     * 公平鎖模式下的加鎖與釋放鎖
     */
    public void fairLockAndUnlock(){
        try{
            lock.lock();
            System.out.println(Thread.currentThread().getName() + "先佔鎖成
功");
        }finally {
            lock.unlock();
        }
    }

    public static void main(String[] args){
        FairLockTest fairLockTest = new FairLockTest();
        Thread[] threads = new Thread[4];
        for (int i = 0; i < 4; i++){
            threads[i] = new Thread(()-> {
                System.out.println(Thread.currentThread().getName() + "開始
先佔鎖");
                fairLockTest.fairLockAndUnlock();
            });
        }
        for (int i = 0; i < 4; i ++){
            threads[i].start();
        }
    }
}
```

在 FairLockTest 類別中，首先建立一個公平鎖模式的 ReentrantLock 物件作為 FairTest 類別的成員變數，然後定義一個成員方法 fairLockAnd Unlock()，在 fairLockAndUnlock() 方法中的 try 程式區塊中執行加鎖操作，接著列印某個執行緒先佔鎖成功的日誌，最後在 finally 程式區塊中執行釋放鎖操作。

接下來，首先在 main() 方法中建立 FairLockTest 類別的物件，定義一個容量為 4 的 threads 執行緒陣列，然後在 for 迴圈中建立 Thread 類別的物件，並將每個執行緒物件都給予值給 threads 陣列中的元素。在建立 Thread 物件時，在傳入的 Runnable 物件的 run() 方法中，先列印某個執行緒開始先佔鎖的日誌，再呼叫 fairLockAndUnlock() 方法執行加鎖和釋放鎖的操作。最後，在另一個 for 迴圈中依次啟動 threads 陣列中的執行緒。

執行 FairLockTest 類別的程式，輸出的結果如下所示。

```
Thread-0開始先佔鎖
Thread-2開始先佔鎖
Thread-3開始先佔鎖
Thread-1開始先佔鎖
Thread-0先佔鎖成功
Thread-2先佔鎖成功
Thread-3先佔鎖成功
Thread-1先佔鎖成功
```

從輸出結果中可以看出，開始先佔鎖的執行緒依次為 Thread-0、Thread-2、Thread-3、Thread-1，先佔鎖成功的執行緒順序與開始先佔鎖的執行緒順序相同，同樣依次為 Thread-0、Thread-2、Thread-3、Thread-1，說明上述程式中執行緒先佔的是公平鎖。

注意：讀者在執行程式時，可能與筆者執行程式輸出的執行緒順序不同，但都是先開始先佔鎖的執行緒先獲取到鎖，說明執行緒先佔的是公平鎖。

9.2.4 非公平鎖原理

非公平鎖的核心就是對先佔鎖的所有執行緒都是不公平的，在多執行緒並行環境中，每個執行緒在先佔鎖的過程中都會先直接嘗試先佔鎖，如果先佔鎖成功，就繼續執行程式的業務邏輯。如果先佔鎖失敗，就會進入等待佇列中排隊。

公平鎖與非公平鎖的核心區別在於對排隊的處理上，非公平鎖在佇列的佇列首位置可以進行一次插隊操作，插隊成功就可以獲取到鎖，插隊失敗就會像公平鎖一樣進入等待佇列排隊。在非公平鎖模式下，可能出現某個執行緒在佇列中等待時間過長而一直無法獲取到鎖的現象，這種現象叫作饑餓效應。

雖然非公平鎖會產生饑餓效應，但是非公平鎖比公平鎖性能更優。

執行緒先佔非公平鎖的流程如圖 9-3 所示。

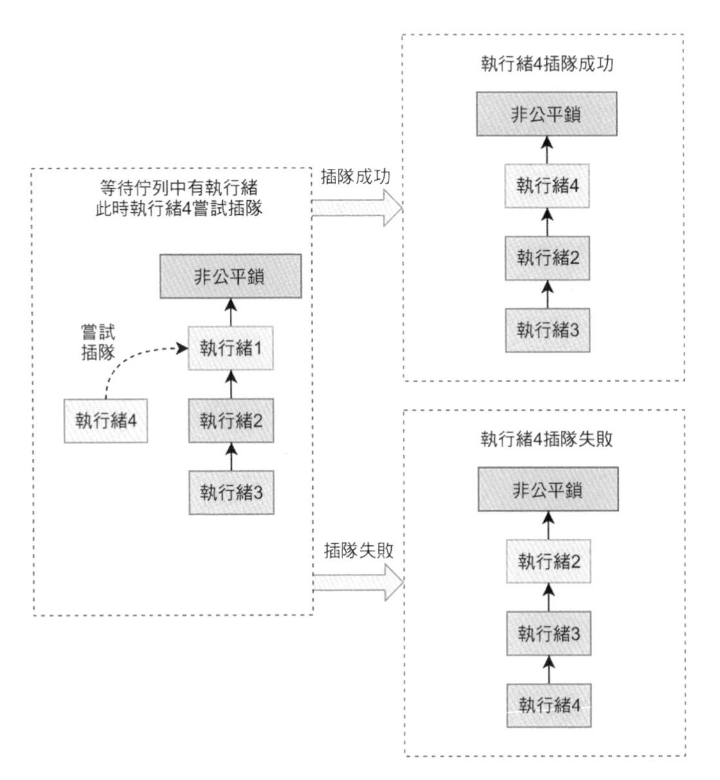

▲ 圖 9-3 執行緒先佔非公平鎖的流程

由圖 9-3 可以看出，非公平鎖對應的等待佇列中存在執行緒 1、執行緒 2 和執行緒 3 三個執行緒。其中，執行緒 1 在佇列的頭部，說明執行緒 1 已經獲取到鎖。執行緒 3 在佇列的尾部。此時，執行緒 4 嘗試獲取非公平鎖，也就是嘗試插入佇列的頭部。

當執行緒 4 插入佇列的頭部成功時，執行緒 1 已經執行完業務邏輯並釋放鎖，執行緒 4 獲取到鎖，執行緒 3 位於等待佇列的尾部。

當執行緒 4 插入佇列的頭部失敗時，執行緒 2 位於佇列的頭部，執行緒 2 會獲取到鎖。執行緒 4 會插入佇列的尾部。

9.2.5 ReentrantLock 中的非公平鎖

ReentrantLock 中預設實現的就是非公平鎖，例如，呼叫 ReentrantLock 的無參建構函數建立的鎖物件就是非公平鎖，ReentrantLock 的無參建構函數原始程式如下。

```
public ReentrantLock() {
    sync = new NonfairSync();
}
```

也可以透過呼叫 ReentrantLock 的有參建構函數，傳入 false 參數來建立非公平鎖，原始程式如下。

```
public ReentrantLock(boolean fair) {
    sync = fair ? new FairSync() : new NonfairSync();
}
```

無論是呼叫 ReentrantLock 類別的無參建構函數，還是呼叫 ReentrantLock 的有參建構函數並傳入 false，都會建立一個 NonfairSync 類別的物件並給予值給 ReentrantLock 類別的成員變數 sync，此時建立的就是非公平鎖。

NonfairSync 類別是 ReentrantLock 類別中的一個靜態內部類別，原始程式如下。

```
static final class NonfairSync extends Sync {
    private static final long serialVersionUID = 7316153563782823691L;

    final void lock() {
        if (compareAndSetState(0, 1))
            setExclusiveOwnerThread(Thread.currentThread());
        else
            acquire(1);
    }

    protected final boolean tryAcquire(int acquires) {
        return nonfairTryAcquire(acquires);
    }
}
```

由上述原始程式可以看出，在非公平鎖的加鎖邏輯中，並沒有直接將執行緒放入等待佇列的尾部，而是先嘗試將當前執行緒插入等待佇列的頭部，也就是先嘗試獲取鎖資源。如果獲取鎖資源成功，則繼續執行程式的業務邏輯。如果獲取鎖資源失敗，則呼叫 AQS 的 acquire() 方法獲取資源。

同樣，NonfairSync 類別繼承了 Sync 類別，而 Sync 類別繼承了 AQS，所以，NonfairSync 類別在加鎖流程的本質上，還是呼叫了 AQS 類別的範本程式實現加入佇列和出隊操作。

AQS 的 acquire() 方法會回呼 NonfairSync 類別中的 tryAcquire() 方法，而在 NonfairSync 類別的 tryAcquire() 方法中，又會呼叫 Sync 類別中的 nonfairTryAcquire() 方法嘗試獲取鎖，nonfairTryAcquire() 方法的原始程式如下。

```
final boolean nonfairTryAcquire(int acquires) {
    final Thread current = Thread.currentThread();
    int c = getState();
    if (c == 0) {
        if (compareAndSetState(0, acquires)) {
            setExclusiveOwnerThread(current);
            return true;
        }
    }
    else if (current == getExclusiveOwnerThread()) {
        int nextc = c + acquires;
        if (nextc < 0)
            throw new Error("Maximum lock count exceeded");
        setState(nextc);
        return true;
    }
    return false;
}
```

可以看出，在 nonfairTryAcquire() 方法中，並沒有將執行緒和鎖加入等待佇列中，只是對鎖的狀態進行了判斷，根據不同的狀態進行對應的操作。當鎖的狀態標識為 0 時，就直接嘗試獲取鎖，然後執行 setExclusiveOwnerThread() 方法，不會處理等待佇列中的排隊節點的邏輯。

注意：在 Sync 類別的 nonfairTryAcquire() 方法中，有如下程式。

```
else if (current == getExclusiveOwnerThread()) {
        int nextc = c + acquires;
        if (nextc < 0)
          throw new Error("Maximum lock count exceeded");
        setState(nextc);
        return true;
}
```

這段程式主要在有執行緒持有鎖的情況下，判斷持有鎖的執行緒是否是當前執行緒，這也是實現可重入鎖的關鍵程式，關於可重入鎖的相關知識，會在 9.6 節中進行介紹，筆者在此不再贅述。

ReentrantLock 中非公平鎖的加鎖流程中方法呼叫的邏輯如圖 9-4 所示。

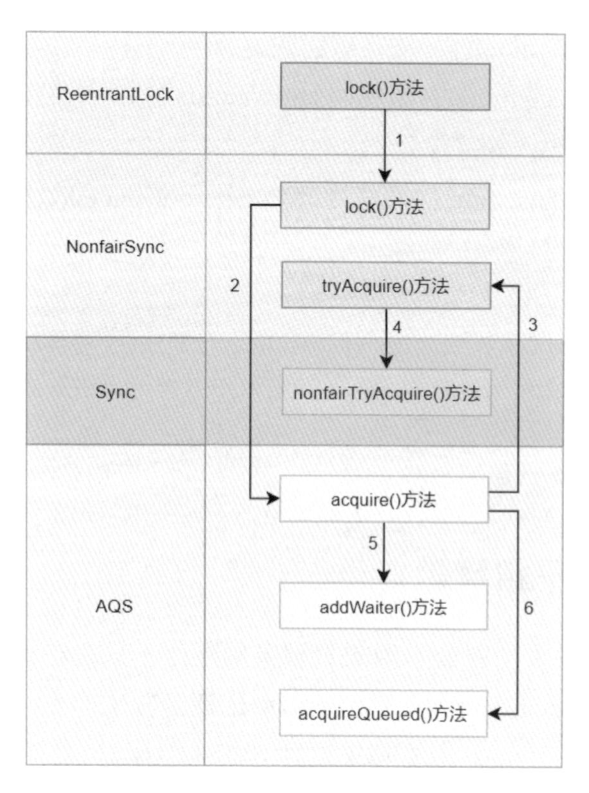

▲ 圖 9-4 ReentrantLock 中非公平鎖的加鎖流程中方法呼叫的邏輯

由圖 9-4 可以看出，使用 ReentrantLock 的非公平鎖，當某個執行緒呼叫 ReentrantLock 的 lock() 方法加鎖時，會經歷如下的加鎖流程。

（1） 在某個執行緒呼叫 ReentrantLock 的 lock() 方法時，ReentrantLock 的 lock() 方法會先呼叫 NonfairSync 類別中的 lock() 方法。

（2） NonfairSync 類別的 lock() 方法會呼叫 AQS 的 acquire() 方法獲取資源。

（3） 在 AQS 的 acquire() 方法中會回呼 NonfairSync 類別中的 tryAcquire() 方法嘗試獲取資源。

（4） 在 NonfairSync 類別中的 tryAcquire() 方法中呼叫 Sync 類別的 nonfairTryAcquire() 方法嘗試獲取資源。

（5） AQS 中的 acquire() 方法呼叫 addWaiter() 方法將當前執行緒封裝成 Node 節點放入等待佇列。

（6） 在 AQS 中的 acquire() 方法中呼叫 acquireQueued() 方法使執行緒在等待佇列中排隊。

> **注意**：ReentrantLock 在實現非公平鎖時，會呼叫 AQS 提供的方法範本，有關 AQS 的核心原理和原始程式解析讀者可參考第 8 章中的內容，筆者在此不再贅述。

9.2.6 非公平鎖實戰

非公平鎖的實戰案例與公平鎖的實戰案例類似，只是在非公平鎖的實戰案例中，呼叫 ReentrantLock 類別的無參建構函數生成 lock 物件或者呼叫有參建構函數傳入 false 生成 lock 物件。

非公平鎖實戰案例與公平鎖實戰案例有區別的程式如下。

```
/**
 * 建立非公平鎖實例
 */
private Lock lock = new ReentrantLock();
```

或者

```
/**
 * 建立非公平鎖實例
 */
private Lock lock = new ReentrantLock(false);
```

執行程式後，輸出的結果如下。

```
Thread-0開始先佔鎖
Thread-1開始先佔鎖
Thread-2開始先佔鎖
Thread-3開始先佔鎖
Thread-1先佔鎖成功
Thread-0先佔鎖成功
Thread-2先佔鎖成功
Thread-3先佔鎖成功
```

從輸出結果中可以看出，開始先佔鎖的執行緒依次為 Thread-0、Thread-1、Thread-2、Thread-3，而成功先佔到鎖的執行緒卻依次為 Thread-1、Thread-0、Thread-2、Thread-3。先先佔鎖的執行緒不一定先獲取到鎖，說明上述程式中執行緒先佔的是非公平鎖。

注意：讀者在執行程式時，可能與筆者執行程式輸出的執行緒順序不同，但結果都是先先佔鎖的執行緒不一定先獲取到鎖，說明執行緒先佔的是非公平鎖。

9.3 悲觀鎖與樂觀鎖

在某種程度上，可以將鎖分為悲觀鎖和樂觀鎖，本節簡單介紹悲觀鎖和樂觀鎖的原理。

9.3.1 悲觀鎖原理

悲觀鎖是一種設計思想，顧名思義，它的核心思想就是對於事物持有悲觀的態度，每次都會按照最壞的情況執行。也就是說，在執行緒獲取資料的時候，總是認為其他的執行緒會修改資料，所以在執行緒每次獲取資料時都會加鎖，在此期間其他執行緒要想獲取相同的資料，則會阻塞，直到獲取鎖的執行緒釋放鎖，當前執行緒加鎖成功後，才能獲取到相同的資料。

Java 提供的 synchronized 內建鎖就是一種悲觀鎖的實現，而 ReentrantLock 在一定程度上也是悲觀鎖的實現，悲觀鎖存在如下問題。

（1）在多執行緒並行環境下，悲觀鎖的加鎖和釋放鎖操作會產生大量的 CPU 執行緒切換，耗費 CPU 資源，導致 CPU 排程性能低下。

（2）當某個執行緒先佔到鎖後，會導致其他所有未先佔到當前鎖的執行緒阻塞暫停，影響程式的執行性能。

（3）假設存在執行緒 A 和執行緒 B 兩個執行緒，執行緒 B 的優先順序比執行緒 A 的優先順序高。但是在業務執行的過程中，執行緒 A 先佔到鎖之後，執行緒 B 才建立執行業務邏輯。因此，當執行緒 B 先佔與執行緒 A 相同的鎖時會被阻塞，從而出現優先順序高的執行緒等待優先順序低的執行緒釋放鎖的現象，導致優先順序高的執行緒無法快速完成任務。

9.3.2 悲觀鎖實戰

本節以 ReentrantLock 為例，實現多執行緒先佔悲觀鎖的案例。在 io.binghe.concurrent.chapter09 套件下建立 PessimismLockTest 類別，用來測試多個執行緒先佔悲觀鎖。PessimismLockTest 類別的原始程式如下。

```
/**
 * @author binghe
 * @version 1.0.0
 * @description 悲觀鎖實戰
 */
public class PessimismLockTest {

    private Lock lock = new ReentrantLock();

    /**
     * 加鎖並釋放鎖
     */
    public void lockAndUnlock(){
        try{
            lock.lock();
            System.out.println(Thread.currentThread().getName() + " 先佔鎖
成功");
        }finally {
            lock.unlock();
        }
    }

    public static void main(String[] args){
        PessimismLockTest pessimismLock = new PessimismLockTest();
        IntStream.range(0, 5).forEach((i) -> {
            new Thread(()->{
                System.out.println(Thread.currentThread().getName() + " 開
始先佔鎖");
                pessimismLock.lockAndUnlock();
            }).start();
        });
    }
}
```

PessimismLockTest 類別的原始程式相對較簡單，首先建立一個 ReentrantLock 類別的物件並給予值給 ReentrantLock 類別的成員變數 lock，然後定義一個加鎖並釋放鎖的方法 lockAndUnlock()，在 lockAndUnlock() 方法中，先執行加鎖操作，並列印某個執行緒先佔鎖成功的日誌，再釋放鎖。接下來，在 main() 方法中建立 PessimismLockTest 類別的物件，隨後迴圈 5 次，每次迴圈都會建立一個執行緒，列印某個執行緒開始先佔鎖的日誌，並呼叫 lockAndUnlock() 方法。

最後，執行 PessimismLockTest 類別的程式，輸出的結果如下。

```
Thread-0 開始先佔鎖
Thread-2 開始先佔鎖
Thread-1 開始先佔鎖
Thread-4 開始先佔鎖
Thread-0 先佔鎖成功
Thread-3 開始先佔鎖
Thread-3 先佔鎖成功
Thread-2 先佔鎖成功
Thread-1 先佔鎖成功
Thread-4 先佔鎖成功
```

從輸出結果中可以看出，當 Thread-0 執行緒先佔鎖成功後，其他的執行緒都會被阻塞暫停，直到 Thread-0 執行緒釋放鎖後，其他執行緒才會繼續爭搶鎖。說明執行緒爭搶的是悲觀鎖。

9.3.3 樂觀鎖原理

與悲觀鎖一樣，樂觀鎖也是一種設計思想，其核心思想就是樂觀。執行緒在每次獲取資料時，都會認為其他執行緒不會修改資料，所以不會加鎖。但是當前執行緒在更新資料時會判斷當前資料在此期間有沒有被其他執行緒修改過。樂觀鎖可以使用版本編號機制實現，也可以使用 CAS 機制實現。

樂觀鎖更適合用於讀多寫少的場景，可以提供系統的性能。在 Java 中，java.util.concurrent.atomic 套件下的原子類別，就是基於 CAS 樂觀鎖實現的。

注意：關於 CAS 的核心原理會在第 10 章中進行詳細的介紹，筆者在此不再贅述。

9.3.4 樂觀鎖實戰

本節以 java.util.concurrent.atomic 套件下的 AtomicInteger 類別為例對多個執行緒並行執行 count++ 操作進行講解。在 io.binghe.concurrent.chapter09 套件下建立 OptimisticLockTest 類別，OptimisticLockTest 類別的原始程式如下。

```
/**
 * @author binghe
 * @version 1.0.0
 * @description 樂觀鎖實戰
 */
public class OptimisticLockTest {

    private AtomicInteger atomicInteger = new AtomicInteger();

    public void incrementCount(){
        atomicInteger.incrementAndGet();
    }
    public int getCount(){
```

```
        return atomicInteger.get();
    }

    public static void main(String[] args) throws InterruptedException {
        OptimisticLockTest optimisticLock = new OptimisticLockTest();
        IntStream.range(0, 10).forEach((i) -> {
            new Thread(()->{
                optimisticLock.incrementCount();
            }).start();
        });
        Thread.sleep(500);
        int count = optimisticLock.getCount();
        System.out.println("最終的結果資料為: " + count);
    }
}
```

在 OptimisticLockTest 類別中，先建立了一個 AtomicInteger 原子類別物件的成員變數 atomicInteger。然後在 incrementCount() 方法中呼叫 atomicInteger 的 incrementAndGet() 方法實現原子性遞增的計數操作，並在 getCount() 方法中獲取 atomicInteger 的當前值。

在 main() 方法中，先建立 OptimisticLockTest 類別的物件，然後迴圈建立 10 個執行緒，在每個執行緒中都呼叫 OptimisticLockTest 類別中的 incrementCount() 方法實現原子性遞增的計數操作。為了讓所有執行緒執行完畢後再獲取最終的結果資料，接下來，讓主執行緒休眠 500ms。最後，獲取最終的自動增加計數值並列印結果。

執行 OptimisticLockTest 類別的原始程式，輸出的結果如下。

```
最終的結果資料為: 10
```

可以看到，使用 AtomicInteger 原子類別實現遞增的計數操作不會引起執行緒安全問題，其底層就是使用 CAS 實現的樂觀鎖。

9.4 可中斷鎖與不可中斷鎖

可中斷鎖指在多個執行緒先佔的過程中可以被中斷的鎖，不可中斷鎖指在多個執行緒先佔的過程中不可以被中斷的鎖。本節簡單介紹可中斷鎖和不可中斷鎖的基本原理。

9.4.1 可中斷鎖原理

Java 的 JUC 包中提供的顯示鎖，如 ReentrantLock，就是可中斷鎖，支援在先佔鎖的過程中中斷鎖。

在 Java 提供的 Lock 介面中，有兩個方法拋出了 InterruptedException 異常，如下所示。

```
void lockInterruptibly() throws InterruptedException;
boolean tryLock(long time, TimeUnit unit) throws InterruptedException;
```

這兩個方法在加鎖的過程中可以中斷鎖。具體的中斷邏輯如下。

（1）lockInterruptibly() 方法的中斷邏輯：在先佔鎖的過程中會處理由 Thread 類別中的 interrupt() 方法發出的中斷訊號，如果當前執行緒在先佔鎖的過程中被中斷，就會拋出 InterruptedException 異常並終止先佔鎖的過程。

（2）tryLock(long time, TimeUnit unit) 方法的中斷邏輯：嘗試在指定的時間內阻塞式地先佔鎖，在先佔鎖的過程中會處理由 Thread 類別中的 interrupt() 方法發出的中斷訊號，如果當前執行緒在先佔鎖的過程中被中斷，就會拋出 InterruptedException 異常並終止先佔鎖的過程。

可以看出，無論是 lockInterruptibly() 方法，還是 tryLock(long time, TimeUnit unit) 方法，在先佔鎖的過程中，都是透過處理由 Thread 類別中的 interrupt() 方法發出的中斷訊號來處理中斷事件的。

9.4.2 可中斷鎖實戰

本節以 ReentrantLock 為例，實現一個可中斷鎖。在 io.binghe.concurrent.chapter09 套件下建立 InterruptiblyLockTest 類別，用於測試可中斷鎖，InterruptiblyLockTest 類別的原始程式如下。

```
/**
 * @author binghe
 * @version 1.0.0
 * @description 可中斷鎖案例
 */
public class InterruptiblyLockTest {

    private Lock lock = new ReentrantLock();

    /**
     * 加鎖並釋放鎖
     */
    public void lockAndUnlock(){
        try {
            lock.lockInterruptibly();
            System.out.println(Thread.currentThread().getName() + " 先佔鎖
成功");
            if (Thread.currentThread().isInterrupted()){
                System.out.println(Thread.currentThread().getName() + " 被
中斷");
            }
```

```
            Thread.sleep(1000);
        } catch (InterruptedException e) {
            System.out.println(Thread.currentThread().getName() + " 先佔鎖
被中斷");
        }finally {
            lock.unlock();
        }
    }

    public static void main(String[] args) throws InterruptedException {
        InterruptiblyLockTest interruptiblyLock = new
InterruptiblyLockTest();
        Thread threadA = new Thread(() -> {
            interruptiblyLock.lockAndUnlock();
        }, "threadA");
        Thread threadB = new Thread(() -> {
            interruptiblyLock.lockAndUnlock();
        }, "threadB");

        threadA.start();
        threadB.start();

        Thread.sleep(100);

        threadA.interrupt();
        threadB.interrupt();

        Thread.sleep(2000);
    }
}
```

在 InterruptiblyLockTest 類別中，建立了一個 ReentrantLock 物件作為類別的成員變數。在 lockAndUnlock() 方法中，首先在 try 程式區塊中以可中斷的方式進行加鎖，列印某個執行緒先佔鎖成功，然後讓程式休眠 1s，判斷當前執行緒是否被中斷，如果當前執行緒被中斷，則在 catch 程式區塊中列印執行緒先佔鎖被中斷的日誌。最後在 finally 方法中釋放鎖。

在 main() 方法中，首先建立 InterruptiblyLockTest 類別的物件，然後分別建立 threadA 執行緒和 threadB 執行緒，在兩個執行緒的 run() 方法中分別呼叫 InterruptiblyLockTest 類別中的 lockAndUnlock() 方法。隨後分別啟動 threadA 執行緒和 threadB 執行緒，在啟動 threadA 執行緒和 threadB 執行緒之後，讓主執行緒休眠 100ms。接下來分別呼叫 threadA 和 threadB 執行緒的 interrupt() 方法中斷執行緒。最後，為了在整個程式執行的過程中，main 執行緒不會提前結束執行並退出，讓 main 執行緒休眠 2s。

執行 InterruptiblyLockTest 類別的程式，輸出的結果如下。

```
threadA 先佔鎖成功
threadA 先佔鎖被中斷
threadB 先佔鎖被中斷
```

從輸出結果中可以看出，threadA 執行緒先佔鎖成功後在休眠的過程中被中斷，threadB 執行緒在等待加鎖時也會被中斷，也就是在先佔鎖的過程中會被中斷，執行緒被中斷後，會捕捉到 InterruptedException 異常。說明 ReentrantLock 中的 lockInterruptibly() 方法獲取的是一種可中斷鎖。

9.4.3 不可中斷鎖原理

不可中斷鎖指執行緒在先佔鎖的過程中不能被中斷。也就是說，執行緒在先佔不可中斷鎖時，如果先佔成功，則繼續執行業務邏輯；如果先佔失敗，則阻塞暫停。執行緒在阻塞暫停的過程中，不能被中斷。Java 中提供的 synchronized 鎖就是不可中斷鎖。

9.4.4 不可中斷鎖實戰

本節以 synchronized 為例實現一個不可中斷鎖。在 io.binghe.concurrent.chapter09 包中新建 NonInterruptiblyLockTest 類別，原始程式如下。

```
/**
 * @author binghe
 * @version 1.0.0
 * @description 不可中斷鎖案例
 */
public class NonInterruptiblyLockTest {

    public synchronized void lock(){
        try {
            System.out.println(Thread.currentThread().getName() + " 先佔鎖
成功");
            if (Thread.currentThread().isInterrupted()){
                System.out.println(Thread.currentThread().getName() + " 被
中斷");
            }
            Thread.sleep(1000);
        } catch (InterruptedException e) {
            System.out.println(Thread.currentThread().getName() + " 先佔鎖
被中斷");
        }
    }

    public static void main(String[] args) throws InterruptedException {
        NonInterruptiblyLockTest nonInterruptiblyLock = new
NonInterruptiblyLockTest();
        Thread threadA = new Thread(() -> {
            nonInterruptiblyLock.lock();
        }, "threadA");
```

```
        Thread threadB = new Thread(() -> {
            nonInterruptiblyLock.lock();
        }, "threadB");

        threadA.start();
        threadB.start();

        Thread.sleep(100);

        threadA.interrupt();
        threadB.interrupt();

        Thread.sleep(2000);
    }
}
```

可以看到，NonInterruptiblyLockTest 類別的原始程式與 9.4.2 節中 InterruptiblyLockTest 類別的程式相差不多，只不過 NonInterruptiblyLockTest 類別中將鎖替換成了 synchronized 鎖，執行 NonInterruptiblyLockTest 類別的原始程式，輸出的結果如下。

```
threadA 先佔鎖成功
threadA 先佔鎖被中斷
threadB 先佔鎖成功
threadB 被中斷
threadB 先佔鎖被中斷
```

從輸出結果中可以看出，無論是 threadA 執行緒還是 threadB 執行緒，都是在先佔鎖成功後被中斷的，在先佔鎖的過程中不會被中斷，說明 synchronized 是一種不可中斷鎖。

9.5 排他鎖與共享鎖

按照加鎖後的資源是否能夠在同一時刻被多個執行緒存取，可以將鎖分為排他鎖和共享鎖。本節簡單介紹排他鎖和共享鎖的原理。

9.5.1 排他鎖原理

排他鎖也叫獨佔鎖或互斥鎖，排他鎖在同一時刻只能被一個執行緒獲取到。某個執行緒獲取到排他鎖後，其他執行緒要想再獲取同一個鎖資源，就只能阻塞等待，直到獲取到鎖的執行緒釋放鎖。

Java 中提供的 synchronized 鎖和 ReentrantLock 鎖都是排他鎖的實現。另外，ReadWriteLock 中的寫入鎖也是排他鎖。

9.5.2 排他鎖實戰

本節以 ReadWriteLock 中的寫入鎖為例實現一個排他鎖。在 io.binghe.concurrent.chapter09 套件下新建 MutexLockTest 類別，用於實現排他鎖。MutexLockTest 類別的原始程式如下。

```
/**
 * @author binghe
 * @version 1.0.0
 * @description 排他鎖案例
 */
public class MutexLockTest {


    private ReadWriteLock readWriteLock = new ReentrantReadWriteLock();
    private Lock lock = readWriteLock.writeLock();
```

```
    /**
     * 加鎖並釋放鎖
     */
    public void lockAndUnlock(){
        try{
            lock.lock();
            System.out.println(Thread.currentThread().getName() + " 先佔鎖
成功");
            Thread.sleep(1000);
        }catch (InterruptedException e){
            System.out.println(Thread.currentThread().getName() + " 被中斷");
        } finally {
            lock.unlock();
            System.out.println(Thread.currentThread().getName() + " 釋放鎖
成功");
        }
    }

    public static void main(String[] args){
        MutexLockTest mutexLockTest = new MutexLockTest();
        IntStream.range(0, 5).forEach((i) -> {
            new Thread(()->{
                System.out.println(Thread.currentThread().getName() + " 開
始先佔鎖");
                mutexLockTest.lockAndUnlock();
            }).start();
        });
    }
}
```

在 MutexLockTest 類別中，先建立一個 ReentrantReadWriteLock 類型的成員變數，再透過 ReentrantReadWriteLock 物件獲取到一個寫入鎖 lock。

在 lockAndUnlock() 方法中，首先執行加鎖操作，列印執行緒先佔鎖成功的日誌，然後為了讓佔有鎖的執行緒不會瞬間釋放鎖，讓佔有鎖的執行緒休眠 1s，最後釋放鎖，並列印執行緒釋放鎖成功的日誌。

在 main() 方法中，先建立一個 MutexLockTest 的類別物件，再迴圈 5 次，每次迴圈都建立一個執行緒，在執行緒的 run() 方法中呼叫執行緒開始先佔鎖的日誌，並呼叫 MutexLockTest 類別中的 lockAndUnlock() 方法。

執行 MutexLockTest 類別中的程式，輸出的結果如下。

```
Thread-0 開始先佔鎖
Thread-2 開始先佔鎖
Thread-4 開始先佔鎖
Thread-3 開始先佔鎖
Thread-1 開始先佔鎖
Thread-0 先佔鎖成功
Thread-0 釋放鎖成功
Thread-2 先佔鎖成功
Thread-2 釋放鎖成功
Thread-4 先佔鎖成功
Thread-4 釋放鎖成功
Thread-3 先佔鎖成功
Thread-3 釋放鎖成功
Thread-1 先佔鎖成功
Thread-1 釋放鎖成功
```

從輸出結果可以看出，Thread-0 ~ Thread-4 執行緒一起開始先佔鎖，但當有執行緒先佔鎖成功後，其他執行緒不會成功先佔鎖，只有等到先佔鎖成功的執行緒釋放鎖後其他執行緒才能先佔到鎖。說明 ReadWriteLock 中的寫入鎖為排他鎖。

注意：讀者也可以參見本章使用 synchronized 鎖和 ReentrantLock 鎖實現的排他鎖案例。

9.5.3 共享鎖原理

共享鎖在同一時刻能夠被多個執行緒獲取到。需要注意的是，多個執行緒同時獲取到共享鎖後，只能讀取臨界區的資料，不能修改臨界區的資料。也就是說，共享鎖是針對讀取操作的鎖。

在 Java 中，ReadWriteLock 中的讀取鎖、Semaphore 類別和 CountDownLatch 類別都實現了在同一時刻允許多個執行緒獲取到鎖，是共享鎖的實現。

9.5.4 共享鎖實戰

本節以 ReadWriteLock 中的讀取鎖為例，實現一個共享鎖。在 io.binghe.concurrent.chapter09 套件下建立一個 SharedLockTest 類別用於實現共享鎖。

SharedLockTest 類別的具體程式實現與 9.5.2 節中的程式類似，只不過在 SharedLockTest 類別中會透過 ReadWriteLock 物件獲取的是讀取鎖，而 9.5.2 節中的程式透過 ReadWriteLock 物件獲取的是寫入鎖。SharedLockTest 類別中透過 ReadWriteLock 物件獲取讀取鎖的程式如下。

```
private Lock lock = readWriteLock.readLock();
```

執行 SharedLockTest 類別的程式，輸出的結果如下。

```
Thread-0 開始先佔鎖
```

```
Thread-3 開始先佔鎖
Thread-4 開始先佔鎖
Thread-1 開始先佔鎖
Thread-2 開始先佔鎖
Thread-0 先佔鎖成功
Thread-1 先佔鎖成功
Thread-2 先佔鎖成功
Thread-4 先佔鎖成功
Thread-3 先佔鎖成功
Thread-2 釋放鎖成功
Thread-0 釋放鎖成功
Thread-1 釋放鎖成功
Thread-3 釋放鎖成功
Thread-4 釋放鎖成功
```

由輸出結果可以看出，Thread-0 ~ Thread-4 執行緒一起開始先佔鎖，所有執行緒同時成功先佔到鎖，最後所有執行緒都成功釋放鎖。說明在一個執行緒獲取到鎖時，其他執行緒也能同時獲取到鎖，ReadWriteLock 中的讀取鎖為共享鎖。

9.6 可重入鎖

可重入鎖指一個執行緒可以反覆對相同的資源加鎖，本節簡單介紹可重入鎖的原理。

9.6.1 可重入鎖原理

可重入鎖表示一個執行緒能夠對相同的資源重複加鎖。也就是說，同一個執行緒能夠多次進入使用同一個鎖修飾的方法或程式區塊。需要注意的是，在執行緒釋放鎖時，釋放鎖的次數需要與加鎖的次數相同，才能保證執行緒真正釋放了鎖。例如，執行緒 A 加鎖時執行了 3 次加鎖操作，釋放鎖時就必須執行 3 次釋放鎖操作。虛擬程式碼如下。

```
try{
   lock.lock();
   lock.lock();
   lock.lock();
   //處理業務邏輯
}finally{
   lock.unlock();
   lock.unlock();
   lock.unlock();
}
```

9.2.5 節提到，在 ReentrantLock 的內部類別 Sync 的 nonfairTryAcquire() 方法中，如下程式是 ReentrantLock 實現可重入鎖的關鍵程式。

```
else if (current == getExclusiveOwnerThread()) {
   int nextc = c + acquires;
   if (nextc < 0)
      throw new Error("Maximum lock count exceeded");
   setState(nextc);
   return true;
}
```

在上述程式中，在當前執行緒已經佔有鎖時，會判斷當前執行緒是否是已經獲取過鎖的執行緒，如果當前執行緒是已經獲取過鎖的執行緒，則增加內部的狀態計數，以此實現鎖的可重入性。

當使用 ReentrantLock 物件解鎖時，會先呼叫 AQS 的 release() 方法，而 AQS 的 release() 方法又會呼叫 ReentrantLock 的內部類別 Sync 的

tryRelease() 方法，ReentrantLock 的內部類別 Sync 的 tryRelease() 方法的原始程式如下。

```
protected final boolean tryRelease(int releases) {
   int c = getState() - releases;
   if (Thread.currentThread() != getExclusiveOwnerThread())
      throw new IllegalMonitorStateException();
   boolean free = false;
   if (c == 0) {
      free = true;
      setExclusiveOwnerThread(null);
   }
   setState(c);
   return free;
}
```

在 ReentrantLock 的內部類別 Sync 的 tryRelease() 方法中，首先對狀態計數減去傳入的值，判斷當前執行緒是否是已經獲取到鎖的執行緒，如果當前執行緒不是已經獲取到鎖的執行緒，則直接拋出 IllegalMonitor StateException 異常。然後定義一個是否成功釋放鎖的變數 free，預設值為 false。接下來，判斷 state 狀態計數的值是否減為 0。如果 state 狀態計數的值已經減為 0，則說明當前執行緒已經完全釋放鎖，此時的鎖處於空閒狀態，將是否成功釋放鎖的變數 free 設定為 true，並將當前擁有鎖的執行緒設定為 null。最後，設定鎖的狀態標識，返回 free，結果會返回 true。

如果 state 狀態計數的值沒有減為 0，則說明當前執行緒並沒有完全釋放鎖，此時的 free 變數為 false，返回 free，結果會返回 false。

所以，在 ReentrantLock 中，可重入鎖的加鎖操作會累加狀態計數，解鎖操作會累減狀態計數。

Java 中的 synchronized 鎖和 ReentrantLock 鎖都實現了可重入性。

9.6.2 可重入鎖實戰

本節以 ReentrantLock 鎖為例實現一個可重入鎖，在 io.binghe.concurrent.chapter09 套件下建立 ReentrantLockTest 類別，原始程式如下。

```
/**
 * @author binghe
 * @version 1.0.0
 * @description 可重入鎖案例
 */
public class ReentrantLockTest {

    private Lock lock = new ReentrantLock();

    /**
     * 加鎖並釋放鎖
     */
    public void lockAndUnlock(){
        try{
            lock.lock();
            System.out.println(Thread.currentThread().getName() + " 第1次先
佔鎖成功");
            lock.lock();
            System.out.println(Thread.currentThread().getName() + " 第2次先
佔鎖成功");
        }finally {
            lock.unlock();
            System.out.println(Thread.currentThread().getName() + " 第1次釋
放鎖成功");
            lock.unlock();
```

```
            System.out.println(Thread.currentThread().getName() + " 第2次釋
放鎖成功");
        }
    }

    public static void main(String[] args){
        ReentrantLockTest reentrantLock = new ReentrantLockTest();
        IntStream.range(0, 2).forEach((i) -> {
            new Thread(()->{
                System.out.println(Thread.currentThread().getName() + " 開
始先佔鎖");
                reentrantLock.lockAndUnlock();
            }).start();
        });
    }
}
```

在 ReentrantLockTest 類別中，先建立一個 ReentrantLock 類型的成員變數 lock，在 lockAndUnlock() 方法中執行兩次加鎖操作和兩次釋放鎖的操作，並分別列印相關的日誌。

在 main() 方法中，先建立一個 ReentrantLockTest 類別的物件，並在兩次迴圈中分別建立一個執行緒，列印執行緒開始先佔鎖的日誌，並呼叫 ReentrantLockTest 類別中的 lockAndUnlock() 方法。

執行 ReentrantLockTest 類別的程式，輸出的結果如下。

```
Thread-0 開始先佔鎖
Thread-1 開始先佔鎖
Thread-0 第1次先佔鎖成功
Thread-0 第2次先佔鎖成功
Thread-0 第1次釋放鎖成功
Thread-0 第2次釋放鎖成功
```

```
Thread-1 第1次先佔鎖成功
Thread-1 第2次先佔鎖成功
Thread-1 第1次釋放鎖成功
Thread-1 第2次釋放鎖成功
```

從輸出的結果資訊中可以看出，Thread-0 和 Thread-1 兩個執行緒開始先佔鎖，首先 Thread-0 執行緒會連續兩次先佔鎖成功，然後連續兩次釋放鎖成功。接下來，才是 Thread-1 執行緒連續兩次先佔鎖成功，最後連續兩次釋放鎖成功。說明 ReentrantLock 鎖是可重入鎖。

另外，上述案例的輸出結果也說明了執行緒在獲取可重入鎖，釋放鎖成功的次數與加鎖成功的次數相同時，才能完全釋放鎖，其他執行緒才能獲取到相同的鎖。

使用 synchronized 鎖實現可重入鎖案例比使用 ReentrantLock 鎖實現可重入鎖案例更加簡單，實現程式如下。

```
/**
 * @author binghe
 * @version 1.0.0
 * @description Synchronized實現的可重入鎖案例
 */
public class ReentrantLockSyncTest {

    /**
     * 加鎖並釋放鎖
     */
    public synchronized void lockAndUnlock(){
        System.out.println(Thread.currentThread().getName() + " 第1次先佔鎖
成功");
        synchronized (this){
            System.out.println(Thread.currentThread().getName() + " 第2次先
佔鎖成功");
```

```
        }
        System.out.println(Thread.currentThread().getName() + " 第1次釋放鎖
成功");
    }

    public static void main(String[] args){
        ReentrantLockSyncTest reentrantLock = new ReentrantLockSyncTest();
        IntStream.range(0, 2).forEach((i) -> {
            new Thread(()->{
                System.out.println(Thread.currentThread().getName() + " 開
始先佔鎖");
                reentrantLock.lockAndUnlock();
                System.out.println(Thread.currentThread().getName() + " 第2
次釋放鎖成功");
            }).start();
        });
    }
}
```

或者改為如下程式。

```
/**
 * @author binghe
 * @version 1.0.0
 * @description Synchronized實現的可重入鎖案例
 */
public class ReentrantLockSyncTest {
    /**
     * 加鎖並釋放鎖
     */
    public void lockAndUnlock(){
        synchronized (this){
            System.out.println(Thread.currentThread().getName() + " 第1次先
佔鎖成功");
```

```
            synchronized (this){
                System.out.println(Thread.currentThread().getName() + " 第2
次先佔鎖成功");
            }
            System.out.println(Thread.currentThread().getName() + " 第1次釋
放鎖成功");
        }
        System.out.println(Thread.currentThread().getName() + " 第2次釋放鎖
成功");
    }

    public static void main(String[] args){
        ReentrantLockSyncTest reentrantLock = new ReentrantLockSyncTest();
        IntStream.range(0, 2).forEach((i) -> {
            new Thread(()->{
                System.out.println(Thread.currentThread().getName() + " 開
始先佔鎖");
                reentrantLock.lockAndUnlock();
            }).start();
        });
    }
}
```

使用 synchronized 實現可重入鎖的兩種方式與使用 ReentrantLock 實現可重入鎖的方式執行效果相同，筆者不再贅述。

9.7 讀 / 寫鎖

9.5 節使用讀 / 寫鎖 ReadWriteLock 中的寫入鎖實現了排他鎖，使用讀取鎖實現了共享鎖，本節簡單介紹讀 / 寫鎖的基本原理。

9.7.1 讀 / 寫鎖原理

讀 / 寫鎖中包含一把讀取鎖和一把寫入鎖，其中，讀取鎖是共享鎖，允許多個執行緒在同一時刻同時獲取到鎖。而寫入鎖是排他鎖，在同一時刻只能有一個執行緒獲取到鎖。整體來說，讀 / 寫鎖需要遵循以下原則。

（1）一個共享資源允許同時被多個獲取到讀取鎖的執行緒存取。

（2）一個共享資源在同一時刻只能被一個獲取到寫入鎖的執行緒進行寫入操作。

（3）一個共享資源在被獲取到寫入鎖的執行緒進行寫入操作時不能被獲取到讀取鎖的執行緒進行讀取操作。

注意：讀 / 寫鎖與排他鎖是有區別的，讀 / 寫鎖中的寫入鎖是排他鎖，讀 / 寫鎖中的讀取鎖卻是共享鎖。讀 / 寫鎖允許多個執行緒同時讀取共享資源，而排他鎖不允許。所以，在高並行場景下，讀 / 寫鎖的性能要高於排他鎖。

9.7.2 ReadWriteLock 讀 / 寫鎖

在 JDK 的 java.util.concurrent.locks 套件下提供了 ReadWriteLock 介面來表示讀 / 寫鎖，ReadWriteLock 介面的原始程式如下。

```
public interface ReadWriteLock {
    Lock readLock();
    Lock writeLock();
}
```

ReadWriteLock 介面的原始程式相對較簡單，定義了一個 readLock() 方法來獲取讀取鎖，定義了一個 writeLock() 方法來獲取寫入鎖。

ReadWriteLock 介面的實現類別是 java.util.concurrent.locks 套件下的 ReentrantReadWriteLock 類別，ReentrantReadWriteLock 類別是一個支援可重入的讀 / 寫鎖，內部的實現依賴 ReentrantReadWriteLock 類別的內部類別 Sync，而 Sync 類別繼承了 AQS，所以 ReentrantReadWriteLock 的實現仍然依賴 AQS 的實現。

在 AQS 中，只維護了一個 state 狀態，而在 ReentrantReadWriteLock 中為了實現讀取鎖和寫入鎖，卻要維護一個讀取狀態和一個寫入狀態。具體實現是在 ReentrantReadWriteLock 類別中，使用 state 的高 16 位元表示讀取狀態，也就是獲取到讀取鎖的次數。使用 state 的低 16 位元表示獲取到寫入鎖的執行緒的可重入的次數。正如 ReentrantReadWriteLock 類別中的如下程式所示。

```
static final int SHARED_SHIFT   = 16;
static final int SHARED_UNIT    = (1 << SHARED_SHIFT);
static final int MAX_COUNT      = (1 << SHARED_SHIFT) - 1;
static final int EXCLUSIVE_MASK = (1 << SHARED_SHIFT) - 1;

static int sharedCount(int c)    { return c >>> SHARED_SHIFT; }
static int exclusiveCount(int c) { return c & EXCLUSIVE_MASK; }
```

同時，ReentrantReadWriteLock 支援公平鎖和非公平鎖的實現，具體實現方法是在 ReentrantReadWriteLock 的建構方法中傳遞一個 boolean 類型的變數，程式如下。

```
public ReentrantReadWriteLock(boolean fair) {
   sync = fair ? new FairSync() : new NonfairSync();
   readerLock = new ReadLock(this);
   writerLock = new WriteLock(this);
}
```

透過在 ReentrantReadWriteLock 類別預設的無參建構方法中，呼叫有參建構方法並傳遞 false 變數來建立非公平鎖，程式如下。

```
public ReentrantReadWriteLock() {
  this(false);
}
```

透過 ReentrantReadWriteLock 獲取到讀取鎖和寫入鎖時，就可以使用 Lock 介面中提供的方法進行加鎖和釋放鎖操作了。

注意：限於篇幅，筆者不再贅述 ReentrantReadWriteLock 中讀取鎖和寫入鎖的加鎖與釋放鎖的原始程式執行流程，感興趣的讀者可關注「冰河技術」微信公眾號閱讀相關文章。

9.7.3 ReadWriteLock 鎖降級

ReadWriteLock 不支援讀取鎖升級為寫入鎖，因為如果在讀取鎖未釋放時獲取寫入鎖，則會導致寫入鎖永久等待，對應的執行緒也會被阻塞，並且無法被喚醒。

ReadWriteLock 雖然不支援鎖的升級，但是它支援鎖的降級，Java 官方舉出了 ReentrantReadWriteLock 鎖降級的範例，原始程式如下。

```
class CachedData {
    Object data;
    volatile boolean cacheValid;
    final ReentrantReadWriteLock rwl = new ReentrantReadWriteLock();

    void processCachedData() {
        rwl.readLock().lock();
```

```
        if (!cacheValid) {
            rwl.readLock().unlock();
            rwl.writeLock().lock();
            try {
                if (!cacheValid) {
                    data = ...
                    cacheValid = true;
                }
                rwl.readLock().lock();
            } finally {
                rwl.writeLock().unlock();
}
        }

        try {
            use(data);
        } finally {
            rwl.readLock().unlock();
        }
    }
}}
```

9.7.4 StampedLock 讀 / 寫鎖

JDK 1.8 中提供了 StampedLock 類別，StampedLock 在讀取共享變數的過程中，允許後面的一個執行緒獲取寫入鎖對共享變數進行寫入操作，它使用樂觀讀取避免資料不一致，在讀多寫少的高並行環境下，是比 ReadWriteLock 更快的鎖。

StampedLock 支援寫入鎖、讀取鎖和樂觀鎖三種模式，也就是說，使用 StampedLock 也能實現讀 / 寫鎖的功能。其中，寫入鎖和讀取鎖與

ReadWriteLock 中的語義類似，允許多個執行緒同時獲取讀取鎖，但是只允許一個執行緒獲取寫入鎖，寫入鎖和讀取鎖也是互斥的。

StampedLock 與 ReadWriteLock 的不同之處在於，StampedLock 在獲取讀取鎖或者寫入鎖成功後，會返回一個 Long 類型的變數，之後在釋放鎖時，需要傳入這個 Long 類型的變數。另外，在 ReadWriteLock 讀取共享變數時，所有對共享變數的寫入操作都會被阻塞。而 StampedLock 提供的樂觀讀取在多個執行緒讀取共享變數時，允許一個執行緒對共享變數進行寫入操作。

StampedLock 鎖內部維護了一個執行緒等待佇列，所有獲取鎖失敗的執行緒都會進入這個等待佇列，佇列中的每個節點都代表一個執行緒，同時會在節點中儲存一個標記位元 locked，用於表示當前執行緒是否獲取到鎖，true 表示獲取到鎖，false 表示未獲取到鎖。

當某個執行緒嘗試獲取鎖時，會先獲取等待佇列尾部的執行緒作為當前執行緒的前驅節點，並且判斷前驅節點是否已經成功釋放鎖，如果成功釋放鎖，則當前執行緒獲取到鎖並繼續執行。如果前驅節點未釋放鎖或釋放鎖失敗，則當前執行緒自旋等待。

當某個執行緒釋放鎖時，會先將自身節點的 locked 標記設定為 false，佇列中後繼節點中的執行緒透過自旋就能夠檢測到當前執行緒已經釋放鎖，從而可以獲取到鎖並繼續執行業務邏輯。

注意：關於 StampedLock 需要注意如下事項。

（1）StampedLock 不支援條件變數。

（2）StampedLock 不支援重入。

（3）StampedLock 使用不當會引發 CPU 佔用率達到 100% 的問題。

可以使用此方法來避免 CPU 佔用率達到 100% 的問題：在使用 StampedLock 的 readLock() 方法獲取讀取鎖和使用 writeLock() 方法獲取寫入鎖時，一定不要呼叫執行緒的中斷方法來中斷執行緒，如果必須中斷執行緒，那麼一定要用 StampedLock 的 readLockInterruptibly() 方法獲取可中斷的讀取鎖和使用 StampedLock 的 writeLockInterruptibly() 方法獲取可中斷的悲觀寫入鎖。

9.7.5 StampedLock 鎖的升級與降級

StampedLock 支援鎖的升級與降級，鎖的升級是透過 tryConvertToWriteLock() 方法實現的，而鎖的降級是透過 tryConvertToReadLock() 方法實現的。

tryConvertToWriteLock() 方法的原始程式如下。

```
public long tryConvertToWriteLock(long stamp) {
    long a = stamp & ABITS, m, s, next;
    while (((s = state) & SBITS) == (stamp & SBITS)) {
        if ((m = s & ABITS) == 0L) {
            if (a != 0L)
                break;
            if (U.compareAndSwapLong(this, STATE, s, next = s + WBIT))
                return next;
        }
        else if (m == WBIT) {
            if (a != m)
                break;
            return stamp;
        }
        else if (m == RUNIT && a != 0L) {
            if (U.compareAndSwapLong(this, STATE, s, next = s - RUNIT + WBIT))
                return next;
        }
```

```
        else
            break;
    }
    return 0L;
}
```

由 tryConvertToWriteLock() 方法的原始程式可以看出，在如下情況下寫入鎖升級成功並返回一個有效的憑證。

（1） 當前鎖處於寫入鎖模式，表示升級寫入鎖成功並返回一個有效的憑證。
（2） 當前鎖處於讀取鎖模式，並且其他執行緒獲取的鎖也處於讀取鎖模式，寫入鎖升級成功並返回一個有效的憑證。
（3） 當前鎖處於樂觀讀取模式，並且當前寫入鎖處於可用狀態，會升級寫入鎖成功並返回一個有效的憑證。

tryConvertToReadLock() 方法的原始程式如下。

```
public long tryConvertToReadLock(long stamp) {
    long a = stamp & ABITS, m, s, next; WNode h;
    while (((s = state) & SBITS) == (stamp & SBITS)) {
        if ((m = s & ABITS) == 0L) {
            if (a != 0L)
                break;
            else if (m < RFULL) {
                if (U.compareAndSwapLong(this, STATE, s, next = s + RUNIT))
                    return next;
            }
            else if ((next = tryIncReaderOverflow(s)) != 0L)
                return next;
        }
        else if (m == WBIT) {
```

```
            if (a != m)
                break;
            state = next = s + (WBIT + RUNIT);
            if ((h = whead) != null && h.status != 0)
                release(h);
            return next;
        }
        else if (a != 0L && a < WBIT)
            return stamp;
        else
            break;
    }
    return 0L;
}
```

由 tryConvertToReadLock() 方法的原始程式可以看出，當 state 的值匹配 stamp 的值時，主要的降級操作如下。

（1）當 stamp 表示寫入鎖時，當前執行緒釋放寫入鎖並持有讀取鎖，返回讀取鎖。

（2）當 stamp 表示讀取鎖時，直接返回。

（3）當前執行緒處於樂觀讀取模式時，返回讀取鎖。

在 StampedLock 執行樂觀讀取操作時，如果另外的執行緒對共享變數進行了寫入操作，則會把樂觀讀取升級為悲觀讀取鎖，官方舉出的程式範例如下。

```
double distanceFromOrigin() { // A read-only method
    //樂觀讀取
    long stamp = sl.tryOptimisticRead();
    double currentX = x, currentY = y;
    //如果有執行緒對共享變數進行了寫入操作
```

```
    //則sl.validate(stamp)會返回false
    if (!sl.validate(stamp)) {
        //將樂觀讀取升級為悲觀讀取鎖
        stamp = sl.readLock();
        try {
            currentX = x;
            currentY = y;
        } finally {
            //釋放悲觀鎖
            sl.unlockRead(stamp);
        }
    }
    return Math.sqrt(currentX * currentX + currentY * currentY);
}
```

對於 StampedLock 使用 tryConvertToWriteLock() 方法進行的升級操作，官方也舉出了如下程式範例。

```
void moveIfAtOrigin(double newX, double newY) {
   long stamp = sl.readLock();
   try {
     while (x == 0.0 && y == 0.0) {
      long ws = sl.tryConvertToWriteLock(stamp);
      if (ws != 0L) {
        stamp = ws;
        x = newX;
        y = newY;
        break;
      }
      else {
        sl.unlockRead(stamp);
        stamp = sl.writeLock();
      }
```

```
        }
    } finally {
        sl.unlock(stamp);
    }
}
```

9.7.6 讀 / 寫鎖實戰

本節以 StampedLock 為例，實現一個讀 / 寫鎖。在 io.binghe.concurrent.chapter09 套件下新建 StampedLockTest 類別，原始程式如下。

```
/**
 * @author binghe
 * @version 1.0.0
 * @description StampedLock案例
 */
public class StampedLockTest {

    private final StampedLock lock = new StampedLock();

    /**
     * 寫入鎖案例
     */
    public void writeLockAndUnlock(){
        //加鎖時返回一個long類型的憑證
        long stamp = lock.writeLock();
        try{
            System.out.println(Thread.currentThread().getName() + " 先佔寫
入鎖成功");
        }finally {
            //釋放鎖時帶上加鎖時返回的憑證
            lock.unlock(stamp);
```

```
            System.out.println(Thread.currentThread().getName() + " 釋放寫
入鎖成功");
        }
    }
    /**
     * 讀取鎖案例
     */
    public void readLockAndUnlock(){
        //加鎖時返回一個long類型的憑證
        long stamp = lock.readLock();
        try{
            System.out.println(Thread.currentThread().getName() + " 先佔讀
取鎖成功");
        }finally {
            //釋放鎖時帶上加鎖時返回的憑證
            lock.unlock(stamp);
            System.out.println(Thread.currentThread().getName() + " 釋放讀
取鎖成功");
        }
    }

    public static void main(String[] args) throws InterruptedException {
        StampedLockTest stampedLockTest = new StampedLockTest();
        //寫入鎖
        IntStream.range(0, 5).forEach((i) -> {
            new Thread(()->{
                System.out.println(Thread.currentThread().getName() + " 開
始先佔寫入鎖");
                stampedLockTest.writeLockAndUnlock();
            }).start();
        });

        Thread.sleep(1000);
```

```
        System.out.println("================================");

        //讀取鎖
        IntStream.range(0, 5).forEach((i) -> {
            new Thread(()->{
                System.out.println(Thread.currentThread().getName() + " 開
始先佔讀取鎖");
                stampedLockTest.readLockAndUnlock();
            }).start();
        });
    }
}
```

在 StampedLockTest 類別中，先建立一個 StampedLock 類型的成員變數，再建立兩個方法，分別為 writeLockAndUnlock() 和 readLockAndUnlock()，在 writeLockAndUnlock() 方法中演示寫入鎖的加鎖和釋放鎖，在 readLockAndUnlock() 方法中演示讀取鎖的加鎖和釋放鎖。

在 main() 方法中，分別建立 5 個執行緒演示寫入鎖下執行緒的加鎖和釋放鎖，讀取鎖下執行緒的加鎖和釋放鎖。為了不讓程式在執行過程中出現混亂，在 main() 方法中演示完寫入鎖下執行緒的加鎖和釋放鎖後，讓程式休眠 1s，再演示讀取鎖下執行緒的加鎖和釋放鎖。

執行 StampedLockTest 的程式，輸出的結果如下。

```
Thread-0 開始先佔寫入鎖
Thread-4 開始先佔寫入鎖
Thread-3 開始先佔寫入鎖
Thread-2 開始先佔寫入鎖
Thread-1 開始先佔寫入鎖
Thread-0 先佔寫入鎖成功
Thread-0 釋放寫入鎖成功
```

```
Thread-2 先佔寫入鎖成功
Thread-2 釋放寫入鎖成功
Thread-1 先佔寫入鎖成功
Thread-1 釋放寫入鎖成功
Thread-3 先佔寫入鎖成功
Thread-3 釋放寫入鎖成功
Thread-4 先佔寫入鎖成功
Thread-4 釋放寫入鎖成功
===============================
Thread-5 開始先佔讀取鎖
Thread-6 開始先佔讀取鎖
Thread-5 先佔讀取鎖成功
Thread-6 先佔讀取鎖成功
Thread-8 開始先佔讀取鎖
Thread-8 先佔讀取鎖成功
Thread-8 釋放讀取鎖成功
Thread-5 釋放讀取鎖成功
Thread-9 開始先佔讀取鎖
Thread-9 先佔讀取鎖成功
Thread-9 釋放讀取鎖成功
Thread-6 釋放讀取鎖成功
Thread-7 開始先佔讀取鎖
Thread-7 先佔讀取鎖成功
Thread-7 釋放讀取鎖成功
```

由輸出結果可以看出，在 StampedLock 的寫入鎖模式下，同一時刻只能有一個執行緒獲取到寫入鎖。當某個執行緒獲取到寫入鎖後，其他執行緒阻塞等待，直到獲取寫入鎖的執行緒釋放鎖，其他執行緒才能獲取到鎖，說明 StampedLock 的寫入鎖是互斥的。

在 StampedLock 的讀取鎖模式下，同一時刻允許有多個執行緒獲取到讀取鎖。說明 Stamped 的讀取鎖是共享的。

9.8 LockSupport

LockSupport 是 Java 提供的建立鎖和其他多執行緒工具類別的基礎類別庫，最主要的作用就是阻塞和喚醒執行緒。本節簡單介紹 LockSupport 的原理。

9.8.1 LockSupport 原理

LockSupport 是位於 java.util.concurrent.locks 套件下的一個基礎類別，基於 LockSupport 可以實現其他的執行緒工具類別，能夠阻塞和喚醒執行緒，LockSupport 的底層是由 Unsafe 類別實現的。

LockSupport 類別中提供的核心方法如表 9-1 所示。

表 9-1 LockSupport 類別中提供的核心方法

方 法	說 明
park()	無限期阻塞呼叫 park() 方法的執行緒
park(Object blocker)	無限期阻塞傳入的某個執行緒
parkNanos(Object blocker, long nanos)	在 nanos 的時間範圍內阻塞傳入的某個執行緒
parkUntil(Object blocker, long deadline)	在 deadline 的時間點之前阻塞傳入的某個執行緒
parkNanos(long nanos)	在 nanos 的時間範圍內阻塞呼叫 parkNanos() 方法的執行緒
parkUntil(long deadline)	在 deadline 時間點之前阻塞呼叫 parkUntil() 方法的執行緒
unpark(Thread thread)	喚醒傳入的某個執行緒

注意：unpark() 方法的優先順序比 park() 方法的優先順序高，也就是說 unpark() 方法可以先於 park() 方法被呼叫。假設執行緒 B 呼叫 unpark() 方法，給執行緒 A 發了一個「許可」，那麼當執行緒 A 呼叫 park() 方法時，發現自身已經有「許可」了，就會立即向下執行業務邏輯。

9.8.2 LockSupport 實戰

本節實現一個使用 LockSupport 類別阻塞和喚醒執行緒的案例，在 io.binghe.concurrent.chapter09 套件下建立一個 LockSupportTest 類別，LockSupportTest 類別的原始程式如下。

```
/**
 * @author binghe
 * @version 1.0.0
 * @description LockSupport案例
 */
public class LockSupportTest {

    /**
     * 阻塞執行緒
     */
    public void parkThread(){
        System.out.println(Thread.currentThread().getName() + " 開始阻塞");
        LockSupport.park();
        System.out.println(Thread.currentThread().getName() + " 結束阻塞");
    }

    public static void main(String[] args) throws InterruptedException {
        LockSupportTest lockSupport = new LockSupportTest();
        Thread thread = new Thread(() -> {
```

```
            lockSupport.parkThread();
        });
        thread.start();
        Thread.sleep(200);
        System.out.println(Thread.currentThread().getName() + " 開始喚醒 "
+ thread.getName() + " 執行緒");
        LockSupport.unpark(thread);
        System.out.println(Thread.currentThread().getName() + " 結束喚醒 "
+ thread.getName() + " 執行緒");
    }
}
```

在 LockSupportTest 類別中，建立一個方法 parkThread()，在該方法中先列印執行緒開始阻塞的日誌，再呼叫 LockSupport.park() 方法阻塞當前執行緒。如果當前執行緒被喚醒，則會列印執行緒結束阻塞的日誌。

在 main() 方法中，首先建立一個 LockSupportTest 類別的物件，然後建立一個 thread 執行緒，並在 thread 執行緒的 run() 方法中呼叫 LockSupportTest 類別中的 parkThread() 方法，啟動 thread 執行緒。接下來，讓程式休眠 200ms，列印開始喚醒執行緒的日誌，隨後呼叫 LockSupport.unpark() 方法喚醒 thread 執行緒，最後列印結束喚醒執行緒的日誌。

執行 LockSupportTest 類別的程式，輸出的結果如下。

```
Thread-0 開始阻塞
main 開始喚醒 Thread-0 執行緒
main 結束喚醒 Thread-0 執行緒
Thread-0 結束阻塞
```

LockSupportTest 類別的輸出結果相對較簡單，筆者在此不再贅述。

9.9 本章複習

本章主要介紹了 Lock 鎖的核心原理。首先，介紹了顯性鎖的原理。然後，對公平鎖與非公平鎖、悲觀鎖與樂觀鎖的原理進行了簡單的介紹。接下來，介紹了可中斷鎖與不可中斷鎖、排他鎖與共享鎖的原理。隨後，介紹了可重入鎖的原理和讀 / 寫鎖的原理。最後，簡單介紹了 LockSupport 的基本原理。

下一章將對 CAS 的核心原理進行簡單的介紹。

注意：本章相關的原始程式碼已經提交到 GitHub 和 Gitee，GitHub 和 Gitee 連結位址見 2.4 節結尾。

Chapter

10

CAS 核心原理

在 Java 實現並行程式設計的很多場景下都需要用到 Java 中提供的鎖機制（這裡具體指悲觀鎖），使用鎖機制有很多弊端，最大的問題就是某些執行緒競爭鎖失敗，就會阻塞暫停，從而導致 CPU 切換上下文與重新排程執行緒的銷耗，影響程式的執行性能。

除了鎖機制，Java 中還提供了一種 CAS 機制，能夠實現非阻塞的原子性操作。CAS 機制屬於樂觀鎖的一種實現方式。本節簡單介紹 CAS 的核心原理。

本章相關的基礎知識如下。

- CAS 的基本概念。
- CAS 的核心類別 Unsafe。
- 使用 CAS 實現 count++。
- ABA 問題。

10.1 CAS 的基本概念

CAS 的全稱為 Compare And Swap（比較並且交換），是一種無鎖程式設計演算法，能夠完全避免鎖競爭帶來的系統銷耗問題，也能夠避免 CPU 在多個執行緒之間頻繁切換和排程帶來的銷耗。從某種程度上說，CAS 比加鎖機制具有更優的性能。

CAS 能夠在不阻塞執行緒的前提下，以原子性的方式來更新共享變數的資料，也就是在更新共享變數的資料時，能夠保證執行緒的安全性。CAS 演算法一般會涉及 3 個操作資料，分別如下。

- 要更新的記憶體中的變數 V。
- 與記憶體中的值進行比較的預期值 X。
- 要寫入記憶體的新值 N。

CAS 演算法的整體流程為：當且僅當變數 V 的值與預期值 X 相同時，才會將 V 的值修改為新值 N。如果 V 的值與 X 的值不相同，則說明已經有其他執行緒修改了 V 的值，當前執行緒不會更新 V 的值。最終，CAS 會返回當前 V 的值。

CAS 本質上是一種樂觀鎖的思想，當多個執行緒同時使用 CAS 的方式更新某個變數時，只會有一個執行緒更新成功，其他的執行緒都會因為記憶體中變數 V 的值與預期值 X 不相同而更新失敗。與加鎖方式不同的是，使用 CAS 更新失敗的執行緒不會阻塞暫停，當更新失敗時，可以再次嘗試更新，也可以放棄更新，在處理方式上比加鎖機制更加靈活。

在 CAS 的具體實現的很多場景下，進行一次 CAS 操作是不夠的，在大部分場景下，CAS 都需要伴隨著自旋操作，在更新資料失敗時不斷嘗試去重新更新資料，這種方式也被稱為 CAS 自旋。

Java 中的 java.util.concurrent.atomic 套件下提供的原子類別底層基本都是透過 CAS 演算法實現的，目前大部分的 CPU 內部都實現了原子化的 CAS 指令，Java 中的原子類別底層是呼叫 JVM 提供的方法實現的，JVM 中的方法則是呼叫 CPU 的原子化 CAS 指令實現的。

例如，記憶體中有一個變數 value 的值為 1，此時有多個執行緒透過 CAS 的方式更新 value 的值。假設，需要將 value 的值更新為 2，CAS 操作的流程如下。

（1） 從記憶體中讀取 value 的值。
（2） 使用數值 1 與 value 的值進行對比，如果 value 的值等於 1，說明沒有其他執行緒修改過 value 的值，就將 value 的值更新為 2 並寫回記憶體。此時 value 的值為 2，CAS 操作成功。
（3） 在使用數值 1 與 value 的值進行對比時，如果發現 value 的值不等於 1，說明有其他執行緒修改過 value 的值，此時就什麼都不做，value 的值仍然為被其他執行緒修改後的值。
（4） CAS 操作更新失敗的執行緒可以根據規則選擇繼續進行 CAS 自旋或者放棄更新。

在這個範例中，value 就是記憶體中的變數 V，1 就是預期值 X，2 就是新值 N。

10.2 CAS 的核心類別 Unsafe

Unsafe 類別是 Java 中實現 CAS 操作的底層核心類別，提供了硬體等級的原子性操作，在 Unsafe 類別中，提供了大量 native 方法，透過 JNI 的方式呼叫 JVM 底層 C 和 C++ 實現的函數。在 Java 中的 java.util.concurrent.

atomic 套件下的原子類別，底層都是基於 Unsafe 類別實現的。本節簡單介紹 Unsafe 類別。

10.2.1 Unsafe 類別的核心方法

Unsafe 類別中提供了大量的方法透過呼叫 JVM 底層函數實現 CAS 操作，一些核心方法如下。

（1） native long objectFieldOffset(Field field)

此方法的作用是返回指定的變數在所屬類別中的記憶體的偏移位址，返回的偏移位址僅用在 Unsafe 類別的方法中存取指定的欄位。例如，可以使用如下程式獲取 value 變數在 AtomicInteger 物件中的記憶體偏移位址。

```
static {
    try {
        valueOffset = unsafe.objectFieldOffset
            (AtomicInteger.class.getDeclaredField("value"));
    } catch (Exception ex) { throw new Error(ex); }
}
```

（2） native int arrayIndexScale(Class<?> arrayClass)

獲取某個陣列中一個元素佔用的空間，以位元組為單位。

（3） native int arrayBaseOffset(Class<?> arrayClass)

獲取某個資料中第一個元素在記憶體中的位址，一般情況下，會以陣列第一個元素的位址表示陣列在記憶體中的位址。

（4） native boolean compareAndSwapInt(Object obj, long offset, int expect, int update)

比較 obj 物件中偏移量為 offset 的 int 類型的變數的值是否與 expect 相等，如果相等則使用 update 的值更新偏移量為 offset 的變數的值，更新成功則返回 true，更新失敗則返回 false。

（5）native boolean compareAndSwapLong(Object obj, long offset, long expect, long update)

比較 obj 物件中偏移量為 offset 的 long 類型的變數的值是否與 expect 相等，如果相等則使用 update 的值更新偏移量為 offset 的變數的值，更新成功則返回 true，更新失敗則返回 false。

（6）native boolean compareAndSwapObject(Object obj, long offset, Object expect, Object update)

比較 obj 物件中偏移量為 offset 的 Object 類型的變數的值是否與 expect 相等，如果相等則使用 update 的值更新偏移量為 offset 的變數的值，更新成功則返回 true，更新失敗則返回 false。compareAndSwapObject 提供了原子性更新某個物件的屬性的功能。

（7）native void putOrderedInt(Object obj, long offset, int value)

設定 obj 物件中 offset 偏移位址對應的 int 類型的欄位值為指定值 value。此方法支援有序或者延遲，並且不保證修改後的值能夠立即被其他執行緒存取到。

（8）native void putOrderedLong(Object obj, long offset, long value);

設定 obj 物件中 offset 偏移位址對應的 long 類型的欄位值為指定值 value。此方法支援有序或者延遲，並且不保證修改後的值能夠立即被其他執行緒存取到。

（9）native void putOrderedObject(Object obj, long offset, Object value);

設定 obj 物件中 offset 偏移位址對應的 Object 類型的欄位值為指定

值 value。此方法支援有序或者延遲，並且不保證修改後的值能夠立即被其他執行緒存取到。

（10）native void putIntVolatile(Object obj, long offset, int value)
設定 obj 物件中 offset 偏移位址對應的 int 類型的欄位值為指定的值 value，修改後的值能夠立即被其他執行緒存取到。

（11）native int getIntVolatile(Object obj, long offset);
獲取 obj 物件中 offset 偏移位址對應的 int 類型的欄位值。

（12）native void putLongVolatile(Object obj, long offset, long value)
設定 obj 物件中 offset 偏移位址對應的 long 類型的欄位值為指定的值 value，修改後的值能夠立即被其他執行緒存取到。

（13）native long getLongVolatile(Object obj, long offset)
獲取 obj 物件中 offset 偏移位址對應的 long 類型的欄位值。

（14）native void putLong(Object obj, long offset, long value)
設定 obj 物件中 offset 偏移位址對應的 long 類型的欄位為指定的值 value。

（15）native long getLong(Object obj, long offset)
獲取 obj 物件中 offset 偏移位址對應的 long 類型的欄位值。

（16）native void putObjectVolatile(Object obj, long offset, Object value)
設定 obj 物件中 offset 偏移位址對應的 Object 類型的欄位值為指定的值 value，修改後的值能夠立即被其他執行緒存取到。

（17）native Object getObjectVolatile(Object obj, long offset)
獲取 obj 物件中 offset 偏移位址對應的 Object 類型的欄位值。

(18) native void putObject(Object obj, long offset, Object value)

設定 obj 物件中 offset 偏移位址對應的 Object 類型的欄位值為指定的值 value。

(19) native void unpark(Thread thread)

喚醒某個指定的 thread 執行緒。

(20) native void park(boolean isAbsolute, long time)

阻塞一個執行緒直到執行緒被中斷或者超過 time 時間，如果已經呼叫過 unpark() 方法，則此方法只會計數，time 為 0 表示永不逾時。如果 isAbsolute 為 true，則 time 表示相對於新紀元之後的毫秒數，否則 time 表示逾時前的毫微秒數。

10.2.2 Unsafe 類別實戰

本節使用 Unsafe 類別實現一個簡單的小案例，具體邏輯為使用 Unsafe 類別獲取 UnsafeTest 類別中的靜態變數 staticName 和成員變數 member Variable 的偏移量，然後透過 Unsafe 類別的 putObject() 方法直接修改 staticName 的值，透過 compareAndSwapObject() 方法修改 memberVariable 的值。

在 io.binghe.concurrent.chapter09 套件下建立 UnsafeTest 類別，作為實現 Unsafe 類別的案例程式，UnsafeTest 類別的原始程式如下。

```
/**
 * @author binghe
 * @version 1.0.0
 * @description Unsafe案例
 */
public class UnsafeTest {
```

```
    private static final Unsafe unsafe = getUnsafe();

    private static long staticNameOffset = 0;
    private static long memberVariableOffset = 0;

    private static String staticName = "binghe_001";
    private String memberVariable = "binghe_001";

    static {
        try {
            staticNameOffset = unsafe.staticFieldOffset
                    (UnsafeTest.class.getDeclaredField("staticName"));
            memberVariableOffset = unsafe.objectFieldOffset
                    (UnsafeTest.class.getDeclaredField("memberVariable"));
        } catch (NoSuchFieldException e) {
            e.printStackTrace();
        }
    }

    public static void main(String[] args) {
        UnsafeTest unSaveTest = new UnsafeTest();
        System.out.println("修改前的值如下:");
        System.out.println("staticName=" + staticName + ",
memberVariable=" + unSaveTest.memberVariable);

        unsafe.putObject(UnsafeTest.class, staticNameOffset, "binghe_
static");
        unsafe.compareAndSwapObject(unSaveTest, memberVariableOffset,
"binghe_001", "binghe_variable");

        System.out.println("修改後的值如下:");
        System.out.println("staticName=" + staticName + ",
memberVariable=" + unSaveTest.memberVariable);
```

```
    }

    private static Unsafe getUnsafe() {
        Unsafe unsafe = null;
        try {
            Field singleoneInstanceField = Unsafe.class.
getDeclaredField("theUnsafe");
            singleoneInstanceField.setAccessible(true);
            unsafe = (Unsafe) singleoneInstanceField.get(null);
        } catch (Exception e) {
            e.printStackTrace();
        }
        return unsafe;
    }
}
```

在 UnsafeTest 類別中，首先透過 getUnsafe() 方法獲取 Unsafe 實例物件，然後定義兩個 long 類型的靜態變數 staticNameOffset 和 memberVariableOffset，分別表示靜態變數 staticName 和成員變數 memberVariable 的偏移量。

接下來，定義一個 String 類型的靜態變數 staticName，初值為 binghe_001，定義一個 String 類型的成員變數 memberVariable，初值為 binghe_001。

隨後在靜態程式區塊中獲取靜態變數 staticName 和成員變數 memberVariable 的偏移量，並分別給予值給 staticNameOffset 和 memberVariableOffset。

最後，在 main 方法中呼叫 Unsafe 類別的 putObject() 方法修改靜態變數 staticName 的值，呼叫 Unsafe 類別的 compareAndSwapObject() 方法修改成員變數 memberVariable 的值。

預期的結果是將靜態變數 staticName 的值修改為 binghe_static，將成員變數 memberVariable 的值修改為 binghe_variable。

執行 UnsafeTest 類別的程式，輸出結果如下。

```
修改前的值如下:
staticName=binghe_001, memberVariable=binghe_001
修改後的值如下:
staticName=binghe_static, memberVariable=binghe_variable
```

從輸出結果可以看出，修改前的靜態變數 staticName 的值為 binghe_001，成員變數 memberVariable 的值為 binghe_001。修改後靜態變數 staticName 的值為 binghe_static，成員變數 memberVariable 的值為 binghe_variable。符合預期。

10.3 使用 CAS 實現 count++

在前面的章節中，透過 synchronized 實現了執行緒安全的 count++ 操作。本節以另一種 CAS 的方式實現執行緒安全的 count++ 操作。

10.3.1 案例分析

CAS 演算法是一種無鎖程式設計演算法，能夠在無鎖的情況下實現執行緒安全的自動增加操作。在本節的案例中，設定 20 個執行緒並行執行，每個執行緒都透過 CAS 自旋的方式對一個共享變數的資料進行自動增加操作，每個執行緒執行的次數為 500 次，最終得出的結果為 10000。

10.3.2 程式實現

在 io.binghe.concurrent.chapter09 套件下建立 CasCountIncrement 類別，用以實現基於 CAS 演算法的執行緒安全的 count++ 操作，具體的實現步驟如下。

（1）在 CasCountIncrement 類別中定義幾個程式執行需要的常數、靜態變數和成員變數，如下所示。

```
//獲取Unsafe物件
private static final Unsafe unsafe = getUnsafe();
//執行緒的數量
private static final int THREAD_COUNT = 20;
//每個執行緒執行的次數
private static final int EXECUTE_COUNT_EVERY_THREAD = 500;
//自動增加的count值
private volatile int count = 0;
//count的偏移量
private static long countOffset;
```

其中，各常數和變數的含義如下。

- THREAD_COUNT：常數，表示程式執行過程中建立的執行緒數量。
- EXECUTE_COUNT_EVERY_THREAD：表示每個執行緒在執行過程中執行 count++ 的次數。
- count：表示自動增加的 count，為了每個執行緒都能讀取到最新的資料，count 變數使用了 volatile 關鍵字修飾。
- countOffset：count 變數的偏移量。
- unsafe：Unsafe 類別的物件。

（2）在 CasCountIncrement 類別中建立 getUnsafe() 方法，用以建立 Unsafe 類別的實例物件，並給予值給步驟（1）中的 unsafe 常數，getUnsafe() 方法的程式如下。

```
private static Unsafe getUnsafe() {
   Unsafe unsafe = null;
   try {
      Field singleoneInstanceField = Unsafe.class.
getDeclaredField("theUnsafe");
      singleoneInstanceField.setAccessible(true);
      unsafe = (Unsafe) singleoneInstanceField.get(null);
   } catch (Exception e) {
      e.printStackTrace();
   }
   return unsafe;
}
```

（3）在靜態程式區塊中透過 Unsafe 類別的 objectFieldOffset() 方法獲取 count 變數的偏移量，將其給予值給 countOffset 靜態變數，程式如下。

```
static {
   try {
      countOffset = unsafe.objectFieldOffset
            (CasCountIncrement.class.getDeclaredField("count"));
   } catch (NoSuchFieldException e) {
      e.printStackTrace();
   }
}
```

（4）在 CasCountIncrement 類別中建立 incrementCountByCas() 方法，在 incrementCountByCas() 方法中透過 Unsafe 類別的 compareAndSwapInt() 方法來實現 count++ 操作，incrementCountByCas() 方法的程式如下。

```
/**
 * 以CAS的方式對count值進行自動增加操作
 */
public void incrementCountByCas(){
    //將count的值給予值給oldCount
    int oldCount = 0;
    do {
        oldCount = count;
    }while (!unsafe.compareAndSwapInt(this, countOffset, oldCount, oldCount
+ 1));
}
```

（5）在 CasCountIncrement 類別中建立 main() 方法，在 main() 方法中，首先建立 CasCountIncrement 類別的物件。為了實現模擬並行的效果，這裡使用了 CountDownLatch 類別，建立 CountDownLatch 類別的物件並將 THREAD_COUNT 的值作為計數傳入 CountDownLatch 類別的建構方法中。

然後，建立一個迴圈本體，迴圈 THREAD_COUNT 次，在每次迴圈中都建立一個執行緒，在每個執行緒中都呼叫 EXECUTE_COUNT_EVERY_THREAD 次 incrementCountByCas() 方法。同時，在每個執行緒執行完迴圈本體後，都呼叫 CountDownLatch 的 countDown() 方法使計數減 1。

接下來，在 main() 方法中呼叫 CountDownLatch 類別的 await() 方法阻塞 main 執行緒，直到 CountDownLatch 中的計數減為 0，才繼續執行。最後，列印 count 的最終結果資料。

main() 方法的程式如下。

```
public static void main(String[] args) throws InterruptedException {
    CasCountIncrement casCountIncrement = new CasCountIncrement();
```

```
    //為了模擬並行使用了CountDownLatch
    CountDownLatch latch = new CountDownLatch(THREAD_COUNT);
    //20個執行緒
    IntStream.range(0, THREAD_COUNT).forEach((i) -> {
        new Thread(()->{
            //每個執行緒執行500次count++
            IntStream.range(0, EXECUTE_COUNT_EVERY_THREAD).forEach((j) -> {
                casCountIncrement.incrementCountByCas();
            });
            latch.countDown();
        }).start();
    });
    latch.await();
    System.out.println("count的最終結果為: " + casCountIncrement.count);
}
```

CasCountIncrement 類別的完整原始程式碼如下。

```
/**
 * @author binghe
 * @version 1.0.0
 * @description 以CAS實現執行緒安全的count++
 */
public class CasCountIncrement {

    //獲取Unsafe物件
    private static final Unsafe unsafe = getUnsafe();
    //執行緒的數量
    private static final int THREAD_COUNT = 20;
    //每個執行緒執行的次數
    private static final int EXECUTE_COUNT_EVERY_THREAD = 500;
    //自動增加的count值
    private volatile int count = 0;
```

```
    //count的偏移量
    private static long countOffset;

    static {
        try {
            countOffset = unsafe.objectFieldOffset
                    (CasCountIncrement.class.getDeclaredField("count"));
        } catch (NoSuchFieldException e) {
            e.printStackTrace();
        }
    }

    private static Unsafe getUnsafe() {
        Unsafe unsafe = null;
        try {
            Field singleoneInstanceField = Unsafe.class.
getDeclaredField("theUnsafe");
            singleoneInstanceField.setAccessible(true);
            unsafe = (Unsafe) singleoneInstanceField.get(null);
        } catch (Exception e) {
            e.printStackTrace();
        }
        return unsafe;
    }

    /**
     * 以CAS的方式對count值進行自動增加操作
     */
    public void incrementCountByCas(){
        //將count的值賦給oldCount
        int oldCount = 0;
        do {
            oldCount = count;
```

```
        }while (!unsafe.compareAndSwapInt(this, countOffset, oldCount, 
oldCount + 1));
    }

    public static void main(String[] args) throws InterruptedException {
        CasCountIncrement casCountIncrement = new CasCountIncrement();
        //為了模擬並行使用了CountDownLatch
        CountDownLatch latch = new CountDownLatch(THREAD_COUNT);
        //20個執行緒
        IntStream.range(0, THREAD_COUNT).forEach((i) -> {
            new Thread(()->{
                //每個執行緒執行500次count++
                IntStream.range(0, EXECUTE_COUNT_EVERY_THREAD).forEach((j) 
-> {
                    casCountIncrement.incrementCountByCas();
                });
                latch.countDown();
            }).start();
        });
        latch.await();
        System.out.println("count的最終結果為: " + casCountIncrement.count);
    }
}
```

10.3.3 測試程式

執行 CasCountIncrement 類別的程式，輸出的結果如下。

```
count的最終結果為: 10000
```

可以看到，count 的最終結果為 10000，與程式的預期結果相符。

10.4 ABA 問題

雖然 CAS 演算法的性能比直接加鎖處理並行的性能高，但是 CAS 演算法也存在一些問題，比較典型的問題有：ABA 問題、循環時間銷耗大的問題，以及只能保證一個共享變數原子性的問題。其中，ABA 問題是最典型的問題。本節簡單介紹 CAS 中的 ABA 問題。

10.4.1 ABA 問題概述

ABA 問題，簡單說就是一個變數的初值為 A，被修改為 B，然後再次被修改為 A 了。在使用 CAS 演算法進行檢測時，無法檢測出 A 的值是否經歷過被修改為 B，又再次被修改為 A 的過程。

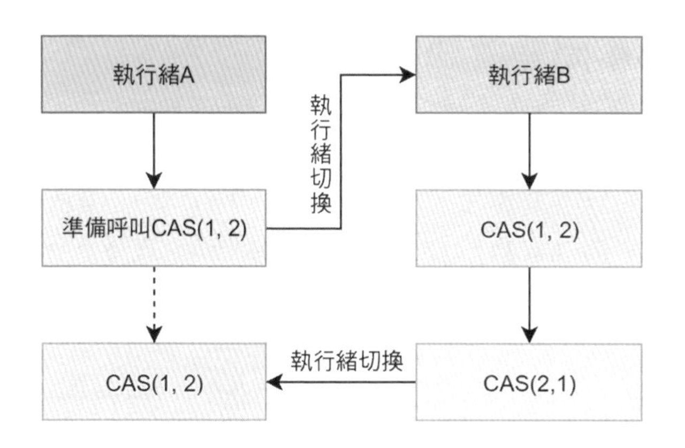

▲ 圖 10-1 ABA 問題產生的過程

例如，有 A 和 B 兩個執行緒，執行緒 A 從記憶體 X 中讀取出變數 V 的值為 1，執行緒 B 也從記憶體 X 中讀取出變數 V 的值為 1。首先，CPU 切換到執行緒 B，然後，執行緒 B 在處理業務時，將記憶體 X 中變數 V 的值由 1 修改為 2，又由 2 修改為 1。最後，CPU 切換到執行緒 A 進行

CAS 操作，發現記憶體 X 中讀取出來的變數 V 的值仍然為 1。此時，執行緒 A 執行 CAS 雖然能夠成功，但是記憶體 X 中的變數 V 的值實際上已經發生過變化了，這就是典型的 ABA 問題。ABA 問題產生的過程如圖 10-1 所示。

由圖 10-1 可以看出，當執行緒 A 準備呼叫 CAS(1, 2) 將變數 V 的值由 1 修改為 2 時，CPU 發生了執行緒切換，切換到執行緒 B 上，執行緒 B 在執行業務邏輯的過程中，呼叫 CAS(1, 2) 將變數 V 的值由 1 修改為 2，又呼叫 CAS(2, 1) 將變數 V 的值由 2 修改為 1。然後 CPU 又發生了執行緒切換，切換到了執行緒 A 上，執行 CAS(1, 2) 將變數 V 的值由 1 修改為 2，雖然執行緒 A 的 CAS 操作能夠執行成功，但是期間執行緒 B 已經修改過變數 V 的值了，造成了 ABA 問題。

10.4.2 ABA 問題解決方案

ABA 問題最經典的解決方案就是使用版本編號。具體的操作方法是在每次修改資料時都附帶一個版本編號，只有當該版本編號與資料的版本編號一致時，才能執行資料的修改操作，否則修改失敗。因為操作的時候附帶了版本編號，而版本編號在每次修改時都會增加，並且只會增加不會減少，所以能夠有效地避免 ABA 問題。

10.4.3 Java 如何解決 ABA 問題

在 Java 中的 java.util.concurrent.atomic 套件下提供了 AtomicStampedReference 類別和 AtomicMarkableReference 類別以解決 ABA 問題。

AtomicStampedReference 類別在 CAS 的基礎上增加了一個類似於版本編號的時間戳記，可以將這個時間戳記作為版本編號來防止 ABA 問題，例如，AtomicStampedReference 類別中的 weakCompareAndSet() 方法和 compareAndSet() 方法中都是透過傳入時間戳記的方式來避免 ABA 問題的。

AtomicStampedReference 類別中的 weakCompareAndSet() 方法和 compare AndSet() 方法的原始程式如下。

```
public boolean weakCompareAndSet(V   expectedReference,
                                 V   newReference,
                                 int expectedStamp,
                                 int newStamp) {
    return compareAndSet(expectedReference, newReference,
                         expectedStamp, newStamp);
}

public boolean compareAndSet(V   expectedReference,
                             V   newReference,
                             int expectedStamp,
                             int newStamp) {
    Pair<V> current = pair;
    return
        expectedReference == current.reference &&
        expectedStamp == current.stamp &&
        ((newReference == current.reference &&
          newStamp == current.stamp) ||
         casPair(current, Pair.of(newReference, newStamp)));
}
```

從原始程式可以看出，AtomicStampedReference 類別中的 weakCompare AndSet() 方法內部呼叫的是 compareAndSet() 方法來實現的。compare

AndSet() 方法的 4 個參數如下。

- expectedReference：期望的引用值。
- newReference：更新後的引用值。
- expectedStamp：預期的時間戳記。
- newStamp：更新後的時間戳記。

AtomicStampedReference 類別中 CAS 的實現方式為如果當前的引用值等於預期的引用值，並且當前的時間戳記等於預期的時間戳記，就會以原子的方式將引用值和時間戳記修改為給定的引用值和時間戳記。

AtomicMarkableReference 類別的實現中不關心修改過的次數，只關心是否修改過。

AtomicMarkableReference 類別的 weakCompareAndSet() 方法和 compareAndSet() 方法的原始程式如下。

```
public boolean weakCompareAndSet(V   expectedReference,
                                 V       newReference,
                                 boolean expectedMark,
                                 boolean newMark) {
    return compareAndSet(expectedReference, newReference,
                         expectedMark, newMark);
}

public boolean compareAndSet(V       expectedReference,
                             V       newReference,
                             boolean expectedMark,
                             boolean newMark) {
    Pair<V> current = pair;
    return
        expectedReference == current.reference &&
```

```
        expectedMark == current.mark &&
        ((newReference == current.reference &&
          newMark == current.mark) ||
         casPair(current, Pair.of(newReference, newMark)));
}
```

從原始程式可以看出，在 AtomicMarkableReference 類別的 weakCompareAndSet() 方法和 compareAndSet() 方法的實現中，增加了 boolean 類型的參數，只判定物件是否被修改過。

10.5 本章複習

本章主要介紹了 CAS 的核心原理。首先介紹了 CAS 的基本概念。然後介紹了 Java 實現 CAS 的核心類別 Unsafe。接下來，使用 CAS 實現了執行緒安全的 count++ 的案例。最後介紹了 ABA 問題及其解決方案，以及 Java 中是如何處理 CAS 的 ABA 問題的。

下一章將對鎖死的核心原理進行簡單的介紹。

Chapter

11

鎖死的核心原理

在並行程式設計中，鎖能夠有效地保護臨界區資源，使多個執行緒在同一個臨界區中有序執行，從而確保執行緒安全。但是，過度使用鎖可能導致鎖死問題。本章對鎖死的核心原理進行簡單的介紹。

本章相關的基礎知識如下。

- 鎖死的基本概念。
- 鎖死的分析。
- 鎖死的必要條件。
- 鎖死的預防。

11.1 鎖死的基本概念

在並行程式設計中，鎖死一般指兩個或者兩個以上的執行緒因競爭資源而造成的一種僵局，也可以視為兩個或者多個執行緒因先佔鎖而造成的相互等待的現象。這種兩個或者多個執行緒之間相互等待的現象，如果沒有外力的作用，就會一直持續下去。

例如，存在執行緒 1 和執行緒 2 兩個執行緒，存在鎖 1 和鎖 2 兩把鎖。假設執行緒 1 按照先先佔鎖 1 後先佔鎖 2 的順序先佔鎖，執行緒 2 按照先先佔鎖 2 後先佔鎖 1 的順序先佔鎖。當執行緒 1 先佔到鎖 1 再去先佔鎖 2 時，發現鎖 2 已經被執行緒 2 先佔。而當執行緒 2 先佔到鎖 2 再去先佔鎖 1 時，發現鎖 1 已經被執行緒 1 先佔。於是執行緒 1 佔有鎖 1，等待中的執行緒 2 釋放鎖 2，執行緒 2 佔有鎖 2，等待中的執行緒 1 釋放鎖 1。執行緒 1 與執行緒 2 相互等待造成鎖死，整個過程如圖 11-1 所示。

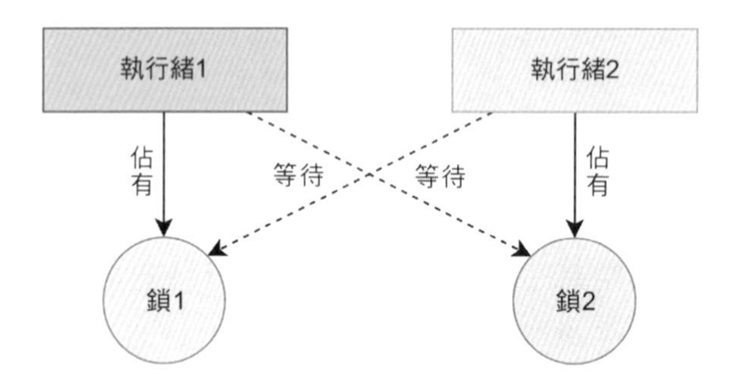

▲ 圖 11-1 執行緒 1 與執行緒 2 相互等待造成鎖死

11.2 鎖死的分析

在並行程式設計中，不恰當地使用鎖，不僅不能解決執行緒安全的問題，甚至可能引起鎖死，本節透過模擬一個轉帳的案例來一步步分析鎖死的形成。

11.2.1 執行緒不安全

假設在一個轉帳系統中，撰寫了一個轉帳操作的方法，程式如下。

```
/**
 * @author binghe
 * @version 1.0.0
 * @description 執行緒不安全的轉帳操作
 */
public class UnsafeTransferAccount {

    //帳戶餘額
    private long balance;

    public void transferMoney(UnsafeTransferAccount targetAccount, long
transferMoney){
        if (this.balance >= transferMoney){
            this.balance -= transferMoney;
            targetAccount.balance += transferMoney;
        }
    }
}
```

上面的程式雖然實現了轉帳的功能，但是存在執行緒安全的問題。此時，第一時間想到的就是加鎖，程式如下。

```
/**
 * @author binghe
 * @version 1.0.0
 * @description 執行緒不安全的轉帳操作
 */
public class UnsafeTransferAccount {

    //帳戶餘額
    private long balance;

    public void transferMoney(UnsafeTransferAccount targetAccount, long
transferMoney){
```

```
            synchronized (this){
                if (this.balance >= transferMoney){
                    this.balance -= transferMoney;
                    targetAccount.balance += transferMoney;
                }
            }
        }
    }
```

上述程式中儘管增加了同步程式區塊 synchronized(this){}，但仍舊是執行緒不安全的。

其實，在上述轉帳方法的程式中，synchronized 鎖的臨界區存在兩個不同的鎖資源，分別是轉出帳戶的餘額 this.balance 和轉入帳戶的餘額 targetAccount.balance，而在轉帳的程式中只用到了一把鎖 synchronized(this)，這把鎖只能保護轉出帳戶的餘額 this.balance，不能保護轉入帳戶的餘額 targetAccount.balance。

上述程式在另外一個場景下也會存在執行緒安全問題。例如，假設此時存在 X、Y、Z 三個帳戶，每個帳戶中的餘額都是 500 元。此時使用執行緒 A 和執行緒 B 分別執行兩個轉帳操作：帳戶 X 向帳戶 Y 轉帳 100 元，帳戶 Y 向帳戶 Z 轉帳 100 元。在正常情況下，轉帳操作完成後，帳戶 X 的餘額是 400 元，帳戶 Y 的餘額是 500 元，帳戶 Z 的餘額是 600 元，

如果執行緒 A 和執行緒 B 在兩個不同的 CPU 上執行，執行緒 A 執行帳戶 X 向帳戶 Y 轉帳的操作，執行緒 B 執行帳戶 Y 向帳戶 Z 轉帳的操作，那麼執行緒 A 與執行緒 B 並不是互斥的。透過上述程式分析得知，執行緒 A 鎖定的是帳戶 X 的實例，執行緒 B 鎖定的是帳戶 Y 的實例。因此，執行緒 A 和執行緒 B 能夠同時進入 transferMoney() 方法。此時，執行緒 A 和執行緒 B 能夠同時讀取到帳戶 Y 的餘額為 500。當兩個執行緒都執

行完轉帳操作後，帳戶 Y 的餘額可能為 600 元，也可能為 400 元，但是不可能為 500 元。

這是由於當執行緒 A 和執行緒 B 同時讀取到帳戶 Y 的餘額為 500 元時，如果執行緒 A 晚於執行緒 B 對帳戶 Y 的餘額進行寫入操作，則最終帳戶 Y 的餘額為 600 元，整個過程如圖 11-2 所示。

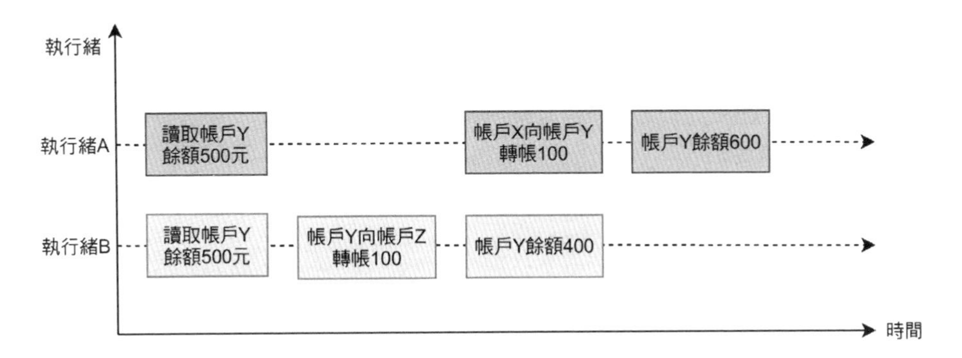

▲ 圖 11-2 執行緒 A 晚於執行緒 B 對帳戶 Y 的餘額進行寫入操作

如果執行緒 A 早於執行緒 B 對帳戶 Y 的餘額進行寫入操作，則最終帳戶 Y 的餘額為 400 元，整個過程如圖 11-3 所示。

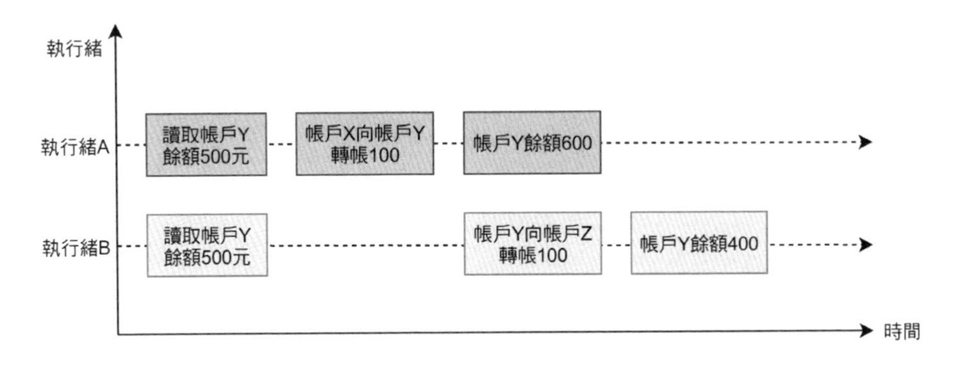

▲ 圖 11-3 執行緒 A 早於執行緒 B 對帳戶 Y 的餘額進行寫入操作

在兩種情況下，帳戶 Y 的餘額都不可能為 500 元，所以，儘管為轉帳程式增加了 synchronized(this){} 程式區塊，但仍然存在執行緒安全的問題。

11.2.2 串列執行

既然在 transferMoney() 方法中存在轉出帳戶的餘額 this.balance 和轉入帳戶的餘額 targetAccount.balance 兩個不同的資源，那麼如何使用同一把鎖保護這兩個不同的資源呢？答案就是對類別的 Class 物件加鎖，程式如下。

```
/**
 * @author binghe
 * @version 1.0.0
 * @description 執行緒安全的轉帳操作
 *              但是多個轉帳操作之間是串列執行的
 */
public class SafeTransferAccount {

    //帳戶餘額
    private long balance;

    public void transferMoney(SafeTransferAccount targetAccount, long
transferMoney){
        synchronized (SafeTransferAccount.class){
            if (this.balance >= transferMoney){
                this.balance -= transferMoney;
                targetAccount.balance += transferMoney;
            }
        }
    }
}
```

SafeTransferAccount 類別中的 transferMoney() 方法確實能夠保證同一時刻只有一個執行緒進入 transferMoney() 方法，從而解決了在多執行緒環境下轉帳操作的並行問題。

但是這裡存在著一個隱藏的問題，那就是 SafeTransferAccount.class 物件是在 JVM 載入 SafeTransferAccount 時建立的，所有的 SafeTransferAccount 類別的物件都會共享一個 SafeTransferAccount.class 物件。換句話說，所有的 SafeTransferAccount 類別的物件在執行 transferMoney() 方法時都是互斥的。也就是說，無論存在多少個執行緒執行 SafeTransferAccount 類別中的 transferMoney() 方法進行轉帳操作，這些執行緒之間都是串列執行的，如圖 11-4 所示。

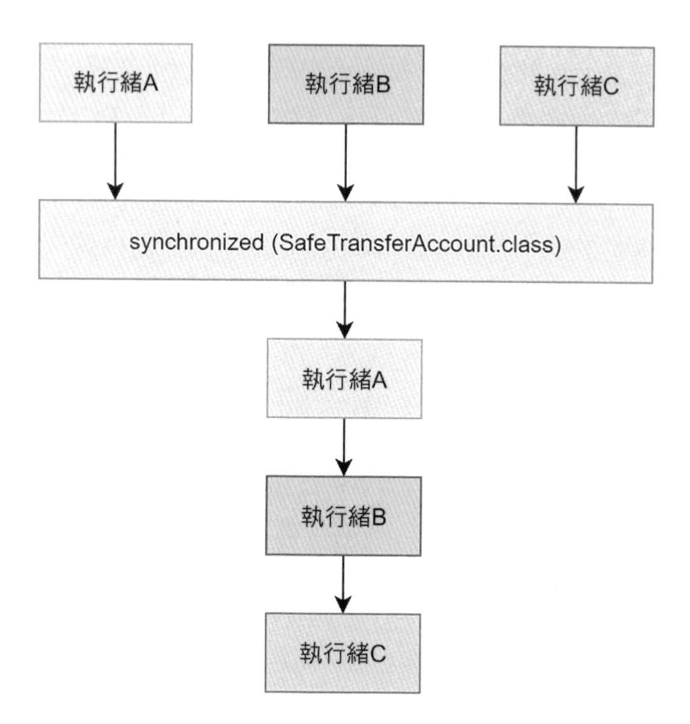

▲ 圖 11-4 對類別的 Class 物件加鎖後執行緒串列執行

如果所有的轉帳操作都是串列執行的，就會造成只有帳戶 M 向帳戶 N 轉帳完成後，帳戶 X 才能向帳戶 Y 轉帳的問題。在一個銀行的交易系統中，時時刻刻都存在轉帳操作，如果這些轉帳操作都是串列執行的，那麼顯然是不可接受的。

所以，在執行轉帳操作時，最好是讓帳戶 M 向帳戶 N 轉帳與帳戶 X 向帳戶 Y 轉帳這兩個操作能夠並存執行。

11.2.3 發生鎖死

對轉帳操作的程式進一步分析得知，在 transferMoney() 方法中，涉及兩個不同的資源，分別是轉出帳戶 this 和轉入帳戶 targetAccount。試想，如果對轉出帳戶 this 和轉入帳戶 targetAccount 分別加鎖，那麼只有對兩個帳戶加鎖都成功才執行轉帳操作，這樣是不是就能夠使帳戶 M 向帳戶 N 轉帳的操作與帳戶 X 向帳戶 Y 轉帳的操作並存執行呢？

對轉出帳戶 this 和轉入帳戶 targetAccount 分別加鎖的程式如下。

```
/**
 * @author binghe
 * @version 1.0.0
 * @description 轉帳時發生鎖死
 */
public class DeadLockTransferAccount {
    //帳戶餘額
    private long balance;

    public void transferMoney(DeadLockTransferAccount targetAccount, long
transferMoney){
        synchronized (this){
```

```
            synchronized (targetAccount){
                if (this.balance >= transferMoney){
                    this.balance -= transferMoney;
                    targetAccount.balance += transferMoney;
                }
            }
        }
    }
}
```

其實，儘管上述程式對轉出帳戶 this 和轉入帳戶 targetAccount 分別進行了加鎖操作，但是這不僅不能使帳戶 M 向帳戶 N 轉帳的操作與帳戶 X 向帳戶 Y 轉帳的操作並存執行，甚至還會引起鎖死的問題。

根據上述程式分析這樣一個場景：假設存在執行緒 A 和執行緒 B 兩個執行緒，執行緒 A 和執行緒 B 分別在兩個不同的 CPU 上執行，執行緒 A 執行帳戶 X 向帳戶 Y 轉帳的操作，執行緒 B 執行帳戶 Y 向帳戶 X 轉帳的操作。

當執行緒 A 和執行緒 B 執行到 synchronized (this) 這行程式時，執行緒 A 獲取到帳戶 X 的鎖，執行緒 B 獲取到帳戶 Y 的鎖。當執行到 synchronized (targetAccount) 這行程式時，執行緒 A 嘗試獲取帳戶 Y 的鎖，執行緒 B 嘗試獲取帳戶 X 的鎖。

執行緒 A 在嘗試獲取帳戶 Y 的鎖時，發現帳戶 Y 的鎖已經被執行緒 B 佔有，此時執行緒 A 開始等待中的執行緒 B 釋放帳戶 Y 的鎖。而執行緒 B 在嘗試獲取帳戶 X 的鎖時，發現帳戶 X 的鎖已經被執行緒 A 佔有，此時執行緒 B 開始等待中的執行緒 A 釋放帳戶 X 的鎖，如圖 11-5 所示。

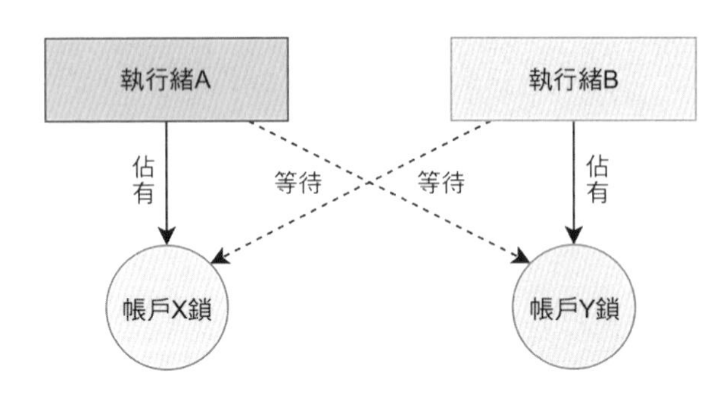

▲ 圖 11-5　執行緒 A 與執行緒 B 相互等待各自佔有的鎖資源

執行緒 A 持有帳戶 X 的鎖並等待中的執行緒 B 釋放帳戶 Y 的鎖，而執行緒 B 持有帳戶 Y 的鎖並等待中的執行緒 A 釋放帳戶 X 的鎖。執行緒 A 與執行緒 B 各自佔有對方所需要的資源，並且相互等待對方釋放資源，造成了鎖死的現象。

11.3　形成鎖死的必要條件

形成鎖死需要 4 個必要條件，分別為互斥條件、不可剝奪條件、請求與保持條件和循環等待條件。如果要形成鎖死，則必須存在這 4 個條件，缺一不可。

1. 互斥條件

互斥條件表示在一段時間內，某個或某些資源只能被一個執行緒佔有，此時如果有其他執行緒需要存取該資源，則只能等待。

2. 不可剝奪條件

不可剝奪條件表示執行緒所佔有的資源在使用完畢之前，不能被其他執行緒強行奪走，只能由獲取到資源的執行緒主動釋放。

3. 請求與保持條件

請求與保持條件表示當執行緒佔有了至少一個資源，又需要先佔新的資源，而需要先佔的資源已經被其他執行緒佔有時，需要先佔新資源的執行緒被阻塞，但是並不會釋放其已經佔有的資源。

4. 循環等待條件

循環等待條件表示發生鎖死時，必然存在一個執行緒與資源的循環等待鏈，鏈中的每一個執行緒請求的資源都被下一個執行緒佔有。例如，執行緒集合 {T0, T1, T2, … T*n*}，其中執行緒 T0 正在等待中的執行緒 T1 佔有的資源，執行緒 T1 正在等待中的執行緒 T2 佔有的資源，而執行緒 T*n* 正在等待中的執行緒 T0 佔有的資源，從邏輯上形成了循環等待的條件。

11.4 鎖死的預防

在並行程式設計中，一旦形成鎖死，一般並沒有太好的解決方案，通常需要重新啟動應用。因此，解決鎖死最好的方案就是預防鎖死。

鎖死的形成需要 4 個必要條件，所以，只要破壞這 4 個必要條件中的任意一個，就能夠防止鎖死的形成。

1. 破壞互斥條件

預防鎖死一般不會破壞互斥條件，因為在並行程式設計中使用鎖的目的就是實現執行緒之間的互斥。這一點需要特別注意。

2. 破壞不可剝奪條件

破壞不可剝奪條件的核心就是讓當前執行緒主動釋放佔有的資源，此時使用 JVM 內建的 synchronized 鎖是無法做到的，可以使用 JDK 的 java.util.concurrent 套件下的 Lock 鎖來解決。

例如，可以將轉帳的程式修改如下。

```
/**
 * @author binghe
 * @version 1.0.0
 * @description 使用Lock破壞不可剝奪條件
 */
public class LockTransferAccount {

    //帳戶餘額
    private long balance;
    //轉出帳戶的鎖
    private Lock thisLock = new ReentrantLock();
    //轉入帳戶的鎖
    private Lock targetAccountLock = new ReentrantLock();

    public void transferMoney(LockTransferAccount targetAccount, long
transferMoney){
        try{
            if (thisLock.tryLock()){
                try{
                    if (targetAccountLock.tryLock()){
                        if (this.balance >= transferMoney){
                            this.balance -= transferMoney;
                            targetAccount.balance += transferMoney;
                        }
                    }
                }finally {
                    targetAccountLock.unlock();
                }
```

```
            }
        }finally {
            thisLock.unlock();
        }
    }
}
```

在上述程式中，建立了一個表示轉出帳戶的鎖 thisLock，一個表示轉入帳戶的鎖 targetAccountLock，在 transferMoney() 方法中依次呼叫 thisLock 的 tryLock() 方法和 targetAccountLock 的 tryLock() 方法對資源進行加鎖，執行完轉帳操作後，再依次呼叫 targetAccountLock 的 unlock() 方法和 thisLock 的 unlock() 方法釋放鎖資源。

使用 Lock 的 tryLock() 方法加鎖，並在 finally{} 程式區塊中呼叫 Lock 的 unlock() 方法釋放鎖，能夠使執行緒在執行完臨界區的程式後，主動釋放鎖資源。

注意：在 Lock 介面中，存在兩個 tryLock() 方法，分別如下所示。

- tryLock() 方法
  tryLock() 方法返回一個 boolean 類型的值，表示嘗試對資源進行加鎖操作，加鎖成功則返回 true，加鎖失敗則返回 false。無論加鎖成功還是加鎖失敗都會立即返回結果，不會因加鎖失敗而阻塞等待。
- tryLock(long time, TimeUnit unit) 方法
  此方法與 tryLock() 方法類似，只不過此方法在加鎖失敗時會等待一定的時間，在等待的時間內，如果加鎖失敗，那麼仍然返回 false。如果立即加鎖成功或者在等待的時間內加鎖成功，就返回 true。

3. 破壞請求與保持條件

可以透過一次性申請所需要的所有資源來破壞請求與保持條件。如果執行緒在執行業務邏輯前，一次性申請了所需要的所有資源，在整個執行過程中就不會再請求新的資源，從而破壞了請求的條件。

例如，在轉帳操作中，可以一次性申請帳戶 X 和帳戶 Y 的資源，在兩個帳戶的資源都申請成功後，再執行轉帳操作。

為了實現一次性申請帳戶 X 和帳戶 Y 的資源，在轉帳操作的基礎上，還需要建立一個申請資源和釋放資源的類別 ResourcesRequester，ResourcesRequester 類別的程式如下。

```
/**
 * @author binghe
 * @version 1.0.0
 * @description 一次性申請和釋放資源
 */
public class ResourcesRequester {

    //儲存申請資源的集合
    private List<Object> resources = new ArrayList<Object>();

    //一次性申請所有的資源
    public synchronized boolean applyResources(Object source, Object
target){
        if (resources.contains(source) || resources.contains(target)){
            return false;
        }
        resources.add(source);
        resources.add(target);
        return true;
    }
```

```
    public synchronized void releaseResources(Object source, Object target)
{
        resources.remove(source);
        resources.remove(target);
    }
}
```

可以看到，ResourcesRequester 類別的程式其實很簡單，本質上，在申請資源時將所有的資源放入 List 集合中，在釋放資源時移除 List 集合中的資源。同時，為了達到在申請資源和釋放資源時執行緒安全的目的，applyResources() 方法和 releaseResources() 方法都增加了 synchronized 鎖。

此時需要將轉帳的程式修改如下。

```
/**
 * @author binghe
 * @version 1.0.0
 * @description 破壞請求與保持條件
 */
public class ResourcesTransferAccount {
    //帳戶餘額
    private long balance;
    private static ResourcesRequester requester;

    static {
        requester = new ResourcesRequester();
    }

    public void transferMoney(ResourcesTransferAccount targetAccount, long
transferMoney){
        //以迴圈的方式確保申請到所有的資源
        while (true){
```

```
            if (requester.applyResources(this, targetAccount)){
                break;
            }
        }
        try{
            synchronized (this){
                synchronized (targetAccount){
                    if (this.balance >= transferMoney){
                        this.balance -= transferMoney;
                        targetAccount.balance += transferMoney;
                    }
                }
            }
        }finally {
            requester.releaseResources(this, targetAccount);
        }
    }
}
```

在 ResourcesTransferAccount 類別的程式中，為了保證 ResourcesRequester 類別的物件是單例的，將 ResourcesRequester 類別的物件定義成靜態變數 requester，同時在靜態程式區塊中建立 ResourcesRequester 類別的物件並給予值給靜態變數 requester。

在 transferMoney() 方法中，為了確保申請到所有的帳戶資源，首先使用 while 迴圈的方式進行申請，當所有的帳戶資源都申請成功，退出迴圈本體。然後對轉出帳戶 this 和轉入帳戶 targetAccount 增加 synchronized 鎖，並執行轉帳操作。最後在 finally{} 程式區塊中釋放所有的帳戶資源。

ResourcesTransferAccount 類別能夠保證同一時刻只能有一個執行緒執行 try{}-finally{} 程式區塊中的程式，也破壞了請求與保持條件。

4. 破壞循環等待條件

可以透過按照一定的順序申請資源來破壞循環等待條件，從而有效地避免鎖死。

具體的實現過程也相對較簡單，就拿轉帳操作來說，最簡單的做法就是為每一個帳戶指定唯一的 long 類型的編號 no，在進行轉帳操作時，先根據 no 編號對帳戶進行排序，每次都先對編號小的帳戶加鎖，再對編號大的帳戶加鎖，確保按照編號從小到大的順序對帳戶進行加鎖操作，可以有效地破壞循環等待條件，例如，如下的轉帳程式。

```
/**
 * @author binghe
 * @version 1.0.0
 * @description 破壞循環等待條件
 */
public class SortedTransferAccount {

    private long no;
    //帳戶餘額
    private long balance;

    public void transferMoney(SortedTransferAccount targetAccount, long
transferMoney){
        SortedTransferAccount beforeLockAccount = this;
        SortedTransferAccount afterLockAccount = targetAccount;
        if (this.no > targetAccount.no){
            beforeLockAccount = targetAccount;
            afterLockAccount = this;
        }
        synchronized (beforeLockAccount){
            synchronized (afterLockAccount){
```

```
                if (this.balance >= transferMoney){
                    this.balance -= transferMoney;
                    targetAccount.balance += transferMoney;
                }
            }
        }
    }
}
```

可以看到，在 SortedTransferAccount 類別的 transferMoney() 方法中，首先將 this 物件給予值給 beforeLockAccount，將 targetAccount 物件給予值給 afterLockAccount。

接下來，判斷 this 物件中的 no 編號與 targetAccount 物件中的 no 編號的大小，如果 this 物件中的 no 編號大於 targetAccount 物件中的 no 編號，則將 targetAccount 物件給予值給 beforeLockAccount，將 this 物件給予值給 afterLockAccount，目的就是讓 beforeLockAccount 物件中的 no 編號小於 afterLockAccount 物件中的 no 編號。

隨後按順序對 beforeLockAccount 物件和 afterLockAccount 物件增加 synchronized 鎖。也就是說，每次在增加 synchronized 時，都是先對 no 編號小的帳戶物件加鎖，再對 no 編號大的物件加鎖，此時就破壞了循環等待的條件。

注意：在並行程式設計中，避免鎖死最簡單的方式就是破壞循環等待條件，為每個資源分別設定唯一編號，根據編號對資源進行排序，每次申請資源時都按照一定的順序加鎖可以有效地避免鎖死問題。

11.5 本章複習

本章主要對鎖死的核心原理進行了簡單的介紹，首先，介紹了鎖死的基本概念。然後，以典型的轉帳方法為例一步步分析了鎖死的產生場景。接下來，介紹了形成鎖死的 4 個必要條件。最後，同樣以轉帳的方法為例詳細分析了如何預防鎖死。

下一章將對鎖最佳化的實現方式進行簡單的介紹。

注意：本章相關的原始程式碼已經提交到 GitHub 和 Gitee，GitHub 和 Gitee 連結位址見 2.4 節結尾。

Chapter

12

鎖最佳化

在並行程式設計中，鎖能夠有效地保護臨界區的資源。但是，加鎖使得原本能夠並存執行的操作變得序列化，串列操作會降低系統的性能，CPU 對於執行緒的上下文切換也會降低系統的性能。因此，需要在並行程式設計中對使用的鎖進行一定的最佳化。本章對鎖最佳化的一些方案和技巧進行簡單的介紹。

本章相關的基礎知識如下。

- 縮小鎖的範圍。
- 減小鎖的細微性。
- 鎖分離。
- 鎖分段。
- 鎖粗化。
- 避免熱點區域。
- 獨佔鎖的替換方案。
- 其他最佳化方案。

12.1 縮小鎖的範圍

縮小鎖的範圍在一定程度上就是縮短持有鎖的時間。最簡單的做法就是將一些不會產生執行緒安全問題的程式移到同步程式區塊之外，尤其要注意的是不會產生執行緒安全問題的 I/O 操作等非常耗時的操作，或者有可能引起阻塞的操作，這些操作儘量放在同步程式區塊之外執行，這樣能夠有效提高程式執行的並行度，從而進一步提升系統的性能。

例如，最佳化前的程式如下。

```
private void callSafeMethod1(){

}

private void callSafeMethod2(){

}

private void callUsafeMethod(){

}

public synchronized void syncMethod(){
   callSafeMethod1();
   callUsafeMethod();
   callSafeMethod2();
}
```

在 syncMethod() 方法中，呼叫了三個方法，分別為 callSafeMethod1() 方法、callSafeMethod2() 方法和 callUsafeMethod() 方法。其中，callSafeMethod1() 方法和 callSafeMethod2() 方法是執行緒安全的，callUsafeMethod() 方法是執行緒不安全的。

syncMethod() 方法使用 synchronized 修飾，也就是說，執行緒在執行 syncMethod() 方法時，會對整個方法區塊增加 synchronized 鎖，即使 syncMethod() 方法中存在執行緒安全的程式片段，其他執行緒也只能等待當前執行緒執行完 syncMethod() 方法的所有邏輯並退出 syncMethod() 方法後才能執行 syncMethod() 方法區塊的邏輯。

換句話說，在執行 syncMethod() 方法區塊的邏輯時，整個方法區塊都是以序列化的方式來執行的。這在一定程度上降低了程式的並行度，從而降低了系統的執行性能。

此時，可以縮小 syncMethod() 方法中鎖的範圍，在 syncMethod() 方法區塊中，只對執行緒不安全的 callUsafeMethod() 方法片段加鎖，執行緒安全的 callSafeMethod1() 方法和 callSafeMethod2() 方法會被移到同步程式區塊之外，最佳化後的程式如下。

```
private void callSafeMethod1(){

}

private void callSafeMethod2(){

}

private void callUsafeMethod(){

}

public void syncMethod(){
   callSafeMethod1();
   synchronized (this){
      callUsafeMethod();
   }
```

```
    callSafeMethod2();
}
```

最佳化後的程式只對執行緒不安全的 callUsafeMethod() 方法片段加鎖，多個執行緒可以同時執行 syncMethod() 方法中的 callSafeMethod1() 方法，而不必等到當前執行緒完全退出 syncMethod() 方法後再執行 syncMethod() 方法的邏輯，提高了程式執行的並行度，進而提升了系統的性能。

12.2 減小鎖的細微性

減小鎖細微性在一定程度上就是縮小鎖定物件的範圍，將一個大物件拆分成多個小物件，對這些小物件進行加鎖，能夠提高程式的並行度，減少鎖的競爭。

如果在某個應用中只存在一個全域鎖，那麼執行緒會以序列化的方式執行被鎖定的同步程式區塊。此時，在並行環境下，很多執行緒會同時競爭這個全域鎖，程式的性能會急劇下降。如果將對這個全域鎖的請求分佈到更多的鎖上，就可以有效降低鎖的競爭程度，此時由於競爭鎖而造成阻塞的執行緒也會更少，從而提高系統的並行度，進一步提升系統的性能。

例如，最佳化前的程式如下。

```
private Set<String> userSet = new HashSet<>();
private Set<String> orderSet = new HashSet<>();

public synchronized void addUser(String user){
    userSet.add(user);
}
```

```
public synchronized void addOrder(String order){
   orderSet.add(order);
}
public synchronized void removeUser(String user){
   userSet.remove(user);
}
public synchronized void removeOrder(String order){
   orderSet.remove(order);
}
```

可以看到，上述程式中的每個方法都使用了 synchronized 關鍵字修飾，也就是說，對每個方法都增加了 synchronized 鎖，並且鎖物件是當前類別的物件 this。此時，多個執行緒執行同一個類別物件中的任意一個方法都會發生鎖競爭，影響程式的執行性能。

可以分別針對 userSet 集合與 orderSet 集合加鎖，這樣可以縮小鎖的細微性，提升程式的並行度，最佳化後的程式如下。

```
private Set<String> userSet = new HashSet<>();
private Set<String> orderSet = new HashSet<>();

public void addUser(String user){
   synchronized (userSet){
      userSet.add(user);
   }
}
public void addOrder(String order){
   synchronized (orderSet){
      orderSet.add(order);
   }
}
public void removeUser(String user){
   synchronized (userSet){
```

```
        userSet.remove(user);
    }
}
public void removeOrder(String order){
    synchronized (orderSet){
        orderSet.remove(order);
    }
}
```

上述最佳化後的程式在操作 userSet 集合時，就對 userSet 物件加鎖；在操作 orderSet 集合時，就對 orderSet 物件加鎖。這樣，當某個執行緒執行操作 userSet 集合的方法時，其他執行緒在同一時刻能夠執行操作 orderSet 集合的方法，提高了程式的並行度，進一步提升了系統的性能。

12.3 鎖分離

鎖分離技術最典型的應用就是 ReadWriteLock（讀/寫鎖），ReadWrite Lock 能夠將鎖分成讀取鎖與寫入鎖，其中讀讀不互斥、讀寫互斥、寫寫互斥，這樣既保證了執行緒安全，又能夠提升性能。

注意：關於讀/寫鎖的核心原理，讀者可參見第 9 章的相關內容，筆者不再贅述。

12.4 鎖分段

進一步減小鎖的細微性，對一組獨立物件上的鎖進行分解的現象叫作鎖分段。鎖分段最典型的應用就是 JDK 1.7 中的 ConcurrentHashMap。

在 ConcurrentHashMap 的實現中，使用了一個包含 16 個鎖的陣列，每個鎖保護 1/16 的資料段，其中第 *N* 個資料段交給第 *N*%16（*N* 對 16 取餘）個鎖保護。這樣，當多個執行緒存取不同資料段的資料時，執行緒間就不會發生鎖競爭，從而提高並行存取的效率。

同時，ConcurrentHashMap 將資料按照不同的資料段進行儲存，並為每一個資料段分配一把鎖，當某個執行緒佔有某個資料段的鎖存取資料時，其他資料段的鎖也能被其他執行緒先佔到，即其他資料段的資料也能被其他執行緒存取，提高了程式的並行度，從而提升了性能。

12.5 鎖粗化

在並行程式設計中，為了提升鎖的性能，通常會儘量縮小鎖的範圍並減小鎖的細微性，但是如果同一個執行緒不停地請求、同步和釋放同一個鎖，則會降低程式的執行性能。此時，可以嘗試擴大鎖的範圍，即對鎖進行粗化處理。

例如，最佳化前的程式如下。

```
private Object lock = new Object();

public void lockMethod(){
    synchronized (lock){
        //省略程式片段1
    }
    synchronized (lock){
        //省略程式片段2
    }
}
```

在上述程式中，同一個執行緒對同一個鎖多次進行請求、同步和釋放，也會消耗系統資源，降低程式的執行性能。此時，可以將鎖進行粗化處理，將需要同步的程式合併。最佳化後的程式如下。

```
private Object lock = new Object();

public void lockMethod(){
    synchronized (lock){
        //省略程式片段1
        //省略程式片段2
    }
}
```

當遇到程式在一個迴圈本體中不停獲得鎖的情況時，雖然 JVM 內部會對這種情況進行最佳化，但是最好還是手動最佳化一下程式。最佳化前的程式如下。

```
private Object lock = new Object();

public void lockForMethod(){
    for (int i = 0; i < 100; i++){
        synchronized (lock){
            //省略其他程式
        }
    }
}
```

最佳化後的程式如下。

```
private Object lock = new Object();

public void lockForMethod(){
    synchronized (lock){
```

```
        for (int i = 0; i < 100; i++){
            //省略其他程式
        }
    }
}
```

12.6 避免熱點區域問題

當程式中存在需要為某個集合更新某個計數器的操作時，例如，更新某個集合的 size 長度，最簡單的實現方式就是在每次呼叫集合操作時，都統計一遍集合中元素的數量。還有一種最佳化措施就是在向集合中插入元素，或者刪除集合中的元素時，更新某個計數器的值。

在這種情況下，這個計數器就會成為熱點區域，每當向集合中插入元素或者刪除集合中的元素時，都會存取這個計數器。

在 ConcurrentHashMap 中，巧妙地避免了 size 長度這個計數器的熱點區域問題。在 ConcurrentHashMap 中，每個資料段都會維護一個針對當前資料段的獨立 size 計數，這些 size 計數分別交由其所在資料段的鎖來維護。當統計 size 長度時，會遍歷每個資料段，並且累加每個資料段中的 size 計數，而非維護一個全域的 size 值。

12.7 獨佔鎖的替換方案

在並行程式設計中，通常可以使用一些性能更好的方案來代替獨佔鎖，例如，並行容器、讀 / 寫鎖、final 關鍵字修飾的不可變物件、原子變數、樂觀鎖、CAS 操作等。

注意：有關讀 / 寫鎖、樂觀鎖和 CAS 操作等的核心原理，讀者可參見本書的相關章節，筆者在此不再贅述。

12.8 其他最佳化方案

除了本章中列舉的鎖最佳化方案，編譯器等級還提供了鎖消除的方案進行鎖最佳化。在 JVM 內部，也提供了偏向鎖、輕量級鎖和自旋鎖等方案進行鎖最佳化。

注意：鎖消除、偏向鎖、輕量級鎖和自旋鎖的相關知識，讀者可以參見本書的相關章節，筆者在此不再贅述。

12.9 本章複習

本章主要對鎖的最佳化方案進行了簡單的介紹。首先介紹了如何縮小鎖的範圍和減小鎖的細微性。然後介紹了鎖分離、鎖分段和鎖粗化。接下來，介紹了如何避免熱點區域問題和獨佔鎖的替換方案。最後，簡單介紹了其他最佳化方案。

下一章將對執行緒池的核心原理進行簡單的介紹。

注意：本章相關的原始程式碼已經提交到 GitHub 和 Gitee，GitHub 和 Gitee 連結位址見 2.4 節結尾。

Chapter

13

執行緒池核心原理

使用執行緒池最大的好處就是能夠實現執行緒的重複使用，不必每次執行任務時都重新建立執行緒。同時，執行緒池能夠有效地控制最大並行執行緒數，防止無限制的建立執行緒導致系統當機或 OOM，提高系統資源的利用效率，同時能夠有效地避免過度的資源競爭。另外，執行緒池提供了定時執行、定期執行、並行數控制等功能，能夠對執行緒池的資源進行即時監控。本章對執行緒池的核心原理進行簡單的介紹。

本章相關的基礎知識如下。

- 執行緒池的核心狀態。
- 執行緒池的建立方式。
- 執行緒池執行任務的核心流程。
- 執行緒池的關閉方式。
- 如何確定最佳的執行緒數。

13.1 執行緒池的核心狀態

執行緒池在執行的過程中，會透過定義的一些常數來標注執行緒池的執行狀態，本節簡單介紹執行緒池在執行過程中的幾個核心狀態。

13.1.1 核心狀態說明

在執行緒池的核心類別 ThreadPoolExecutor 中，定義了幾個執行緒池在執行過程中的核心狀態。原始程式如下。

```
private static final int COUNT_BITS = Integer.SIZE - 3;
private static final int CAPACITY   = (1 << COUNT_BITS) - 1;

// runState is stored in the high-order bits
private static final int RUNNING    = -1 << COUNT_BITS;
private static final int SHUTDOWN   =  0 << COUNT_BITS;
private static final int STOP       =  1 << COUNT_BITS;
private static final int TIDYING    =  2 << COUNT_BITS;
private static final int TERMINATED =  3 << COUNT_BITS;
```

從原始程式中可以看出，執行緒池在執行的過程中涉及的核心狀態包括 RUNNING、SHUTDOWN、STOP、TIDYING、TERMINATED。各個狀態的具體含義如下。

- RUNNING：表示執行緒池處於執行狀態，此時執行緒池能夠接收新提交的任務，並且能夠處理阻塞佇列中的任務。
- SHUTDOWN：表示執行緒池處於關閉狀態，此時執行緒池不能接收新提交的任務，但是不會中斷正在執行任務的執行緒，能夠繼續執行正在執行的任務，也能夠處理阻塞佇列中已經儲存的任務。如果執行緒池處於 RUNNING 狀態，那麼呼叫執行緒池的 shutdown() 方法會使執行緒池進入 SHUTDOWN 狀態。

- STOP：表示執行緒池處於停止狀態，此時執行緒池不能接收新提交的任務，也不能繼續處理阻塞佇列中的任務，同時會中斷正在執行任務的執行緒，使得正在執行的任務被中斷。如果執行緒池處於 RUNNING 狀態或者 SHUTDOWN 狀態，那麼呼叫執行緒池的 shutdownNow() 方法會使執行緒池進入 STOP 狀態。
- TIDYING：如果執行緒池中所有的任務都已經終止，有效執行緒數為 0，執行緒池就會進入 TIDYING 狀態。換句話說，如果執行緒池中已經沒有正在執行的任務，並且執行緒池中的阻塞佇列為空，同時執行緒池中的工作執行緒數量為 0，執行緒池就會進入 TIDYING 狀態。
- TERMINATED：如果執行緒池處於 TIDYING 狀態，此時呼叫執行緒池的 terminated() 方法，執行緒池就會進入 TERMINATED 狀態。

13.1.2 核心狀態的流轉過程

執行緒池在執行的過程中，其內部維護的狀態變數的值不是一成不變的，而是會隨著某些事件的觸發而動態變化，執行緒池核心狀態的流轉過程如圖 13-1 所示。

由圖 13-1 所示，執行緒池由 RUNNING 狀態轉換成 TERMINATED 狀態需要經過如下流程。

（1）當執行緒池處於 RUNNING 狀態時，顯示呼叫執行緒池的 shutdown() 方法，或者隱式呼叫 finalize() 方法，執行緒池會由 RUNNING 狀態轉換為 SHUTDOWN 狀態。

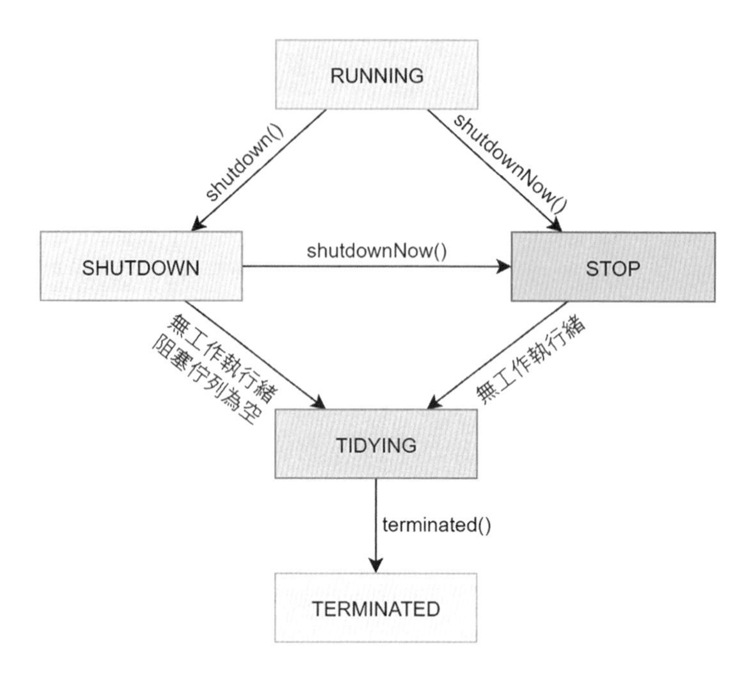

▲ 圖 13-1 執行緒池核心狀態的流轉過程

（2）當執行緒池處於 RUNNING 狀態時，顯示呼叫執行緒池的 shutdownNow() 方法，執行緒池會由 RUNNING 狀態轉換為 STOP 狀態。

（3）當執行緒池處於 SHUTDOWN 狀態時，顯示呼叫執行緒池的 shutdownNow() 方法，執行緒池會由 SHUTDOWN 狀態轉換為 STOP 狀態。

（4）當執行緒池處於 SHUTDOWN 狀態時，如果執行緒池中無工作執行緒，並且阻塞佇列為空，則執行緒池會由 SHUTDOWN 狀態轉換為 TIDYING 狀態。

（5）當執行緒池處於 STOP 狀態時，如果執行緒池中無工作執行緒，則執行緒池會由 STOP 狀態轉換為 TIDYING 狀態。

（6）當執行緒池處於 TIDYING 狀態時，呼叫執行緒池的 terminated() 方法，執行緒池會由 TIDYING 狀態轉換為 TERMINATED 狀態。

13.2 執行緒池的建立方式

Java 從 JDK 1.5 開始引入了執行緒池，執行緒池的出現極大地方便了開發人員對於執行緒的排程和管理。同時，在執行緒池的實現中，提供了多種執行緒池的建立方式，本節簡單介紹一下可以透過哪些方式建立執行緒池。

13.2.1 透過 Executors 類別建立執行緒池

Executors 類別是 JDK 中提供的一個建立執行緒池的工具類別，提供了多個建立執行緒池的方法，常用的建立執行緒池的方法如下。

1. Executors.newCachedThreadPool 方法

當呼叫 Executors.newCachedThreadPool 方法建立執行緒池時，表示建立一個可快取的執行緒池，如果執行緒池中的執行緒數量超過了執行任務的需要，則可以靈活地回收空閒執行緒。如果在向執行緒池提交新任務時，執行緒池中無空閒執行緒，則新建執行緒來執行任務。

使用 Executors.newCachedThreadPool 方法建立執行緒池的形式如下。

```
Executors.newCachedThreadPool();
```

注意：當呼叫 Executors.newCachedThreadPool 方法建立執行緒池執行任務時，如果同時需要處理大量的任務，則可能造成 CPU 使用率 100% 的問題。

2. Executors.newFixedThreadPool 方法

當呼叫 Executors.newFixedThreadPool 方法建立執行緒池時，表示建立一個固定長度的執行緒池，也就是執行緒池中的工作執行緒的數量是固定的，能夠有效地控制執行緒池的最大並行數。當向執行緒池中提交任務時，如果執行緒池中有空閒執行緒，則執行任務。如果執行緒池中無空閒執行緒，則將任務放入阻塞佇列中，待執行緒池中出現空閒執行緒，再執行阻塞佇列中的任務。

使用 Executors.newFixedThreadPool 方法建立執行緒池的形式如下。

```
Executors.newFixedThreadPool(3);
```

> **注意**：當呼叫 Executors.newFixedThreadPool 方法建立執行緒池執行任務時，執行緒池內部使用了 LinkedBlockingQueue 佇列，並且預設傳遞的佇列長度為 Integer.MAX_VALUE，所以當提交大量任務到執行緒池時，可能引起記憶體溢位。

3. Executors.newScheduledThreadPool 方法

當呼叫 Executors.newScheduledThreadPool 方法建立執行緒池時，表示建立一個可以週期性執行任務的執行緒池，能夠定時、週期性的執行任務。

使用 Executors.newScheduledThreadPool 方法建立執行緒池的形式如下。

```
Executors.newScheduledThreadPool(3);
```

4. Executors.newSingleThreadExecutor 方法

當呼叫 Executors.newSingleThreadExecutor 方法建立執行緒池時，表示建立只有一個工作執行緒的執行緒池，即執行緒池中只會有一個執行緒執行任務，能夠保證提交到執行緒池中的所有任務按照先進先出的順序，或者按照某個優先順序的順序來執行。當向執行緒池中提交任務時，如果執行緒池中無空閒執行緒，則會將任務儲存在阻塞佇列中。

使用 Executors.newSingleThreadExecutor 方法建立執行緒池的形式如下。

```
Executors.newSingleThreadExecutor();
```

注意：當呼叫 Executors.newSingleThreadExecutor 方法建立執行緒池執行任務時，執行緒池內部使用了 LinkedBlockingQueue 佇列，並且預設傳遞的佇列長度為 Integer.MAX_VALUE，所以如果提交到執行緒池的任務量較大，則可能引起記憶體溢位。

5. Executors.newSingleThreadScheduledExecutor 方法

當呼叫 Executors.newSingleThreadScheduledExecutor 方法建立執行緒池時，表示建立只有一個工作執行緒的執行緒池，並且執行緒池支援定時、週期性執行任務。

使用 Executors.newSingleThreadScheduledExecutor 方法建立執行緒池的形式如下。

```
Executors.newSingleThreadScheduledExecutor();
```

6. Executors.newWorkStealingPool 方法

當呼叫 Executors.newWorkStealingPool 方法建立執行緒池時，表示建立一個具有並行等級的執行緒池。此方法是 JDK 1.8 新增的方法，能夠為執行緒池設定並行等級，具有比透過 Executors 類別中的其他方法建立的執行緒池更高的並行度和性能。

使用 Executors.newWorkStealingPool 方法建立執行緒池的形式如下。

```
Executors.newWorkStealingPool();
Executors.newWorkStealingPool(Runtime.getRuntime().availableProcessors());
```

注意：在 Executors 類別中，除了 newWorkStealingPool 方法，呼叫任何方法建立執行緒池本質上呼叫的都是 ThreadPoolExecutor 類別的建構方法。

13.2.2 透過 ThreadPoolExecutor 類別建立執行緒池

既然 Executors 類別中提供的建立執行緒池的方法大部分呼叫的是 ThreadPoolExecutor 類別的建構方法，因此，可以直接呼叫 ThreadPool Executor 類別的建構方法來建立執行緒池，而不再使用 Executors 工具類別。這也是《阿里巴巴 Java 開發手冊》中推薦的建立執行緒池的方式。

透過查看 ThreadPoolExecutor 類別的原始程式可知，ThreadPoolExecutor 類別中提供的建構方法如下。

```
public ThreadPoolExecutor(int corePoolSize,
                          int maximumPoolSize,
                          long keepAliveTime,
                          TimeUnit unit,
                          BlockingQueue<Runnable> workQueue) {
   this(corePoolSize, maximumPoolSize, keepAliveTime, unit, workQueue,
       Executors.defaultThreadFactory(), defaultHandler);
}

public ThreadPoolExecutor(int corePoolSize,
                          int maximumPoolSize,
                          long keepAliveTime,
                          TimeUnit unit,
                          BlockingQueue<Runnable> workQueue,
                          ThreadFactory threadFactory) {
```

```
    this(corePoolSize, maximumPoolSize, keepAliveTime, unit, workQueue,
        threadFactory, defaultHandler);
}

public ThreadPoolExecutor(int corePoolSize,
                          int maximumPoolSize,
                          long keepAliveTime,
                          TimeUnit unit,
                          BlockingQueue<Runnable> workQueue,
                          RejectedExecutionHandler handler) {
    this(corePoolSize, maximumPoolSize, keepAliveTime, unit, workQueue,
        Executors.defaultThreadFactory(), handler);
}

public ThreadPoolExecutor(int corePoolSize,
                          int maximumPoolSize,
                          long keepAliveTime,
                          TimeUnit unit,
                          BlockingQueue<Runnable> workQueue,
                          ThreadFactory threadFactory,
                          RejectedExecutionHandler handler) {
    if (corePoolSize < 0 ||
       maximumPoolSize <= 0 ||
       maximumPoolSize < corePoolSize ||
       keepAliveTime < 0)
       throw new IllegalArgumentException();
    if (workQueue == null || threadFactory == null || handler == null)
       throw new NullPointerException();
    this.acc = System.getSecurityManager() == null ?
          null :
          AccessController.getContext();
    this.corePoolSize = corePoolSize;
    this.maximumPoolSize = maximumPoolSize;
```

```
        this.workQueue = workQueue;
        this.keepAliveTime = unit.toNanos(keepAliveTime);
        this.threadFactory = threadFactory;
        this.handler = handler;
    }
```

透過對 ThreadPoolExecutor 類別原始程式的分析可知，透過 ThreadPool Executor 類別建立執行緒池時最終呼叫的建構方法如下。

```
public ThreadPoolExecutor(int corePoolSize,
                          int maximumPoolSize,
                          long keepAliveTime,
                          TimeUnit unit,
                          BlockingQueue<Runnable> workQueue,
                          ThreadFactory threadFactory,
                          RejectedExecutionHandler handler) {
    if (corePoolSize < 0 ||
        maximumPoolSize <= 0 ||
        maximumPoolSize < corePoolSize ||
        keepAliveTime < 0)
        throw new IllegalArgumentException();
    if (workQueue == null || threadFactory == null || handler == null)
        throw new NullPointerException();
    this.acc = System.getSecurityManager() == null ?
            null :
            AccessController.getContext();
    this.corePoolSize = corePoolSize;
    this.maximumPoolSize = maximumPoolSize;
    this.workQueue = workQueue;
    this.keepAliveTime = unit.toNanos(keepAliveTime);
    this.threadFactory = threadFactory;
    this.handler = handler;
}
```

在呼叫上述建構方法時，需要傳遞 7 個參數，這 7 個參數的具體含義如下。

- corePoolSize：表示執行緒池中的核心執行緒數。
- maximumPoolSize：表示執行緒池中的最大執行緒數。
- keepAliveTime：在表示執行緒池中的執行緒空閒時，能夠保持的最長時間。換句話說，就是當執行緒池中的執行緒數量超過 corePoolSize 時，如果沒有新的任務被提交，核心執行緒外的執行緒就不會立即銷毀，而是需要等待 keepAliveTime 時間後才會終止。
- unit：表示 keepAliveTime 的時間單位。
- workQueue：表示執行緒池中的阻塞佇列，同於儲存等待執行的任務。
- threadFactory：表示用來建立執行緒的執行緒工廠。在建立執行緒池時，會提供一個預設的執行緒工廠，預設的執行緒工廠建立的執行緒會具有相同的優先順序，並且是設定了執行緒名稱的非守護執行緒。
- handler：表示執行緒池拒絕處理任務時的策略。如果執行緒池中的 workQueue 阻塞佇列滿了，同時，執行緒池中的執行緒數已達到 maximumPoolSize，並且沒有空閒的執行緒，此時繼續有任務提交到執行緒池，就需要採取某種策略來拒絕任務的執行。

其中，corePoolSize、maximumPoolSize 和 workQueue 3 個參數之間的關係如下。

（1）當執行緒池中執行的執行緒數小於 corePoolSize 時，如果向執行緒池中提交任務，那麼即使執行緒池中存在空閒執行緒，也會直接建立新執行緒來執行任務。

（2）如果執行緒池中執行的執行緒數大於 corePoolSize，並且小於 maximumPoolSize，那麼只有當 workQueue 佇列已滿時，才會建立新的執行緒來執行新提交的任務。

（3）在呼叫 ThreadPoolExecutor 類別的建構方法時，如果傳遞的 corePoolSize 和 maximumPoolSize 參數相同，那麼建立的執行緒池的大小是固定的。此時，如果向執行緒池中提交任務，並且 workQueue 佇列未滿，就會將新提交的任務儲存到 workQueue 佇列中，等待空閒的執行緒，從 workQueue 佇列中獲取任務並執行。

（4）如果執行緒池中執行的執行緒數大於 maximumPoolSize，並且此時 workQueue 佇列已滿，則會觸發指定的拒絕策略來拒絕任務的執行。

在透過 ThreadPoolExecutor 類別建立執行緒池時，可以使用如下形式。

```
new ThreadPoolExecutor(0, 10,
                       60L, TimeUnit.SECONDS,
                   new SynchronousQueue<Runnable>());
```

13.2.3 透過 ForkJoinPool 類別建立執行緒池

從 JDK 1.8 開始，Java 在 Executors 類別中增加了建立 work-stealing 執行緒池的方法，原始程式如下。

```
public static ExecutorService newWorkStealingPool(int parallelism) {
   return new ForkJoinPool
      (parallelism,
       ForkJoinPool.defaultForkJoinWorkerThreadFactory,
       null, true);
}
```

```
public static ExecutorService newWorkStealingPool() {
   return new ForkJoinPool
      (Runtime.getRuntime().availableProcessors(),
       ForkJoinPool.defaultForkJoinWorkerThreadFactory,
       null, true);
}
```

從原始程式可以看出，在呼叫 Executors. newWorkStealingPool 方法建立執行緒池時，本質上呼叫的是 ForkJoinPool 類別的建構方法，而從程式結構上來看，ForkJoinPool 類別繼承自 AbstractExecutorService 抽象類別。ForkJoinPool 類別的建構方法如下。

```
public ForkJoinPool() {
   this(Math.min(MAX_CAP, Runtime.getRuntime().availableProcessors()),
       defaultForkJoinWorkerThreadFactory, null, false);
}

public ForkJoinPool(int parallelism) {
   this(parallelism, defaultForkJoinWorkerThreadFactory, null, false);
}

public ForkJoinPool(int parallelism,
                ForkJoinWorkerThreadFactory factory,
                UncaughtExceptionHandler handler,
                boolean asyncMode) {
   this(checkParallelism(parallelism),
        checkFactory(factory),
        handler,
        asyncMode ? FIFO_QUEUE : LIFO_QUEUE,
        "ForkJoinPool-" + nextPoolId() + "-worker-");
   checkPermission();
}
```

```
private ForkJoinPool(int parallelism,
                     ForkJoinWorkerThreadFactory factory,
                     UncaughtExceptionHandler handler,
                     int mode,
                     String workerNamePrefix) {
    this.workerNamePrefix = workerNamePrefix;
    this.factory = factory;
    this.ueh = handler;
    this.config = (parallelism & SMASK) | mode;
    long np = (long)(-parallelism); // offset ctl counts
    this.ctl = ((np << AC_SHIFT) & AC_MASK) | ((np << TC_SHIFT) & TC_MASK);
}
```

透過 ForkJoinPool 類別的原始程式可知，在呼叫 ForkJoinPool 類別的建構方法時，最終呼叫的是如下私有建構方法。

```
private ForkJoinPool(int parallelism,
                     ForkJoinWorkerThreadFactory factory,
                     UncaughtExceptionHandler handler,
                     int mode,
                     String workerNamePrefix) {
    this.workerNamePrefix = workerNamePrefix;
    this.factory = factory;
    this.ueh = handler;
    this.config = (parallelism & SMASK) | mode;
    long np = (long)(-parallelism); // offset ctl counts
    this.ctl = ((np << AC_SHIFT) & AC_MASK) | ((np << TC_SHIFT) & TC_MASK);
}
```

其中，各參數的具體含義如下。

- parallelism：表示執行緒池的並行等級。
- factory：表示建立執行緒池中執行緒的工廠類別物件。

- handler：表示當執行緒池中的執行緒拋出未捕捉的異常時，會統一交由 UncaughtExceptionHandler 類別的物件來處理。
- mode：mode 的取值為 FIFO_QUEUE 和 LIFO_QUEUE。
- workerNamePrefix：表示執行緒池中執行任務的執行緒的首碼。

在透過 ForkJoinPool 類別的建構方法建立執行緒池時，可以使用如下形式。

```
new ForkJoinPool();
new ForkJoinPool(Runtime.getRuntime().availableProcessors());
new ForkJoinPool(Runtime.getRuntime().availableProcessors(),
                 ForkJoinPool.defaultForkJoinWorkerThreadFactory,
                 new UncaughtExceptionHandler(){
               @Override
               public void uncaughtException(Thread t, Throwable e){
                  //處理異常
               }
             },
             true);
```

13.2.4 透過 ScheduledThreadPoolExecutor 類別建立執行緒池

在 Executors 類別中，提供了建立定時任務類別執行緒池的方法，原始程式如下。

```
public static ScheduledExecutorService newSingleThreadScheduledExecutor() {
   return new DelegatedScheduledExecutorService
      (new ScheduledThreadPoolExecutor(1));
}
```

```
public static ScheduledExecutorService newSingleThreadScheduledExecutor(Thr
eadFactory threadFactory) {
   return new DelegatedScheduledExecutorService
      (new ScheduledThreadPoolExecutor(1, threadFactory));
}

public static ScheduledExecutorService newScheduledThreadPool(int
corePoolSize) {
   return new ScheduledThreadPoolExecutor(corePoolSize);
}

public static ScheduledExecutorService newScheduledThreadPool(
      int corePoolSize, ThreadFactory threadFactory) {
   return new ScheduledThreadPoolExecutor(corePoolSize, threadFactory);
}
```

透過上述原始程式可以看出，在透過 Executors 類別建立定時任務類別的執行緒池時，本質上呼叫了 ScheduledThreadPoolExecutor 類別的建構方法，在 ScheduledThreadPoolExecutor 類別中，提供的建構方法如下。

```
public ScheduledThreadPoolExecutor(int corePoolSize) {
   super(corePoolSize, Integer.MAX_VALUE, 0, NANOSECONDS,
        new DelayedWorkQueue());
}

public ScheduledThreadPoolExecutor(int corePoolSize,
                          ThreadFactory threadFactory) {
   super(corePoolSize, Integer.MAX_VALUE, 0, NANOSECONDS,
        new DelayedWorkQueue(), threadFactory);
}

public ScheduledThreadPoolExecutor(int corePoolSize,
                          RejectedExecutionHandler handler) {
```

```
    super(corePoolSize, Integer.MAX_VALUE, 0, NANOSECONDS,
          new DelayedWorkQueue(), handler);
}

public ScheduledThreadPoolExecutor(int corePoolSize,
                                   ThreadFactory threadFactory,
                                   RejectedExecutionHandler handler) {
    super(corePoolSize, Integer.MAX_VALUE, 0, NANOSECONDS,
          new DelayedWorkQueue(), threadFactory, handler);
}
```

而 ScheduledThreadPoolExecutor 類別繼承了 ThreadPoolExecutor 類別，本質上 ScheduledThreadPoolExecutor 類別的建構方法還是呼叫了 ThreadPoolExecutor 類別的建構方法。只不過在 ScheduledThreadPoolExecutor 類別的建構方法中，當呼叫 ThreadPoolExecutor 類別的建構方法時，傳遞的佇列為 DelayedWorkQueue。

在透過 ScheduledThreadPoolExecutor 的建構方法建立執行緒池時，可以使用如下形式。

```
new ScheduledThreadPoolExecutor(3);
```

13.3 執行緒池執行任務的核心流程

執行緒池會根據具體情況以某種流程執行當前任務，本節簡單介紹執行緒池執行任務的核心流程。

13.3.1 執行任務的流程

ThreadPoolExecutor 是 Java 執行緒池中最核心的類別之一，它能夠保證執行緒池按照正常的業務邏輯執行任務，並透過原子方式更新執行緒池每個階段的狀態。

ThreadPoolExecutor 類別中存在一個 workers 工作執行緒集合，使用者可以向執行緒池中增加需要執行的任務，workers 集合中的工作執行緒可以直接執行任務，或者從任務佇列中獲取任務後執行。ThreadPoolExecutor 類別中提供了執行緒池從建立到執行任務，再到消毀的整個流程方法。

執行緒池執行任務的核心流程可以簡化為圖 13-2。

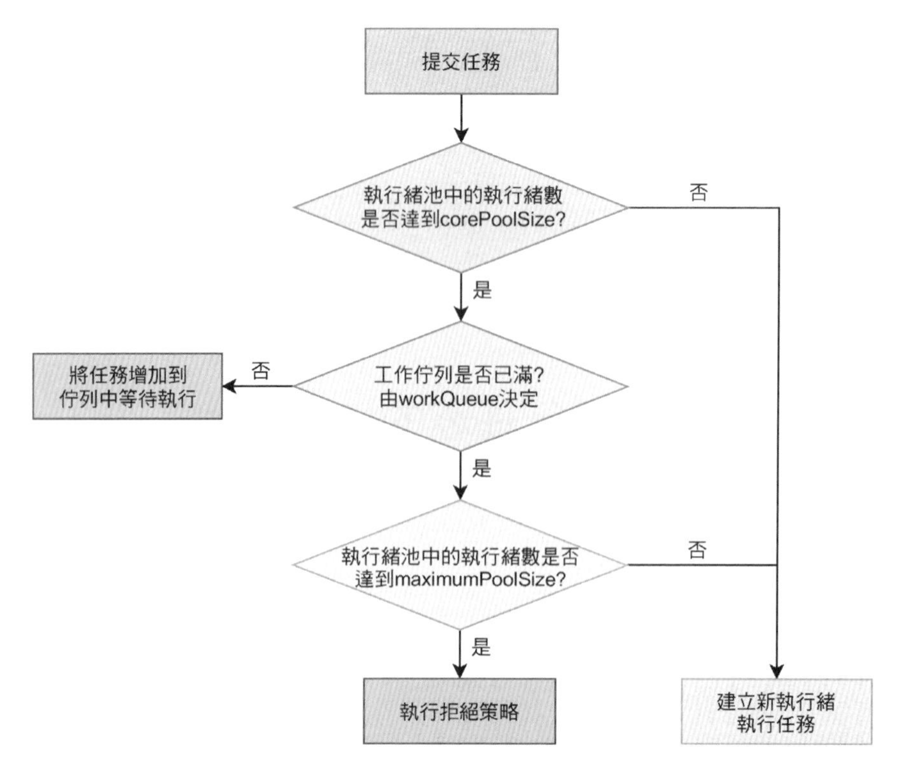

▲ 圖 13-2 執行緒池執行任務的核心流程

由圖 13-2 可以看出，當向執行緒池提交任務時，執行緒池執行任務的流程如下。

（1） 判斷執行緒池中的執行緒數是否達到 corePoolSize，如果執行緒池中的執行緒數未達到 corePoolSize，則直接建立新執行緒執行任務。否則，進入步驟（2）。
（2） 判斷執行緒池中的工作隊列是否已滿，如果執行緒池中的工作隊列未滿，則將任務增加到佇列中等待執行。否則，進入步驟（3）。
（3） 判斷執行緒池中的執行緒數是否達到 maximumPoolSize，如果執行緒池中的執行緒數未達到 maximumPoolSize，則直接建立新執行緒執行任務。否則，進入步驟（4）。
（4） 執行拒絕策略。

13.3.2 拒絕策略

如果執行緒池中的 workQueue 阻塞佇列已滿，同時，執行緒池中的執行緒數已達到 maximumPoolSize，並且沒有空閒的執行緒，此時繼續有任務提交到執行緒池，就需要採取某種策略來拒絕任務的執行。

在 ThreadPoolExecutor 類別的 execute() 方法中，會在適當的時候呼叫 reject(command) 方法來執行拒絕策略。在 ThreadPoolExecutor 類別中，reject(command) 方法的實現如下。

```
final void reject(Runnable command) {
    handler.rejectedExecution(command, this);
}
```

在 reject(command) 方法中呼叫了 handler 的 rejectedExecution() 方法。這裡，在 ThreadPoolExecutor 類別中宣告了 handler 變數，如下所示。

```
private volatile RejectedExecutionHandler handler;
```

接下來，查看 RejectedExecutionHandler 的原始程式，如下所示。

```
public interface RejectedExecutionHandler {
   void rejectedExecution(Runnable r, ThreadPoolExecutor executor);
}
```

可以看到 RejectedExecutionHandler 是一個介面，其中定義了一個 rejectedExecution() 方法。在 JDK 中，預設有 4 個類別實現了 RejectedExecutionHandler 介面，分別為 AbortPolicy、CallerRunsPolicy、DiscardOldestPolicy 和 DiscardPolicy。這 4 個類別也正是執行緒池中預設提供的 4 種拒絕策略的實現類別。

至於 reject(Runnable) 方法具體會執行哪個類別的拒絕策略，是根據建立執行緒池時傳遞的參數決定的。如果沒有傳遞拒絕策略的參數，則預設執行 AbortPolicy 類別的拒絕策略；否則會執行傳遞的類別的拒絕策略。

在建立執行緒池時，除了能夠傳遞 JDK 預設提供的拒絕策略，還可以傳遞自訂的拒絕策略。如果想使用自訂的拒絕策略，則只需要實現 RejectedExecutionHandler 介面，並重寫 rejectedExecution(Runnable, ThreadPoolExecutor) 方法。例如如下程式。

```
public class MyPolicy implements RejectedExecutionHandler {
   @Override
   public void rejectedExecution(Runnable r, ThreadPoolExecutor e) {
      if (!e.isShutdown()) {
         r.run();
      }
   }
}
```

完成自訂拒絕策略後，使用如下方式建立執行緒池。

```
new ThreadPoolExecutor(0, 100,
                       60L, TimeUnit.SECONDS,
                       new SynchronousQueue<Runnable>(),
                       Executors.defaultThreadFactory(),
                       new MyPolicy());
```

13.4 執行緒池的關閉方式

ThreadPoolExecutor 類別中提供了兩種關閉執行緒池的方式，一種是透過 shutdown() 方法來關閉執行緒池，另一種是透過 shutdownNow() 方法來關閉執行緒池。

13.4.1 shutdown() 方法

在呼叫 shutdown() 方法關閉執行緒池時，執行緒池不能接收新提交的任務，但是不會中斷正在執行任務的執行緒，同時能夠處理阻塞佇列中已經儲存的任務。待執行緒池中的任務全部執行完畢，執行緒池才會關閉。

13.4.2 shutdownNow() 方法

在呼叫 shutdownNow() 方法關閉執行緒池時，執行緒池不能接收新提交的任務，也不能繼續處理阻塞佇列中的任務，同時，還會中斷正在執行任務的執行緒，使得正在執行的任務被中斷，執行緒池立即關閉並拋出異常。

13.5 如何確定最佳執行緒數

為執行緒池分配的最佳執行緒數其實是根據多執行緒的具體應用場景來確定的。在一般情況下，可以將程式分為 CPU 密集型和 I/O 密集型，而對於這兩種密集型程式來說，計算最佳執行緒數的方法是不同的。

13.5.1 CPU 密集型程式

對於 CPU 密集型程式來說，多執行緒重在盡可能多地利用 CPU 的資源來處理任務，所以在理論上，「執行緒數 =CPU 核心數」是最合適的。但是在實際工作中，一般會將執行緒數設定為「CPU 核心數 +1」，這是為了防止出現意外情況導致執行緒阻塞。如果某個執行緒因意外情況阻塞，那麼多出來的執行緒會繼續執行任務，從而保證 CPU 的利用效率。

因此，在 CPU 密集型的程式中，一般可以將執行緒數設定為 CPU 核心數 +1。

13.5.2 I/O 密集型程式

對於 I/O 密集型程式來說，如果在某個執行緒執行 I/O 操作時，另外的執行緒恰好執行完 CPU 計算任務，那麼此時 CPU 的利用效率最佳。所以，在 I/O 密集型程式中，理論上最佳的執行緒數與程式中 I/O 操作的耗時和 CPU 計算的耗時的比值相關。

在單核心 CPU 下，理論上的最佳執行緒數 = 1 + (I/O 操作的耗時 / CPU 計算的耗時)。

在多核心 CPU 下，理論上的最佳執行緒數 = CPU 核心數 ×(1 + I/O 操作的耗時 / CPU 計算的耗時) 。

注意：透過上述方式計算出的執行緒數只是理論上的最佳執行緒數，在實際工作中，還是需要對系統不斷地進行壓測，並根據壓測的結果確定最佳的執行緒數。

13.6 本章複習

本章主要介紹了執行緒池的核心原理。首先，介紹了執行緒池的核心狀態。然後，結合原始程式介紹了建立執行緒池的方式。接下來，介紹了執行緒池執行任務的核心流程和執行緒池的關閉方式。最後，分別介紹了在 CPU 密集型程式和 I/O 密集型程式中如何確定最佳執行緒數。

下一章將對 ThreadLocal 的核心原理進行簡單的介紹。

Chapter

14

ThreadLocal 核心原理

在並行程式設計中，除了可以使用鎖機制來保證執行緒安全，JDK 中還提供了 ThreadLocal 類別來保證多個執行緒能夠安全存取共享變數。本章簡單介紹 ThreadLocal 的核心原理。

本章相關的基礎知識如下。

- ThreadLocal 的基本概念。
- ThreadLocal 的使用案例。
- ThreadLocal 的核心原理。
- ThreadLocal 變數的不繼承性。
- InheritableThreadLocal 的使用案例。
- InheritableThreadLocal 的核心原理。

14.1 ThreadLocal 的基本概念

在並行程式設計中，多個執行緒同時存取同一個共享變數，可能出現執行緒安全的問題。為了保證在多執行緒環境下存取共享變數的安全性，通常會在存取共享變數的時候加鎖，以實現執行緒同步的效果。

使用同步鎖機制保證多執行緒存取共享變數的安全性的原理如圖 14-1 所示。該機制能夠保證同一時刻只有一個執行緒存取共享變數，從而確保在多執行緒環境下存取共享變數的安全性。

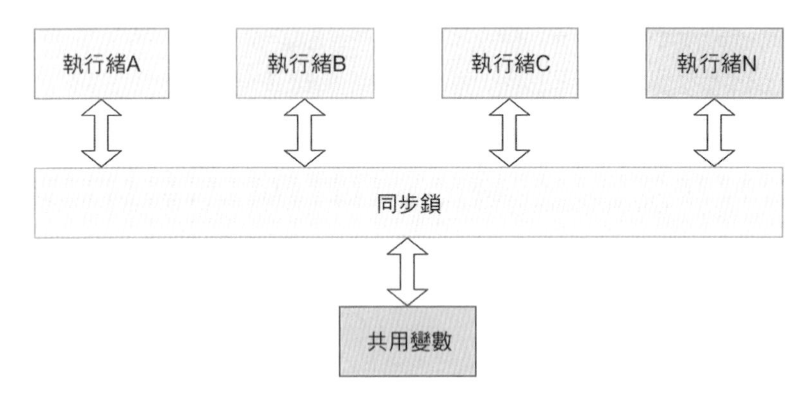

▲ 圖 14-1　使用同步鎖機制保證多執行緒存取共享變數的安全性

另外，為了更加靈活地確保執行緒的安全性，JDK 中提供了一個 ThreadLocal 類別，ThreadLocal 類別能夠支援本地變數。在使用 ThreadLocal 類別存取共享變數時，會在每個執行緒的本地記憶體中都儲存一份這個共享變數的副本。在多個執行緒同時對這個共享變數進行讀寫入操作時，實際上操作的是本地記憶體中的變數副本，多個執行緒之間互不干擾，從而避免了執行緒安全的問題。使用 ThreadLocal 存取共享變數的示意圖如圖 14-2 所示。

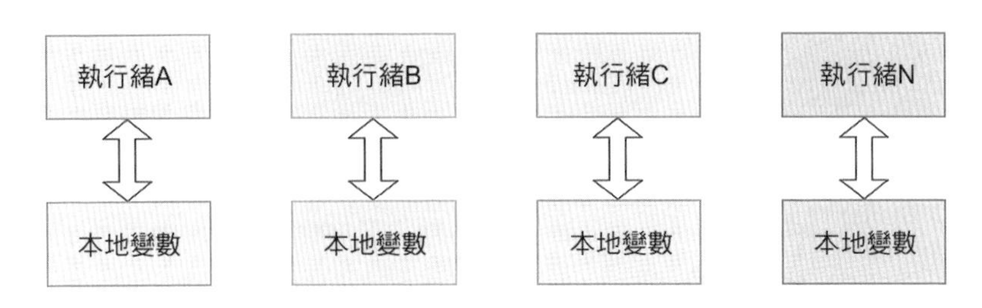

▲ 圖 14-2 使用 ThreadLocal 存取共享變數的示意圖

14.2 ThreadLocal 的使用案例

本節主要實現兩個透過 ThreadLocal 操作執行緒本地變數的案例，以此加深讀者對 ThreadLocal 的理解。

案例一的主要實現邏輯：在案例程式中分別建立名稱為 Thread-A 和 Thread-B 的兩個執行緒，在 Thread-A 執行緒和 Thread-B 執行緒的 run() 方法中透過 ThreadLocal 儲存本地變數，隨後列印 Thread-A 執行緒和 Thread-B 執行緒中儲存的本地變數。最後，啟動 Thread-A 執行緒和 Thread-B 執行緒。

案例一的核心程式如下。

```
/**
 * @author binghe
 * @version 1.0.0
 * @description ThreadLocal案例程式
 */
public class ThreadLocalTest {

    private static final ThreadLocal<String> THREAD_LOCAL = new
ThreadLocal<String>();
```

```
    public static void main(String[] args){
        Thread threadA = new Thread(()->{
            THREAD_LOCAL.set("ThreadA: " + Thread.currentThread().
getName());
            System.out.println(Thread.currentThread().getName() + "本地變數
中的值為: " + THREAD_LOCAL.get());
        }, "Thread-A");

        Thread threadB = new Thread(()->{
            THREAD_LOCAL.set("ThreadB: " + Thread.currentThread().
getName());
            System.out.println(Thread.currentThread().getName() + "本地變數
中的值為: " + THREAD_LOCAL.get());
        }, "Thread-B");

        threadA.start();
        threadB.start();
    }
}
```

執行上述程式，輸出結果如下。

```
Thread-A本地變數中的值為: ThreadA: Thread-A
Thread-B本地變數中的值為: ThreadB: Thread-B
```

從輸出結果可以看出，Thread-A 執行緒和 Thread-B 執行緒透過 ThreadLocal 儲存了本地變數，並正確列印出結果。

案例二的主要實現邏輯：在案例一的基礎上為 Thread-B 執行緒增加刪除 ThreadLocal 中儲存的本地變數的操作，隨後列印結果來證明刪除 Thread-B 執行緒中的本地變數不會影響 Thread-A 執行緒中的本地變數。

案例二的核心程式如下。

```
/**
 * @author binghe
 * @version 1.0.0
 * @description ThreadLocal案例程式
 */
public class ThreadLocalTest {

    private static final ThreadLocal<String> THREAD_LOCAL = new
ThreadLocal<String>();

    public static void main(String[] args){
        Thread threadA = new Thread(()->{
            THREAD_LOCAL.set("ThreadA: " + Thread.currentThread().getName());
            System.out.println(Thread.currentThread().getName() + "本地變數
中的值為: " + THREAD_LOCAL.get());
            System.out.println(Thread.currentThread().getName() + "未刪除本
地變數，本地變數中的值為: " + THREAD_LOCAL.get());
        }, "Thread-A");

        Thread threadB = new Thread(()->{
            THREAD_LOCAL.set("ThreadB: " + Thread.currentThread().getName());
            System.out.println(Thread.currentThread().getName() + "本地變數
中的值為: " + THREAD_LOCAL.get());
            THREAD_LOCAL.remove();
            System.out.println(Thread.currentThread().getName() + "刪除本地
變數後，本地變數中的值為: " + THREAD_LOCAL.get());
        }, "Thread-B");

        threadA.start();
        threadB.start();
    }
}
```

執行上述程式，輸出結果如下。

```
Thread-A本地變數中的值為: ThreadA: Thread-A
Thread-A未刪除本地變數，本地變數中的值為: ThreadA: Thread-A
Thread-B本地變數中的值為: ThreadB: Thread-B
Thread-B刪除本地變數後，本地變數中的值為: null
```

從輸出結果可以看出，刪除 Thread-B 執行緒中的本地變數後，Thread-B 執行緒中儲存的本地變數的值為 null。同時，刪除 Thread-B 執行緒中的本地變數後，不會影響 Thread-A 執行緒中儲存的本地變數。

結論：Thread-A 執行緒和 Thread-B 執行緒儲存在 ThreadLocal 中的變數互不干擾，Thread-A 執行緒中儲存的本地變數只能由 Thread-A 執行緒存取，Thread-B 執行緒中儲存的本地變數只能由 Thread-B 執行緒存取。

14.3 ThreadLocal 的核心原理

ThreadLocal 能夠保證每個執行緒操作的都是本地記憶體中的變數副本。在底層實現上，呼叫 ThreadLocal 的 set() 方法會將本地變數儲存在具體執行緒的記憶體空間中，而 ThreadLocal 並不負責儲存具體的資料。

14.3.1 Thread 類別原始程式

在 Thread 類別的原始程式中，定義了兩個 ThreadLocal.ThreadLocalMap 類型的成員變數，分別為 threadLocals 和 inheritableThreadLocals，原始程式如下。

```
public class Thread implements Runnable {
    /***********省略N行程式*************/
    ThreadLocal.ThreadLocalMap threadLocals = null;
    ThreadLocal.ThreadLocalMap inheritableThreadLocals = null;
     /***********省略N行程式*************/
}
```

在 Thread 類別中定義成員變數 threadLocals 和 inheritableThreadLocals，二者的初值都為 null，並且只有當執行緒第一次呼叫 ThreadLocal 或者 InheritableThreadLocal 的 set() 方法或者 get() 方法時才會實例化變數。

上述程式也說明，透過 ThreadLocal 為每個執行緒儲存的本地變數不是儲存在 ThreadLocal 實例中的，而是儲存在呼叫執行緒的 threadLocals 變數中的。也就是說，呼叫 ThreadLocal 的 set() 方法儲存的本地變數在具體執行緒的記憶體空間中，而 ThreadLocal 類別只是提供了 set() 和 get() 方法來儲存和讀取本地變數的值，當呼叫 ThreadLocal 類別的 set() 方法時，把要儲存的值儲存在呼叫執行緒的 threadLocals 變數中，當呼叫 ThreadLocal 類別的 get() 方法時，從當前執行緒的 threadLocals 變數中獲取儲存的值。

14.3.2 set() 方法

ThreadLocal 類別中 set() 方法的原始程式如下。

```
public void set(T value) {
    //獲取當前執行緒
    Thread t = Thread.currentThread();
    //以當前執行緒為key，獲取ThreadLocalMap物件
    ThreadLocalMap map = getMap(t);
    //獲取的ThreadLocalMap物件不為空
    if (map != null)
        //設定value的值
        map.set(this, value);
    else
        //獲取的ThreadLocalMap物件為空，實例化Thread類別中的threadLocals變數
        createMap(t, value);
}
```

從 ThreadLocal 類別中的 set() 方法的原始程式可以看出，在 set() 方法中，會先獲取呼叫 set() 方法的執行緒，然後使用當前執行緒物件作為 key 呼叫 getMap(t) 方法獲取 ThreadLocalMap 物件，其中，getMap(Thread t) 方法的原始程式如下。

```
ThreadLocalMap getMap(Thread t) {
    return t.threadLocals;
}
```

透過 getMap(Thread t) 方法的原始程式可以看出，呼叫 getMap(Thread t) 方法獲取的就是當前執行緒中定義的 threadLocals 成員變數。

再次回到 ThreadLocal 的 set() 方法中，呼叫 getMap(Thread t) 方法並將結果值設定給 ThreadLocalMap 類型的變數 map，判斷 map 的值是否為空，也就是判斷呼叫 getMap(Thread t) 方法返回的當前執行緒的 threadLocals 成員變數是否為空。

如果當前執行緒的 threadLocals 成員變數不為空，則把 value 設定到 Thread 類別的 threadLocals 成員變數中。此時，儲存資料時傳遞的 key 為當前 ThreadLocal 的 this 物件，而傳遞的 value 為呼叫 set() 方法傳遞的值。

如果當前執行緒的 threadLocals 成員變數為空，則呼叫 createMap(t, value) 方法來實例化當前執行緒的 threadLocals 成員變數，並儲存 value 值。createMap(t, value) 原始程式如下。

```
void createMap(Thread t, T firstvalue) {
   t.threadLocals = new ThreadLocalMap(this, firstvalue);
}
```

至此，ThreadLocal 類別中的 set() 方法分析完畢。

14.3.3 get() 方法

ThreadLocal 類別中 get() 方法的原始程式如下。

```
public T get() {
    //獲取當前執行緒
    Thread t = Thread.currentThread();
    //獲取當前執行緒的threadLocals成員變數
    ThreadLocalMap map = getMap(t);
    //獲取的threadLocals成員變數不為空
    if (map != null) {
        //返回本地變數對應的值
        ThreadLocalMap.Entry e = map.getEntry(this);
        if (e != null) {
            @SuppressWarnings("unchecked")
            T result = (T)e.value;
            return result;
        }
    }
    //初始化threadLocals成員變數的值
    return setInitialvalue();
}
```

透過 ThreadLocal 類別中 get() 方法的原始程式可以看出，get() 方法會透過呼叫 getMap(Thread t) 方法並傳入當前執行緒來獲取 threadLocals 成員變數，隨後判斷當前執行緒的 threadLocals 成員變數是否為空。

如果 threadLocals 成員變數不為空，則直接返回當前執行緒 threadLocals 成員變數中儲存的本地變數的值。

如果 threadLocals 成員變數為空，則呼叫 setInitialvalue() 方法來初始化 threadLocals 成員變數的值。

setInitialvalue() 方法的原始程式如下。

```
private T setInitialvalue() {
    //呼叫初始化value的方法
    T value = initialvalue();
    Thread t = Thread.currentThread();
    //以當前執行緒為key獲取threadLocals成員變數
    ThreadLocalMap map = getMap(t);
    if (map != null)
        //threadLocals不為空，則設定value值
        map.set(this, value);
    else
        //threadLocals為空,則實例化threadLocals成員變數
        createMap(t, value);
    return value;
}
```

setInitialvalue() 方法與 set() 方法的主體邏輯大致相同，只不過 setInitialvalue() 方法會先呼叫 initialvalue() 方法來初始化 value 的值，同時，在方法的最後會返回 value 的值。

initialvalue() 方法的原始程式如下。

```
protected T initialvalue() {
   return null;
}
```

可以看到，ThreadLocal 類別的 initialvalue() 方法會直接返回 null，方法的具體邏輯會交由 ThreadLocal 類別的子類別實現。

至此，ThreadLocal 類別中的 get() 方法分析完畢。

14.3.4 remove() 方法

ThreadLocal 類別中 remove() 方法的原始程式如下。

```
public void remove() {
    //呼叫getMap()方法並傳入當前執行緒物件獲取threadLocals成員變數
    ThreadLocalMap m = getMap(Thread.currentThread());
    if (m != null)
        //threadLocals成員變數不為空，則移除value值
        m.remove(this);
}
```

remove() 方法的實現相對較簡單，根據呼叫的 getMap() 方法獲取當前執行緒的 threadLocals 成員變數，如果當前執行緒的 threadLocals 成員變數不為空，則直接從當前執行緒的 threadLocals 成員變數中移除當前 ThreadLocal 物件對應的 value 值。

注意：如果呼叫執行緒一直不退出，本地變數就會一直儲存在呼叫執行緒的 threadLocals 成員變數中，所以，如果不再需要使用本地變數，那麼可以透過呼叫 ThreadLocal 的 remove() 方法，將本地變數從當前執行緒的 threadLocals 成員變數中刪除，以避免出現記憶體溢位的問題。

至此，ThreadLocal 類別中的 remove() 方法分析完畢。

14.4 ThreadLocal 變數的不繼承性

在使用 ThreadLocal 儲存本地變數時，主執行緒與子執行緒之間不具有繼承性。在主執行緒中使用 ThreadLocal 物件儲存本地變數後，無法透過同一個 ThreadLocal 物件獲取到在主執行緒中儲存的值。

例如，下面的程式在主執行緒中使用 ThreadLocal 物件儲存了本地變數的值，但是在子執行緒中使用同一個 ThreadLocal 物件獲取到的值為空。

```
/**
 * @author binghe
 * @version 1.0.0
 * @description 測試ThreadLocal的繼承性
 */
public class ThreadLocalInheritTest {

    private static final ThreadLocal<String> THREAD_LOCAL = new 
ThreadLocal<String>();

    public static void main(String[] args){
        //在主執行緒中透過THREAD_LOCAL儲存值
        THREAD_LOCAL.set("binghe");

        //在子執行緒中透過THREAD_LOCAL獲取在主執行緒中儲存的值
        new Thread(()->{
            System.out.println("在子執行緒中獲取到的本地變數的值為: " + 
THREAD_LOCAL.get());
        } ).start();

        //在主執行緒中透過THREAD_LOCAL獲取在主執行緒中儲存的值
        System.out.println("在主執行緒中獲取到的本地變數的值為: " + THREAD_
LOCAL.get());
    }
}
```

首先，在 ThreadLocalInheritTest 類別中定義了一個 ThreadLocal 類型的常數 THREAD_LOCAL。然後在 main() 方法中，使用 THREAD_LOCAL 儲存了一個字串類型的本地變數，值為 binghe。接下來，在子執行緒中列印透過 THREAD_LOCAL 獲取到的本地變數的值，最後，在 main() 方法中透過 THREAD_LOCAL 獲取本地變數的值。

執行 ThreadLocalInheritTest 類別的程式，輸出的結果如下。

```
在主執行緒中獲取到的本地變數的值為: binghe
在子執行緒中獲取到的本地變數的值為: null
```

透過輸出結果可以看出，在主執行緒中透過 ThreadLocal 物件儲存值後，在子執行緒中透過相同的 ThreadLocal 物件是無法獲取到這個值的。

如果需要在子執行緒中獲取到在主執行緒中儲存的值，則可以使用 InheritableThreadLocal 物件。

14.5 InheritableThreadLocal 的使用案例

InheritableThreadLocal 類別在結構上繼承自 ThreadLocal 類別。所以，InheritableThreadLocal 類別的使用方式與 ThreadLocal 相同。這裡，可以將 14.4 節程式中的 ThreadLocal 修改為 InheritableThreadLocal，修改後的程式如下。

```
/**
 * @author binghe
 * @version 1.0.0
 * @description 測試InheritableThreadLocal的繼承性
 */
public class InheritableThreadLocalTest {

    //將建立的ThreadLocal物件修改為InheritableThreadLocal物件
private static final ThreadLocal<String> THREAD_LOCAL =
new InheritableThreadLocal<String>();
```

```
    public static void main(String[] args){
        //在主執行緒中透過THREAD_LOCAL儲存值
        THREAD_LOCAL.set("binghe");

        //在子執行緒中透過THREAD_LOCAL獲取在主執行緒中儲存的值
        new Thread(()->{
            System.out.println("在子執行緒中獲取到的本地變數的值為: " +
THREAD_LOCAL.get());
        } ).start();

        //在主執行緒中透過THREAD_LOCAL獲取在主執行緒中儲存的值
        System.out.println("在主執行緒中獲取到的本地變數的值為: " + THREAD_
LOCAL.get());
    }
}
```

可以看到，這裡在 14.4 節的案例基礎上，僅僅修改了 THREAD_LOCAL 常數實例化後的物件類型，由原來的 ThreadLocal 類型修改為 InheritableThreadLocal 類型。

執行 InheritableThreadLocalTest 類別的原始程式，輸出結果如下。

```
在主執行緒中獲取到的本地變數的值為: binghe
在子執行緒中獲取到的本地變數的值為: binghe
```

透過輸出結果可以看出，在主執行緒中透過 InheritableThreadLocal 物件儲存值後，在子執行緒中透過相同的 InheritableThreadLocal 物件可以獲取到這個值。說明 InheritableThreadLocal 類別的物件儲存的變數具有繼承性。

14.6 InheritableThreadLocal 的核心原理

InheritableThreadLocal 類別繼承自 ThreadLocal 類別，InheritableThreadLocal 類別的原始程式如下。

```
public class InheritableThreadLocal<T> extends ThreadLocal<T> {

    protected T childvalue(T parentvalue) {
        return parentvalue;
    }

    ThreadLocalMap getMap(Thread t) {
       return t.inheritableThreadLocals;
    }

    void createMap(Thread t, T firstvalue) {
        t.inheritableThreadLocals = new ThreadLocalMap(this, firstvalue);
    }
}
```

在 InheritableThreadLocal 類別中重寫了 ThreadLocal 類別中的 childvalue() 方法、getMap() 方法和 createMap() 方法。使用 InheritableThreadLocal 儲存變數，當呼叫 ThreadLocal 的 set() 方法時，建立的是當前執行緒的 inheritableThreadLocals 成員變數，而非當前執行緒的 threadLocals 成員變數。

透過分析 Thread 類別的原始程式可知，InheritableThreadLocal 類別的 childvalue() 方法是在 Thread 類別的建構方法中呼叫的。透過查看 Thread 類別的原始程式可知，Thread 類別的建構方法如下。

```
public Thread() {
     init(null, null, "Thread-" + nextThreadNum(), 0);
 }
```

```
public Thread(Runnable target) {
    init(null, target, "Thread-" + nextThreadNum(), 0);
}

Thread(Runnable target, AccessControlContext acc) {
    init(null, target, "Thread-" + nextThreadNum(), 0, acc, false);
}

public Thread(ThreadGroup group, Runnable target) {
    init(group, target, "Thread-" + nextThreadNum(), 0);
}

public Thread(String name) {
    init(null, null, name, 0);
}

public Thread(ThreadGroup group, String name) {
    init(group, null, name, 0);
}

public Thread(Runnable target, String name) {
    init(null, target, name, 0);
}

public Thread(ThreadGroup group, Runnable target, String name) {
    init(group, target, name, 0);
}

public Thread(ThreadGroup group, Runnable target, String name,
              long stackSize) {
    init(group, target, name, stackSize);
}
```

可以看到，在 Thread 類別的每個建構方法中，都會呼叫 init() 方法，init() 方法的部分程式如下。

```
private void init(ThreadGroup g, Runnable target, String name,
              long stackSize, AccessControlContext acc,
              boolean inheritThreadLocals) {
   /************省略部分原始程式************/
   if (inheritThreadLocals && parent.inheritableThreadLocals != null)
      this.inheritableThreadLocals =
         ThreadLocal.createInheritedMap(parent.inheritableThreadLocals);

   this.stackSize = stackSize;
   tid = nextThreadID();
}
```

可以看到，在 init() 方法中，會判斷傳遞的 inheritThreadLocals 變數是否為 true，同時會判斷父執行緒中的 inheritableThreadLocals 成員變數是否為 null。如果傳遞的 inheritThreadLocals 變數為 true，同時父執行緒中的 inheritableThreadLocals 成員變數不為 null，則呼叫 ThreadLocal 類別的 createInheritedMap() 方法來建立 ThreadLocalMap 物件。

ThreadLocal 類別的 createInheritedMap() 方法的原始程式如下。

```
static ThreadLocalMap createInheritedMap(ThreadLocalMap parentMap) {
    return new ThreadLocalMap(parentMap);
}
```

在 ThreadLocal 類別的 createInheritedMap() 方法中，會使用父執行緒的 inheritableThreadLocals 成員變數作為入參呼叫 ThreadLocalMap 類別的建構方法來建立新的 ThreadLocalMap 物件。並在 Thread 類別的 init() 方法中將建立的 ThreadLocalMap 物件給予值給當前執行緒的 inheritableThreadLocals 成員變數，也就是給予值給子執行緒的 inheritableThreadLocals 成員變數。

接下來，分析 ThreadLocalMap 類別的建構方法，原始程式如下。

```
private ThreadLocalMap(ThreadLocalMap parentMap) {
   Entry[] parentTable = parentMap.table;
   int len = parentTable.length;
   setThreshold(len);
   table = new Entry[len];

   for (int j = 0; j < len; j++) {
      Entry e = parentTable[j];
      if (e != null) {
         @SuppressWarnings("unchecked")
         ThreadLocal<Object> key = (ThreadLocal<Object>) e.get();
         if (key != null) {
            Object value = key.childvalue(e.value);
            Entry c = new Entry(key, value);
            int h = key.threadLocalHashCode & (len - 1);
            while (table[h] != null)
               h = nextIndex(h, len);
            table[h] = c;
            size++;
         }
      }
   }
}
```

ThreadLocalMap 類別的建構方法是私有的，在 ThreadLocalMap 類別的建構方法中，有如下一行程式。

```
Object value = key.childvalue(e.value);
```

這行程式呼叫了 InheritableThreadLocal 類別重寫的 childvalue() 方法，也就是說，在 ThreadLocalMap 類別的建構方法中呼叫了 InheritableThreadLocal 類別重寫的 childvalue() 方法。另外，在 InheritableThread

Local 類別中重寫了 getMap() 方法來確保獲取的是執行緒的 inheritable ThreadLocals 成員變數，同時，重寫了 createMap() 方法來確保建立的是執行緒的 inheritableThreadLocals 成員變數的物件。

而執行緒在透過 InheritableThreadLocal 類別的 set() 方法和 get() 方法儲存和獲取本地變數時，會透過 InheritableThreadLocal 類別重寫的 createMap() 方法來建立當前執行緒的 inheritableThreadLocals 成員變數的物件。

如果在某個執行緒中建立子執行緒，就會在 Thread 類別的建構方法中把父執行緒的 inheritableThreadLocals 成員變數中儲存的本地變數複製一份儲存到子執行緒的 inheritableThreadLocals 成員變數中。

14.7 本章複習

本章主要對 ThreadLocal 的核心原理進行了簡單的介紹。首先，介紹了 ThreadLocal 的基本概念並簡單介紹了 ThreadLocal 的使用案例，然後，結合 ThreadLocal 的原始程式介紹了 ThreadLocal 的核心原理和 ThreadLocal 變數的不繼承性。接下來，介紹了 InheritableThreadLocal 的使用案例，並說明了 InheritableThreadLocal 變數的繼承性。最後，結合 InheritableThreadLocal 和 Thread 的原始程式，詳細分析了 Inheritable ThreadLocal 的核心原理。

從下一章開始，正式進入本書的實戰案例篇，下一章將手動實現一個自訂的執行緒池。

注意：本章相關的原始程式碼已經提交到 GitHub 和 Gitee，GitHub 和 Gitee 連結位址見 2.4 節結尾。

第 3 篇

實戰案例

Chapter

15 手動開發執行緒池實戰

本章正式進入全書的實戰案例篇。前面的章節詳細介紹了執行緒池的核心原理，本章將結合前面介紹的執行緒池的核心原理來手動實現一個自訂執行緒池。

本章相關的基礎知識如下。

- 案例概述。
- 專案架設。
- 核心類別實現。
- 測試程式。

15.1 案例概述

手動實現的自訂執行緒池在設計上比 Java 附帶的執行緒池要簡單得多，去掉了各種複雜的處理方式，只保留了最核心的原理部分，那就是，執行緒池的使用者向任務佇列中增加要執行的任務，而執行緒池從任務佇列中消費並執行任務。執行緒池設計流程如圖 15-1 所示。

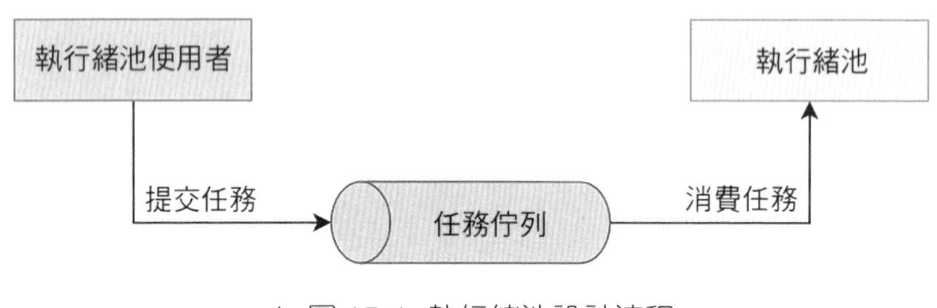

▲ 圖 15-1 執行緒池設計流程

從圖 15-1 可以看出，自訂的執行緒池設計的整體流程相對較簡單，執行緒池的使用者作為任務的生產者，在生產任務後向任務佇列中提交任務。而執行緒池作為任務的消費者，從任務佇列中消費並執行任務。

本章會按照這種核心邏輯實現自訂執行緒池，並實現預期效果——自訂的執行緒池根據傳入的執行緒池大小建立對應數量的執行緒執行任務。

> **注意**：第 13 章詳細介紹了執行緒池的核心原理，有關執行緒池原理的知識，讀者可參見第 13 章的相關內容，筆者在此不再贅述。

15.2 專案架設

專案架設的過程相對較簡單，在 Maven 專案 mykit-concurrent-principle 中新建 mykit-concurrent-chapter15 專案模組即可，本章相關的原始程式碼已經提交到 GitHub 和 Gitee，GitHub 和 Gitee 連結位址見 2.4 節結尾。

15.3 核心類別實現

可以將整個實現過程進行拆解。拆解後的流程為定義核心欄位→建立內部類別 WorkThread →建立執行緒池的建構方法→建立執行任務的方法→建立關閉執行緒池的方法。接下來，就以這個流程一步步實現自訂的執行緒池。

15.3.1 定義核心欄位

在專案中建立一個名為 mykit-concurrent-chapter15 的 Maven 專案模組，在 mykit-concurrent-chapter15 模組中建立 io.binghe.concurrent.chapter15 套件，並在套件下建立一個名為 ThreadPool 的類別，作為自訂執行緒池主要的實現類別。

在 ThreadPool 類別中定義了幾個執行緒池執行過程中的核心欄位，原始程式如下。

```
//預設阻塞佇列大小
private static final int DEFAULT_WORKQUEUE_SIZE = 5;

//模擬實際的執行緒池，使用阻塞佇列來實現生產者-消費者模式
private BlockingQueue<Runnable> workQueue;

//模擬實際的執行緒池，使用List集合儲存執行緒池內部的工作執行緒
private List<WorkThread> workThreads = new ArrayList<WorkThread>();
```

其中，每個欄位的含義如下。

- DEFAULT_WORKQUEUE_SIZE：靜態常數，表示預設的阻塞佇列大小。

- workQueue：模擬實際的執行緒池，使用阻塞佇列來實現生產者－消費者模式。
- workThreads：模擬實際的執行緒池，使用 List 集合儲存執行緒池內部的工作執行緒。

15.3.2 建立內部類別 WorkThread

在 ThreadPool 類別中建立一個內部類別 WorkThread，主要用來類比線路程池中的工作執行緒，WorkThread 類別的原始程式如下。

```
//內部類別WorkThread，類比線路程池中的工作執行緒
//主要的作用是消費workQueue中的任務，並執行
//由於工作執行緒需要不斷從workQueue中獲取任務
//所以使用了while(true)迴圈不斷嘗試消費佇列中的任務
class WorkThread extends Thread{
   @Override
   public void run() {
      //獲取當前執行緒
      Thread currentThread = Thread.currentThread();
      //不斷迴圈獲取佇列中的任務
      while (true){
         try {
            //檢測執行緒是否被中斷
            if (currentThread.isInterrupted()){
               break;
            }
            //當沒有任務時，會阻塞
            Runnable workTask = workQueue.take();
            workTask.run();
         } catch (InterruptedException e) {
            //當發生中斷異常時需要重新設定中斷標識位元
            currentThread.interrupt();
```

```
            }
        }
    }
}
```

從 WorkThread 類別的原始程式可以看出，WorkThread 類別最主要的任務就是在執行緒中消費 workQueue 任務佇列中的任務，並且呼叫任務的 run() 方法來執行任務。

由於工作執行緒需要不斷從 workQueue 中獲取任務，所以，在 WorkThread 類別的 run() 方法中使用了 while(true) 迴圈不斷嘗試消費 workQueue 佇列中的任務。

同時，考慮到需要設計執行緒池關閉的方法，當執行緒池關閉時，需要中斷執行中的執行緒。所以，在 while(true) 迴圈中，透過呼叫當前執行緒的 isInterrupted() 方法來檢測當前執行緒是否被中斷，如果當前執行緒被中斷，則退出 while(true) 迴圈。

由於 while(true) 迴圈在執行的過程中，可能大部分時間阻塞在 "Runnable workTask = workQueue.take();" 這行程式上，在其他執行緒透過呼叫當前執行緒的 interrupt() 方法來中斷當前執行的執行緒時，大機率會觸發 InterruptedException 異常，在觸發 InterruptedException 異常時，JVM 會同時把執行緒的中斷標識位元清除，所以，這個時候在 run() 方法中判斷的 currentThread.isInterrupted() 會返回 false，也就不會退出當前 while 迴圈。

為了解決這個問題，需要在 while(true) 迴圈中捕捉 InterruptedException 異常，並在 catch{} 程式區塊中重新呼叫當前執行緒的 interrupt() 方法來重新設定執行緒標識位元。所以，在 WorkThread 類別的 while(true) 迴圈中的 catch{} 程式區塊中會存在如下一行程式。

```
currentThread.interrupt();
```

15.3.3 建立執行緒池的建構方法

在實現自訂執行緒池的過程中，為 ThreadPool 類別建立了兩個建構方法，原始程式如下。

```
//在ThreadPool的建構方法中傳入執行緒池的大小和阻塞佇列
public ThreadPool(int poolSize, BlockingQueue<Runnable> workQueue){
    this.workQueue = workQueue;
    //建立poolSize個工作執行緒並將其加入workThreads集合
    IntStream.range(0, poolSize).forEach((i) -> {
        WorkThread workThread = new WorkThread();
        workThread.start();
        workThreads.add(workThread);
    });
}

//在ThreadPool的建構方法中傳入執行緒池的大小
public ThreadPool(int poolSize){
    this(poolSize, new LinkedBlockingQueue<>(DEFAULT_WORKQUEUE_SIZE));
}
```

從原始程式可以看出，在建構方法中需要傳入執行緒池的容量大小 poolSize 和阻塞佇列 workQueue，並在建構方法中建立 poolSize 個執行緒加入 workThreads 集合中。另一個建構方法需要傳入執行緒池的容量大小 poolSize，並呼叫需要傳入執行緒池的容量大小 poolSize 和阻塞佇列 workQueue 的建構方法。

在實際使用執行緒池時，可以呼叫任意一個建構方法來實例化執行緒池物件。

15.3.4 建立執行任務的方法

在 ThreadPool 類別中建立執行任務的方法 execute()，execute() 方法需要傳遞一個 Runnable 類型的物件，原始程式如下。

```
//透過執行緒池執行任務
public void execute(Runnable task){
   try {
      workQueue.put(task);
   } catch (InterruptedException e) {
      e.printStackTrace();
   }
}
```

從原始程式可以看出，execute() 方法的實現相對較簡單，就是將接收到的 Runnable 任務加入 workQueue 佇列。

15.3.5 建立關閉執行緒池的方法

在 ThreadPool 類別中建立 shutdown() 方法，用來關閉執行緒池，shutdown() 方法的原始程式如下。

```
//關閉執行緒池
public void shutdown(){
   if (workThreads != null && workThreads.size() > 0){
      workThreads.stream().forEach((workThread) -> {
         workThread.interrupt();
      });
   }
}
```

shutdown() 方法的原始程式相對較簡單。在 shutdown() 方法中，先判斷儲存工作執行緒的集合 workThreads 是否為空，如果 workThreads 集合不為空，則遍歷 workThreads 集合，獲取集合中的每個工作執行緒，並呼叫每個工作執行緒的 interrupt() 方法來中斷工作執行緒。

15.3.6 完整原始程式碼範例

為了幫助讀者更好地全面理解手動開發的執行緒池，這裡舉出整個執行緒池的實現原始程式，如下所示。

```
/**
 * @author binghe
 * @version 1.0.0
 * @description 自訂執行緒池
 */
public class ThreadPool {

    //預設阻塞佇列大小
    private static final int DEFAULT_WORKQUEUE_SIZE = 5;

    //模擬實際的執行緒池，使用阻塞佇列來實現生產者-消費者模式
    private BlockingQueue<Runnable> workQueue;

    //模擬實際的執行緒池，使用List集合儲存執行緒池內部的工作執行緒
    private List<WorkThread> workThreads = new ArrayList<WorkThread>();

    //在ThreadPool的建構方法中傳入執行緒池的大小和阻塞佇列
    public ThreadPool(int poolSize, BlockingQueue<Runnable> workQueue){
        this.workQueue = workQueue;
        //建立poolSize個工作執行緒並將其加入workThreads集合中
        IntStream.range(0, poolSize).forEach((i) -> {
```

```
            WorkThread workThread = new WorkThread();
            workThread.start();
            workThreads.add(workThread);
        });
    }

    //在ThreadPool的建構方法中傳入執行緒池的大小
    public ThreadPool(int poolSize){
        this(poolSize, new LinkedBlockingQueue<>(DEFAULT_WORKQUEUE_SIZE));
    }

    //透過執行緒池執行任務
    public void execute(Runnable task){
        try {
            workQueue.put(task);
        } catch (InterruptedException e) {
            e.printStackTrace();
        }
    }

    //關閉執行緒池
    public void shutdown(){
        if (workThreads != null && workThreads.size() > 0){
            workThreads.stream().forEach((workThread) -> {
                workThread.interrupt();
            });
        }
    }

    //內部類別WorkThread，類比線路程池中的工作執行緒
    //主要的作用就是消費並執行workQueue中的任務
    //由於工作執行緒需要不斷從workQueue中獲取任務
    //所以使用了while(true)迴圈不斷嘗試消費佇列中的任務
```

```
    class WorkThread extends Thread{
        @Override
        public void run() {
            //獲取當前執行緒
            Thread currentThread = Thread.currentThread();
            //不斷迴圈獲取佇列中的任務
            while (true){
                try {
                    //檢測執行緒是否被中斷
                    if (currentThread.isInterrupted()){
                        break;
                    }
                    //當沒有任務時，會阻塞
                    Runnable workTask = workQueue.take();
                    workTask.run();
                } catch (InterruptedException e) {
                    //發生中斷異常時需要重新設定中斷標識位元
                    currentThread.interrupt();
                }
            }
        }
    }
}
```

15.4 測試程式

在 mykit-concurrent-chapter15 專案模組的 io.binghe.concurrent.chapter15 套件下建立 ThreadPoolTest 類別，用於測試建立的自訂執行緒池，ThreadPoolTest 類別的原始程式如下。

```
/**
 * @author binghe
 * @version 1.0.0
 * @description 測試自訂的執行緒池
 */
public class ThreadPoolTest {

    public static void main(String[] args){
        ThreadPool threadPool = new ThreadPool(5);
        IntStream.range(0, 10).forEach((i) -> {
            threadPool.execute(() -> {
                System.out.println(Thread.currentThread().getName() + "---
>> Hello ThreadPool");
            });
        });
        threadPool.shutdown();
    }
}
```

從 ThreadPoolTest 類別的原始程式可以看出，在 main() 方法中，首先呼叫 ThreadPool 的建構方法建立了一個容量為 5 的執行緒池。然後，在 10 次迴圈中分別呼叫執行緒池的 execute() 方法執行任務，執行的任務就是列印當前執行緒的名稱後面拼接 "--->> Hello ThreadPool"。最後呼叫執行緒池的 shutdown() 方法來關閉執行緒池。

執行 ThreadPoolTest 類別的原始程式，輸出的結果如下。

```
Thread-3--->> Hello ThreadPool
Thread-4--->> Hello ThreadPool
Thread-1--->> Hello ThreadPool
Thread-2--->> Hello ThreadPool
Thread-0--->> Hello ThreadPool
```

```
Thread-2--->> Hello ThreadPool
Thread-1--->> Hello ThreadPool
Thread-4--->> Hello ThreadPool
Thread-3--->> Hello ThreadPool
Thread-0--->> Hello ThreadPool
```

從輸出結果可以看出，由於在呼叫 ThreadPool 類別的建構方法時，傳遞的執行緒池容量為 5，所以在建立執行緒池時在自訂的執行緒池 ThreadPool 中建立了 5 個執行緒，分別命名為 Thread-0、Thread-1、Thread-2、Thread-3、Thread-4。由於 ThreadPoolTest 類別的測試程式迴圈了 10 次，每次都呼叫執行緒池的 execute() 方法提交一個任務，所以，在輸出的結果中，每個執行緒都執行了兩次任務。

測試的結果符合預期。

15.5 本章複習

本章結合執行緒池的核心原理手動實現了一個自訂的執行緒池，並對手動實現的自訂執行緒池進行了測試，測試的結果符合預期。

下一章將實現一個 CAS 的完整案例。

Chapter

16

基於 CAS 實現自旋鎖實戰

第 10 章詳細介紹了 CAS 的核心原理、CAS 的核心類別 Unsafe、CAS 中的 ABA 問題及解決方案。本章將基於 CAS 手動開發一個自旋鎖。

本章相關的基礎知識如下。

- 案例概述。
- 專案架設。
- 核心類別實現。
- 測試程式。

16.1 案例概述

CAS 是一種無鎖程式設計演算法，在多執行緒並行環境下，使用 CAS 能夠避免多執行緒之間競爭鎖帶來的系統銷耗問題。另外，使用 CAS 能夠避免 CPU 在多個執行緒之間頻繁切換和排程帶來的銷耗。從某種程度上說，CAS 比加鎖機制具有更好的性能。

CAS 具有原子性，在 Java 的實現中，每個 CAS 操作都包含三個運算子：一個記憶體位址 V，一個期望值 X 和一個新值 N，在操作時，如果記憶體位址上儲存的值等於期望值 X，則將位址上的值指定為新值 N，否則不做任何操作。

在使用 CAS 開發專案的過程中，往往會伴隨自旋操作，例如，Java 中的自旋鎖機制就可以基於 CAS 和自旋操作實現。

在本章實現的自旋鎖案例中，會使用到 JDK 提供的 AtomicReference 類別。AtomicReference 類別能夠保證在多執行緒並行環境下修改物件引用的執行緒安全性。換句話說，AtomicReference 類別提供了一種對讀和寫都是原子性的物件引用變數，在多個執行緒同時修改 AtomicReference 類別的引用變數時，不會產生執行緒安全的問題。

在具體的實現過程中，先建立一個 CasLock 介面，在 CasLock 介面中定義一個 lock() 方法表示加鎖操作，定義一個 unlock() 方法表示釋放鎖操作。然後建立一個 MyCasLock 類別實現 CasLock 介面，在 MyCasLock 類別中，定義一個 AtomicReference 類型的成員變數 threadOwner，在實現的 lock() 和 unlock() 方法中，透過 AtomicReference 類型的成員變數 threadOwner 實現自旋鎖的加鎖和釋放鎖操作。

本章會按照這種核心邏輯基於 CAS 和自旋操作實現自訂的自旋鎖，並達到預期效果——使用自訂的自旋鎖能夠實現執行緒安全的 count 自動增加操作。

16.2 專案架設

專案架設的過程相對較簡單，在 Maven 專案 mykit-concurrent-principle 中新建 mykit-concurrent-chapter16 專案模組即可，本章相關的原始程式碼已經提交到 GitHub 和 Gitee，GitHub 和 Gitee 連結位址見 2.4 節結尾。

16.3 核心類別實現

本章的實戰案例相對較簡單，可以將整個案例的實現過程分為 CasLock 介面實現和 MyCasLock 類別實現兩部分。本節介紹整個實戰案例的核心類別實現。

16.3.1 CasLock 介面實現

在 Maven 專案 mykit-concurrent-principle 中的 mykit-concurrent-chapter16 專案模組下新建 io.binghe.concurrent.chapter16 套件，在 io.binghe.concurrent.chapter16 套件下新建 CasLock 介面，CasLock 介面的原始程式如下。

```
/**
 * @author binghe
 * @version 1.0.0
 * @description 自旋鎖介面
 */
public interface CasLock {

    /**
     * 加鎖
     */
```

```
    void lock();

    /**
     * 釋放鎖
     */
    void unlock();
}
```

從 CasLock 介面的原始程式可以看出，整個 CasLock 介面的實現只是定義了兩個方法，一個是 lock() 方法，表示加鎖操作，另一個是 unlock() 方法，表示釋放鎖操作。接下來，建立類別來實現 CasLock 介面。

16.3.2 MyCasLock 類別實現

在 io.binghe.concurrent.chapter16 套件下新建 MyCasLock 類別，實現 CasLock 介面，並實現 CasLock 介面中定義的 lock() 方法和 unlock() 方法。整個 MyCasLock 類別的原始程式如下。

```
/**
 * @author binghe
 * @version 1.0.0
 * @description 自旋鎖實現類別
 */
public class MyCasLock implements CasLock{
    /**
     * 建立AtomicReference類型的成員變數
     */
    private AtomicReference<Thread> threadOwner = new
AtomicReference<Thread>();

    @Override
    public void lock() {
```

```
        //獲取當前執行緒的物件
        Thread currentThread = Thread.currentThread();
        //自旋操作
        for(;;){
            //如果以CAS的方式將null修改為當前執行緒物件成功，則退出自旋
            if (threadOwner.compareAndSet(null, currentThread)){
                break;
            }
        }
    }

    @Override
    public void unlock() {
        //獲取當前執行緒的物件
        Thread currentThread = Thread.currentThread();
        //透過CAS方式將當前執行緒的物件修改為null
        threadOwner.compareAndSet(currentThread, null);
    }
}
```

由 MyCasLock 類別的原始程式可以看出，在 MyCasLock 類別中，先定義了一個泛型為 Thread 的 AtomicReference 類型的成員變數 threadOwner，此後，在 lock() 方法和 unlock() 方法中，都是透過成員變數 threadOwner 來實現加鎖和釋放鎖操作的。

在 lock() 方法中，先獲取當前執行緒的物件，並將其給予值給區域變數 currentThread。然後定義一個 for 自旋體，在 for 自旋體中進行判斷，如果透過 threadOwner 的 compareAndSet() 方法將 null 修改為當前執行緒物件成功，則退出 for 自旋體。加鎖成功後，threadOwner 中儲存的 value 值是當前執行緒物件。

在 unlock() 方法中，先獲取當前執行緒的物件，並將其給予值給區域變數 currentThread。然後透過 threadOwner 的 compareAndSet() 方法將當前執行緒物件修改為 null。解鎖成功後，threadOwner 中儲存的 value 值是 null。

至此，整個案例的核心介面 CasLock 和核心類別 MyCasLock 實現完畢。

16.4 測試程式

在 io.binghe.concurrent.chapter16 套件下新建 CasLockTest 類別，用於對整個自旋鎖實戰案例進行測試。整個 CasLockTest 類別的原始程式如下。

```
/**
 * @author binghe
 * @version 1.0.0
 * @description 測試自旋鎖
 */
public class CasLockTest {
    /**
     * 建立CasLock物件
     */
    private CasLock lock = new MyCasLock();

    /**
     * 成員變數count
     */
    private long count = 0;

    /**
     * 自動增加count的方法
     */
```

```
public void incrementCount(){
    try{
        lock.lock();
        count++;
    }finally {
        lock.unlock();
    }
}

/**
 * 獲取count的值
 */
public long getCount(){
    return count;
}

public static void main(String[] args) throws InterruptedException {
    //建立CasLockTest物件
    CasLockTest casLockTest = new CasLockTest();

    Thread threadA = new Thread(() -> {
        IntStream.range(0, 100).forEach((i) -> {
            casLockTest.incrementCount();
        });
    });

    Thread threadB = new Thread(() -> {
        IntStream.range(0, 100).forEach((i) -> {
            casLockTest.incrementCount();
        });
    });

    threadA.start();
```

```
        threadB.start();

        threadA.join();
        threadB.join();

        System.out.println("count的最終結果為: " + casLockTest.getCount());
    }
}
```

透過 CasLockTest 類別的原始程式可以看出，在 CasLockTest 類別的實現中，建立了一個 CasLock 介面類別型的成員變數 lock 和一個 long 類型的成員變數 count。

在 incrementCount() 方法的 try{} 程式區塊中，首先呼叫 lock 的 lock() 方法進行加鎖，然後對 count 進行自動增加操作，最後在 finally{} 程式區塊中呼叫 lock 的 unlock() 方法進行解鎖。這樣，在 incrementCount() 方法中，就實現了對 count 進行執行緒安全的自動增加操作。

接下來，建立了一個 getCount() 方法，用來獲取 count 的值。

在 main() 方法中，首先建立一個 CasLockTest 類別的物件 casLockTest。然後分別建立 threadA 和 threadB 兩個執行緒，在兩個執行緒的 run() 方法中，分別迴圈 100 次，呼叫 CasLockTest 類別的 incrementCount() 方法，實現成員變數 count 的累加操作。接下來，分別啟動 threadA 執行緒和 threadB 執行緒。為了防止主執行緒在 threadA 執行緒和 threadB 執行緒執行完畢前退出執行，又分別呼叫了 threadA 執行緒和 threadB 執行緒的 join() 方法。最後，列印 count 的最終結果。

多次執行 CasLockTest 類別的 main() 方法，輸出的結果相同，如下所示。

```
count的最終結果為: 200
```

從輸出結果可以看出，count 的最終結果為 200，符合程式的預期結果。

16.5 本章複習

本章主要基於 CAS 實現了一個自旋鎖。首先，對案例進行概述。然後，說明專案的架設方式。接下來，詳細介紹了案例核心類別的實現，包括 CasLock 核心介面的實現和 MyCasLock 核心類別的實現。最後，對案例程式進行了測試，測試結果符合預期。

下一章將實現一個完整的讀 / 寫鎖。

Chapter

17

基於讀 / 寫鎖實現快取實戰

第 9 章介紹了讀 / 寫鎖的核心原理。讀 / 寫鎖具有讀讀共享、讀寫互斥、寫寫互斥的特性，適合讀多寫少的場景，也適合實現執行緒安全的快取。本章將基於讀 / 寫鎖實現執行緒安全的快取。

本章相關的基礎知識如下。

- 案例概述。
- 專案架設。
- 核心類別實現。
- 測試程式。

17.1 案例概述

讀 / 寫鎖中包含一把讀取鎖和一把寫入鎖，其中，讀取鎖是共享鎖，允許多個執行緒在同一時刻獲取到同一把鎖。寫入鎖是互斥鎖，同一時刻只允許一個執行緒獲取到鎖。同時，讀取鎖和讀取鎖之間是共享的，讀取鎖與寫入鎖之間是互斥的，寫入鎖與寫入鎖之間是互斥的。另外，讀 / 寫鎖很適合用於多執行緒並行環境下一些讀多寫少的場景。

在實際的專案開發過程中，往往會為系統增加快取來提升其整體的讀取性能。而快取的適用場景與讀 / 寫鎖的適用場景類似，儲存在快取中的資料一般也是讀多寫少的。也就是說，對於儲存在快取中的資料，尤其是那些系統中的基礎資料、字典資料、中繼資料，寫入操作很少，基本不會發生變化，但是系統中讀取並使用這些資料的地方很多，也就是讀取操作很多。

本章將基於讀 / 寫鎖快速實現一個執行緒安全的快取。在快取的實現中，提供的兩個重要方法就是向快取中寫入資料的 put() 方法和從快取中讀取資料的 get() 方法。其中，put() 方法只允許一個執行緒執行，get() 方法則允許多個執行緒同時執行。

本章會按照這種核心邏輯基於讀 / 寫鎖實現執行緒安全的快取，並達到測試的預期效果——當多個執行緒同時對快取進行讀寫入操作時，同一時刻只能有一個執行緒進行寫入操作，其他執行緒既不能讀取快取，也不能寫入快取。但是，同一時刻允許多個執行緒同時讀取快取中的資料。

17.2 專案架設

專案架設的過程相對較簡單，在 Maven 專案 mykit-concurrent-principle 中新建 mykit-concurrent-chapter17 專案模組即可，本章相關的原始程式碼已經提交到 GitHub 和 Gitee，GitHub 和 Gitee 連結位址見 2.4 節結尾。

17.3 核心類別實現

可以將整個案例的實現過程分為 ReadWriteCache<K, V> 核心介面的實現和 ConcurrentReadWriteCache<K, V> 核心類別的實現兩部分。為了實現的快取資料型態通用性更強，這裡增加了介面和實現類別的泛型。本節簡單介紹核心類別的實現。

17.3.1 ReadWriteCache<K, V> 核心介面的實現

在 Maven 專案 mykit-concurrent-principle 中的 mykit-concurrent-chapter17 專案模組下新建 io.binghe.concurrent.chapter17 套件，在 io.binghe.concurrent.chapter17 套件下新建 ReadWriteCache<K, V> 介面，ReadWriteCache<K, V> 介面的原始程式如下。

```
/**
 * @author binghe
 * @version 1.0.0
 * @description
 */
public interface ReadWriteCache<K, V> {

    /**
     * 向快取中寫入資料
     */
    void put(K key, V value);

    /**
     * 從快取中讀取資料
     */
    V get(K key);
}
```

從 ReadWriteCache<K, V> 介面的原始程式可以看出，在 ReadWriteCache<K, V> 介面中定義了操作快取的兩個核心方法，一個是 put() 方法，用來向快取中寫入資料，另一個是 get() 方法，用來從快取中獲取資料。後續的實現中會透過這兩個方法操作快取中的資料。

17.3.2 ConcurrentReadWriteCache<K, V> 核心類別的實現

在 io.binghe.concurrent.chapter17 套件下新建 ConcurrentReadWriteCache<K, V> 類別，實現 ReadWriteCache<K, V> 介面，並實現 ReadWriteCache<K, V> 介面中定義的 put () 方法和 get() 方法。

ConcurrentReadWriteCache<K, V> 類別的原始程式有些長，這裡對定義核心成員變數、實現 put() 方法和實現 get() 方法分別進行介紹，最後再舉出整個 ConcurrentReadWriteCache<K, V> 類別的原始程式。

1. 定義核心成員變數

在 ConcurrentReadWriteCache<K, V> 類別中，首先定義用於實現執行緒安全快取的核心成員變數，如下所示。

```
/**
 * 快取中儲存資料的map
 */
private volatile Map<K, V> map = new HashMap<K, V>();

/**
 * 讀/寫鎖
 */
private final ReadWriteLock lock = new ReentrantReadWriteLock();
```

```
/**
 * 讀取鎖
 */
private final Lock readLock = lock.readLock();

/**
 * 寫入鎖
 */
private final Lock writeLock = lock.writeLock();
```

可以看到，在 ConcurrentReadWriteCache<K, V> 類別中，定義了 4 個核心成員變數，作用分別如下。

- map：快取中實際儲存資料的 map。
- lock：讀 / 寫鎖物件，用於獲取讀取鎖和寫入鎖
- readLock：讀取鎖，在 get() 方法中使用。
- writeLock：寫入鎖，在 put() 方法和 get() 方法中使用。當在 get() 方法中透過讀取鎖從快取中獲取的資料為空時，會透過獲取寫入鎖模擬從資料庫中讀取資料並寫入快取。

2. 實現 put() 方法

put() 方法的實現相對較簡單，大體思路就是獲取寫入鎖、向快取中寫入資料和釋放寫入鎖，原始程式如下。

```
/**
 * 向快取中寫入資料
 */
@Override
public void put(K key, V value){
    try{
        writeLock.lock();
```

```
        System.out.println(Thread.currentThread().getName() + " 寫入資料開始");
        map.put(key, value);
    }finally {
        System.out.println(Thread.currentThread().getName() + " 寫入資料結束");
        writeLock.unlock();
    }
}
```

可以看到，在 put() 方法的實現中，首先在 try{} 程式區塊中獲取寫入鎖，列印執行緒寫入資料開始的日誌，並向 map 中增加資料。接下來，在 finally{} 程式區塊中列印執行緒寫入資料結束的日誌，並釋放寫入鎖。

3. 實現 get() 方法

get() 方法的實現比 put() 方法複雜，首先獲取讀取鎖，從快取中獲取資料後釋放讀取鎖。如果從快取中獲取的資料不為空，則直接返回資料。否則，獲取寫入鎖，模擬從資料庫中獲取資料後將資料寫入快取，然後釋放寫入鎖，返回資料。get() 方法的原始程式如下。

```
/**
 * 根據指定的key讀取快取中的資料
 */
@Override
public V get(K key){
    //定義返回的資料為空
    V value = null;
    try{
        //獲取讀取鎖
        readLock.lock();
        System.out.println(Thread.currentThread().getName() + " 讀取資料開始");
        //從快取中獲取資料
        value = map.get(key);
    }finally {
```

```
        System.out.println(Thread.currentThread().getName() + " 讀取資料結束");
        //釋放讀取鎖
        readLock.unlock();
    }
    //如果從快取中獲取的資料不為空，則直接返回資料
    if (value != null){
        return value;
    }
    //快取中的資料為空
    try{
        //獲取寫入鎖
        writeLock.lock();
        System.out.println(Thread.currentThread().getName() + " 從資料庫讀取資
料並寫入快取開始");
        //模擬從資料庫中獲取資料
        value = getvalueFromDb();
        //將資料放入map快取
        map.put(key, value);
    }finally {
        System.out.println(Thread.currentThread().getName() + " 從資料庫讀取資
料並寫入快取結束");
        //釋放寫入鎖
        writeLock.unlock();
    }
    //返回資料
    return value;
}
```

可以看到，在 get() 方法的實現中，定義了一個 V 類型的區域變數 value，並給予值為 null。在 try{} 程式區塊中，獲取讀取鎖，列印執行緒讀取資料開始的日誌，從快取中獲取資料，然後在 finally{} 程式區塊中，列印執行緒讀取資料結束的日誌並釋放讀取鎖。

如果從快取中讀取的資料不為空，則直接返回資料。否則，在 try{} 程式區塊中，獲取寫入鎖，列印執行緒從資料庫讀取資料並寫入快取開始的日誌，模擬從資料庫讀取資料，將資料寫入快取。接下來，在 finally{} 程式區塊中，列印執行緒從資料庫讀取資料並寫入快取結束的日誌並釋放寫入鎖。最後返回獲取的資料。

4. 完整原始程式碼

ConcurrentReadWriteCache<K, V> 類別的完整原始程式碼如下。

```
/**
 * @author binghe
 * @version 1.0.0
 * @description 執行緒安全的快取
 */
public class ConcurrentReadWriteCache<K, V> implements ReadWriteCache<K, V>
{
    /**
     * 快取中儲存資料的map
     */
    private volatile Map<K, V> map = new HashMap<K, V>();

    /**
     * 讀/寫鎖
     */
    private final ReadWriteLock lock = new ReentrantReadWriteLock();

    /**
     * 讀取鎖
     */
    private final Lock readLock = lock.readLock();

    /**
```

```
     * 寫入鎖
     */
    private final Lock writeLock = lock.writeLock();

    /**
     * 向快取中寫入資料
     */
    @Override
    public void put(K key, V value){
        try{
            writeLock.lock();
            System.out.println(Thread.currentThread().getName() + " 寫入資
料開始");
            map.put(key, value);
        }finally {
            System.out.println(Thread.currentThread().getName() + " 寫入資
料結束");
            writeLock.unlock();
        }
    }

    /**
     * 根據指定的key讀取快取中的資料
     */
    @Override
    public V get(K key){
        //定義返回的資料為空
        V value = null;
        try{
            //獲取讀取鎖
            readLock.lock();
            System.out.println(Thread.currentThread().getName() + " 讀取資
料開始");
```

```
            //從快取中獲取資料
            value = map.get(key);
        }finally {
            System.out.println(Thread.currentThread().getName() + " 讀取資
料結束");
            //釋放讀取鎖
            readLock.unlock();
        }
        //如果從快取中獲取的資料不為空，則直接返回資料
        if (value != null){
            return value;
        }
        //快取中的資料為空
        try{
            //獲取寫入鎖
            writeLock.lock();
            System.out.println(Thread.currentThread().getName() + " 從資料
庫讀取資料並寫入快取開始");
            //模擬從資料庫中獲取資料
            value = getvalueFromDb();
            //將資料放入map快取
            map.put(key, value);
        }finally {
            System.out.println(Thread.currentThread().getName() + " 從資料
庫讀取資料並寫入快取結束");
            //釋放寫入鎖
            writeLock.unlock();
        }
        //返回資料
        return value;
    }

    /**
```

```
     * 模擬從資料庫中獲取資料
     */
    private V getvalueFromDb() {
        return (V) "binghe";
    }
}
```

17.4 測試程式

在 io.binghe.concurrent.chapter17 套件下新建 ReadWriteCacheTest 類別，用於對整個基於讀 / 寫鎖實現的執行緒安全的快取進行測試。整個 ReadWriteCacheTest 類別的原始程式如下。

```
/**
 * @author binghe
 * @version 1.0.0
 * @description 測試快取
 */
public class ReadWriteCacheTest {
    public static void main(String[] args){
        //建立快取物件
        ReadWriteCache<String, Object> readWriteCache = new ConcurrentReadW
riteCache<String, Object>();
        IntStream.range(0, 5).forEach((i) -> {
            new Thread(()->{
                String key = "name_".concat(String.valueOf(i));
                String value = "binghe_".concat(String.valueOf(i));
                readWriteCache.put(key, value);
            }).start();
        });

        IntStream.range(0, 5).forEach((i) -> {
```

```
                new Thread(() -> {
                    String key = "name_".concat(String.valueOf(i));
                    readWriteCache.get(key);
                }).start();
            });
        }
    }
```

在測試類別 ReadWriteCacheTest 的 main() 方法中，首先建立了 ReadWriteCache<String, Object> 介面類別型的物件 readWriteCache；然後連續建立了 5 個執行緒分別呼叫 readWriteCache 的 put() 方法向快取中寫入資料；最後連續建立了 5 個執行緒分別呼叫 readWriteCache 的 get() 方法從快取中讀取資料，用以測試快取的執行緒安全性。

執行 ReadWriteCacheTest 的 main() 方法，輸出的結果如下。

```
Thread-0 寫入資料開始
Thread-0 寫入資料結束
Thread-1 寫入資料開始
Thread-1 寫入資料結束
Thread-2 寫入資料開始
Thread-2 寫入資料結束
Thread-3 寫入資料開始
Thread-3 寫入資料結束
Thread-4 寫入資料開始
Thread-4 寫入資料結束
Thread-5 讀取資料開始
Thread-5 讀取資料結束
Thread-8 讀取資料開始
Thread-6 讀取資料開始
Thread-6 讀取資料結束
Thread-9 讀取資料開始
Thread-9 讀取資料結束
```

```
Thread-7 讀取資料開始
Thread-8 讀取資料結束
Thread-7 讀取資料結束
```

從輸出結果可以看出，同一時刻只能有一個執行緒向快取中寫入資料，此時其他執行緒既不能從快取中讀取資料，也不能向快取中寫入資料。同一時刻允許多個執行緒從快取中讀取資料。輸出的結果符合預期。

17.5 本章複習

本章基於讀 / 寫鎖實現了一個執行緒安全的快取實戰案例。首先，對案例的整體情況進行概述。然後，介紹專案架設的方式。接下來，對案例的核心介面和核心實現類別進行介紹。最後，對整個案例程式進行測試，並輸出測試結果。測試結果符合預期。

下一章將基於 AQS 實現一個可重入鎖。

Chapter

18

基於 AQS 實現可重入鎖實戰

AQS 的全稱是 AbstractQueuedSynchronizer，也就是抽象佇列同步器。第 8 章介紹了 AQS 的核心原理。JDK 中 java.util.concurrent 套件下的大部分工具類別都是基於 AQS 實現的，尤其是在多執行緒並行環境下使用到的 Lock 顯示鎖。本章基於 AQS 實現一個可重入鎖。

本章相關的基礎知識如下。

- 案例概述。
- 專案架設。
- 核心類別實現。
- 測試程式。

18.1 案例概述

AQS 是 JDK 中 Lock 鎖的實現基礎，在 AQS 內部維護了一個同步佇列和一個條件佇列，以及鎖相關的核心狀態位元，支援獨佔鎖和共享鎖兩種模式，同時支援中斷鎖，逾時等待鎖的實現。從某種程度上說，AQS 是一個抽象類別，將複雜的鎖機制抽象出一套統一的範本供其他類別呼叫。

如果想基於 JDK 中 java.util.concurrent.locks 套件下的 Lock 介面實現自訂的鎖，那麼可以建立一個類別繼承 AQS 實現自己的同步器，繼承 AQS 的類別中的具體實現邏輯相對較簡單，就是根據具體同步器的需要，實現執行緒獲取資源和釋放資源的方式，這種方式實際上就是修改同步狀態的變數。其他一些功能，例如，執行緒獲取資源失敗加入佇列、喚醒出隊、執行緒在佇列中的管理等，在 AQS 中已經封裝好了。

本案例基於 AQS 實現了可重入鎖，具體的實現方式為，建立一個名稱為 ReentrantAQSLock 的類別並實現 java.util.concurrent.locks.Lock 介面，在 ReentrantAQSLock 類別中建立一個內部類別 AQSSync 繼承 AbstractQueuedSynchronizer 類別，也就是繼承 AQS。在 AQSSync 類別中，覆載 AbstractQueuedSynchronizer 類別中的 tryAcquire() 方法和 tryRelease() 方法。然後在 ReentrantAQSLock 類別中建立一個內部類別 AQSSync 類型的成員變數 sync。接下來，在 ReentrantAQSLock 類別中實現 Lock 介面的方法時，透過成員變數 sync 呼叫 AbstractQueuedSynchronizer 類別中相關的範本方法即可。

本案例的預期效果為，在多執行緒並行環境下，每個執行緒都能同時多次獲取到由 ReentrantAQSLock 類別實現的鎖，在釋放鎖時，必須執行與加鎖操作相同次數的解鎖操作，當前執行緒才能完全釋放鎖，此時，其他執行緒才能獲取到鎖。另外，在多執行緒並行環境下，由

ReentrantAQSLock 類別實現的鎖能夠保證執行緒安全的 count 自動增加操作。

18.2 專案架設

專案架設的過程相對較簡單，在 Maven 專案 mykit-concurrent-principle 中新建 mykit-concurrent-chapter18 專案模組即可，本章相關的原始程式碼已經提交到 GitHub 和 Gitee，GitHub 和 Gitee 連結位址見 2.4 節結尾。

18.3 核心類別實現

本案例為了在實現上與 JDK 提供的鎖更為接近，會在實現 Lock 介面的類別中，建立一個內部類別繼承 AbstractQueuedSynchronizer 類別，並實現 AbstractQueuedSynchronizer 類別中的 tryAcquire() 方法和 tryRelease() 方法。隨後在實現 Lock 介面定義的方法時，透過內部類別物件來呼叫 AbstractQueuedSynchronizer 類別中的方法。

18.3.1 AQSSync 內部類別的實現

在 io.binghe.concurrent.chapter18 套件下新建 ReentrantAQSLock 類別，在 ReentrantAQSLock 類別中建立一個名稱為 AQSSync 的內部類別，並繼承 AbstractQueuedSynchronizer 類別，AQSSync 類別的原始程式如下。

```
private class AQSSync extends AbstractQueuedSynchronizer{

    @Override
    protected boolean tryAcquire(int acquires) {
        //獲取狀態值
```

```
    int state = getState();
    //獲取當前執行緒物件
    Thread currentThread = Thread.currentThread();
    //如果獲取的狀態值為0，則說明進來的是第一個執行緒
    if (state == 0){
        //將狀態修改為傳遞的arg值
        if (compareAndSetState(0, acquires)){
            //設定當前執行緒獲取到鎖，並且是獨佔鎖
            setExclusiveOwnerThread(currentThread);
            return true;
        }
    }else if (getExclusiveOwnerThread() == currentThread){
        // 當前執行緒已經獲取到鎖，這裡是實現可重入鎖的關鍵程式
        //對狀態增加計數
        int nextc = state + acquires;
        if (nextc < 0) // overflow
            throw new Error("Maximum lock count exceeded");
        //設定狀態值
        setState(nextc);
        return true;
    }
    return false;
}

@Override
protected boolean tryRelease(int releases) {
    if (Thread.currentThread() != getExclusiveOwnerThread())
        throw new IllegalMonitorStateException();
    //對狀態減去對應的計數
    int status = getState() - releases;
    //標識是否完全釋放鎖成功，true為是；false為否
    boolean flag = false;
    //如果狀態減為0，則說明沒有執行緒持有鎖了
```

```
        if (status == 0) {
            //標識為完全釋放鎖成功
            flag = true;
            //設定獲取到鎖的執行緒為null
            setExclusiveOwnerThread(null);
        }
        //設定狀態值
        setState(status);
        //返回是否完全釋放鎖的標識
        return flag;
    }

    final ConditionObject newCondition() {
        return new ConditionObject();
    }
}
```

可以看到，在 AQSSync 類別中，覆載了 AbstractQueuedSynchronizer 類別中的 tryAcquire() 方法和 tryRelease() 方法，同時建立了一個 newCondition() 方法。接下來，詳細介紹 tryAcquire() 方法、tryRelease() 方法和 newCondition() 方法的實現邏輯。

1. tryAcquire() 方法

tryAcquire() 方法表示嘗試獲取資源，在 tryAcquire() 方法中，先獲取當前的狀態值，並且獲取當前的執行緒物件。

如果獲取到的當前狀態值為 0，則表示此時沒有其他執行緒執行過 tryAcquire() 方法，當前執行緒是第一個進入 tryAcquire() 方法的執行緒。然後透過 CAS 方式將當前的狀態值由 0 修改為呼叫 tryAcquire() 方法傳遞的 acquires 值，如果修改狀態值成功，則將當前執行緒設定為獲取到獨佔鎖的執行緒，並返回 true。

如果獲取到的當前狀態值不為 0，則表示此時已經有執行緒執行過 tryAcquire() 方法。此時，又可分為兩種情況：一種情況是執行過 tryAcquire() 方法的執行緒恰好是當前執行緒，另一種情況是執行過 tryAcquire() 方法的執行緒是其他執行緒。

如果執行過 tryAcquire() 方法的執行緒恰好是當前執行緒，則累加 state 狀態的計數，重新設定 state 狀態的值並返回 true。這部分邏輯也是實現可重入鎖的關鍵。

如果執行過 tryAcquire() 方法的執行緒是其他執行緒，則直接返回 false。

2. tryRelease() 方法

tryRelease() 方法表示嘗試釋放資源。在 tryRelease() 方法中，先判斷當前執行緒是否是獲得獨佔鎖的執行緒，如果當前執行緒不是獲得獨佔鎖的執行緒，則直接拋出 IllegalMonitorStateException。

然後獲取當前狀態值，並用當前狀態值減去呼叫 tryRelease() 方法傳遞的 releases 值，將結果值設定給方法的區域變數 state。接下來定義一個表示當前執行緒是否已經完全釋放鎖的標識 flag，預設值為 false，表示未完全釋放鎖。

如果 state 的值為 0，則表示當前執行緒完全釋放鎖成功，將 flag 標識的值修改為 true，並且設定獲取到獨佔鎖的執行緒為 null。

重新設定 state 狀態值，並返回 flag 標識。

3. newCondition() 方法

在 newCondition() 方法中，直接建立 ConditionObject 物件並返回。

18.3.2 ReentrantAQSLock 核心類別的實現

AQSSync 的外部類別 ReentrantAQSLock 實現了 java.util.concurrent.locks.Lock 介面，ReentrantAQSLock 類別的核心原始程式如下。

```
/**
 * @author binghe
 * @version 1.0.0
 * @description 基於AQS實現可重入鎖
 */
public class ReentrantAQSLock implements Lock {

    private AQSSync sync = new AQSSync();

    @Override
    public void lock() {
        sync.acquire(1);
    }

    @Override
    public void lockInterruptibly() throws InterruptedException {
        sync.acquireInterruptibly(1);
    }

    @Override
    public boolean tryLock() {
        return sync.tryAcquire(1);
    }

    @Override
    public boolean tryLock(long time, TimeUnit unit) throws
InterruptedException {
        return sync.tryAcquireNanos(1, unit.toNanos(time));
    }
```

```
    @Override
    public void unlock() {
        sync.release(1);
    }

    @Override
    public Condition newCondition() {
        return sync.newCondition();
    }
}
```

可以看到，在 ReentrantAQSLock 中，建立了一個內部類別 AQSSync 類型的成員變數 sync，在後續實現 Lock 介面的方法中，都是透過成員變數 sync 呼叫 AbstractQueuedSynchronizer 類別中的方法實現的。

18.3.3 完整原始程式碼

為了方便讀者更好地閱讀和理解 ReentrantAQSLock 類別的原始程式，這裡舉出 ReentrantAQSLock 類別的完整原始程式碼，如下所示。

```
/**
 * @author binghe
 * @version 1.0.0
 * @description 基於AQS實現可重入鎖
 */
public class ReentrantAQSLock implements Lock {

    private AQSSync sync = new AQSSync();

    private class AQSSync extends AbstractQueuedSynchronizer{

        @Override
```

```
protected boolean tryAcquire(int acquires) {
    //獲取狀態值
    int state = getState();
    //獲取當前執行緒物件
    Thread currentThread = Thread.currentThread();
    //如果獲取的狀態值為0，則說明進來的是第一個執行緒
    if (state == 0){
        //將狀態修改為傳遞的arg值
        if (compareAndSetState(0, acquires)){
            //設定當前執行緒獲取到鎖，並且是獨佔鎖
            setExclusiveOwnerThread(currentThread);
            return true;
        }
    }else if (getExclusiveOwnerThread() == currentThread){
        //當前執行緒已經獲取到鎖，這裡是實現可重入鎖的關鍵程式
        //對狀態增加計數
        int nextc = state + acquires;
        if (nextc < 0) // overflow
            throw new Error("Maximum lock count exceeded");
        //設定狀態值
        setState(nextc);
        return true;
    }
    return false;
}

@Override
protected boolean tryRelease(int releases) {
    if (Thread.currentThread() != getExclusiveOwnerThread())
        throw new IllegalMonitorStateException();
    //對狀態減去對應的計數
    int status = getState() - releases;
    //標識是否完全釋放鎖成功，true為是；false為否
```

```
            boolean flag = false;
            //如果狀態減為0，則說明沒有執行緒持有鎖了
            if (status == 0) {
                //標識為完全釋放鎖成功
                flag = true;
                //設定獲取到鎖的執行緒為null
                setExclusiveOwnerThread(null);
            }
            //設定狀態值
            setState(status);
            //返回是否完全釋放鎖的標識
            return flag;
        }

        final ConditionObject newCondition() {
            return new ConditionObject();
        }
    }


    @Override
    public void lock() {
        sync.acquire(1);
    }

    @Override
    public void lockInterruptibly() throws InterruptedException {
        sync.acquireInterruptibly(1);
    }

    @Override
    public boolean tryLock() {
        return sync.tryAcquire(1);
```

```
    }

    @Override
    public boolean tryLock(long time, TimeUnit unit) throws
InterruptedException {
        return sync.tryAcquireNanos(1, unit.toNanos(time));
    }

    @Override
    public void unlock() {
        sync.release(1);
    }

    @Override
    public Condition newCondition() {
        return sync.newCondition();
    }
}
```

18.4 測試程式

在 io.binghe.concurrent.chapter18 套件下新建 ReentrantAQSLockTest 類別，用於測試本章實現的可重入鎖，ReentrantAQSLockTest 類別的原始程式如下。

```
/**
 * @author binghe
 * @version 1.0.0
 * @description 測試可重入鎖
 */
public class ReentrantAQSLockTest {
    /**
```

```
     * 成員變數count
     */
    private int count;
    /**
     * 可重入鎖
     */
    private Lock lock = new ReentrantAQSLock();
    /**
     * 自動增加count的方法
     */
    public void incrementCount(){
        try{
            lock.lock();
            System.out.println(Thread.currentThread().getName() + " 第一次
獲取到鎖");
            lock.lock();
            System.out.println(Thread.currentThread().getName() + " 第二次
獲取到鎖");
            count++;
        }finally {
            System.out.println(Thread.currentThread().getName() + " 第一次
釋放鎖");
            lock.unlock();
            System.out.println(Thread.currentThread().getName() + " 第二次
釋放鎖");
            lock.unlock();
        }
    }

    public long getCount(){
        return count;
    }
```

```
    public static void main(String[] args) throws InterruptedException {
        ReentrantAQSLockTest reentrantAQSLockTest = new
ReentrantAQSLockTest();

        for(int i = 0; i < 5; i++){
            Thread thread = new Thread(() -> {
                reentrantAQSLockTest.incrementCount();
            });
            thread.start();
            thread.join();
        }

        System.out.println("count的最終結果為: " + reentrantAQSLockTest.
getCount());
    }
}
```

可以看到，在測試類別 ReentrantAQSLockTest 中，首先定義了一個 int 類型的成員變數 count 和一個 ReentrantAQSLock 類型的成員變數 lock。

然後，建立了一個 incrementCount() 方法實現 count 值的自動增加，在 incrementCount() 方法的 try{} 程式區塊中，透過 lock 成員變數執行兩次加鎖操作，用以測試鎖的可重入性，並列印相關的加鎖日誌，隨後執行 count++ 操作。最後，在 finally{} 程式區塊中，透過 lock 成員變數執行兩次解鎖操作，以達到執行緒完全釋放鎖的目的。

建立了一個 getCount() 方法，用來獲取成員變數 count 的值。

在 main() 方法中，首先建立一個 ReentrantAQSLockTest 類型的物件 reentrantAQSLockTest。然後建立 5 個執行緒，在每個執行緒的 run() 方法中都呼叫 ReentrantAQSLockTest 類別中的 incrementCount() 方法，接

下來，啟動每個執行緒。為了讓每個子執行緒執行完畢後主執行緒都能再執行，在啟動每個執行緒後都呼叫了該執行緒的 join() 方法。最後輸出 count 的結果。

執行 ReentrantAQSLockTest 類別的 main() 方法，輸出的結果如下。

```
Thread-0 第一次獲取到鎖
Thread-0 第二次獲取到鎖
Thread-0 第一次釋放鎖
Thread-0 第二次釋放鎖
Thread-1 第一次獲取到鎖
Thread-1 第二次獲取到鎖
Thread-1 第一次釋放鎖
Thread-1 第二次釋放鎖
Thread-2 第一次獲取到鎖
Thread-2 第二次獲取到鎖
Thread-2 第一次釋放鎖
Thread-2 第二次釋放鎖
Thread-3 第一次獲取到鎖
Thread-3 第二次獲取到鎖
Thread-3 第一次釋放鎖
Thread-3 第二次釋放鎖
Thread-4 第一次獲取到鎖
Thread-4 第二次獲取到鎖
Thread-4 第一次釋放鎖
Thread-4 第二次釋放鎖
count的最終結果為: 5
```

從輸出結果可以看出，每個執行緒都能夠同時多次獲取到鎖，並且每個獲取到鎖的執行緒都要執行與加鎖操作相同次數的解鎖操作後才能完全釋放鎖，此時其他執行緒才能獲取到鎖。由於測試程式中開啟了 5 個執行緒，每個執行緒都呼叫一次 incrementCount() 方法，所以 count 的最終結果為 5。

測試結果符合預期。

18.5 本章複習

本章基於 AQS 實現了一個可重入鎖。首先，對案例進行了概述。然後，簡要地描述了專案的架設方式。接下來，詳細介紹了案例中核心類別的實現。最後，對案例程式進行了測試，測試結果符合預期。

下一章正式進入系統架構篇，對分散式鎖的架構進行深度解密。

第 4 篇

系統架構

Chapter

19

深度解密分散式鎖架構

前面的章節介紹了並行程式設計的基礎、核心原理和實戰案例。本章正式進入全書的系統架構篇。JVM 提供的鎖機制能夠極佳地解決單機多執行緒並行環境下的原子性問題，卻無法極佳地解決分散式環境下的原子性問題。在分散式環境中，如果要極佳地解決原子性問題，則需要使用到分散式鎖。本章就對分散式鎖架構進行深度的解密。

本章相關的基礎知識如下。

- 鎖解決的本質問題。
- 電子商務超賣問題。
- JVM 提供的鎖。
- 分散式鎖。
- CAP 理論與分散式鎖模型。
- 基於 Redis 實現分散式鎖。

19.1 鎖解決的本質問題

無論是單機環境還是分散式環境，只要涉及多執行緒並行環境，就一定存在多個執行緒之間競爭系統資源的現象，從而導致一系列的並行問題。在撰寫並行程式時引入鎖，就是為了解決此問題。

19.2 電子商務超賣問題

在高並行電子商務系統中，如果對提交訂單並扣減庫存的邏輯設計不當，就可能造成意想不到的後果，甚至造成超賣問題。

19.2.1 超賣問題概述

超賣問題包括兩種情況：第一種是在電子商務系統中真實售出的商品數量超過庫存量；第二種是在驗證庫存時出現了問題，導致多個執行緒同時拿到了同一商品的相同庫存量，對同一商品的相同庫存量進行了多次扣減。

針對超賣問題的第二種情況舉一個例子：在高並行電子商務系統中，對庫存進行並行驗證，10 個執行緒同時拿到了商品的庫存量，假設此時的商品庫存量為 1，則 10 個執行緒在這個庫存量的基礎上執行扣減庫存的操作，對同一商品的相同庫存量進行了多次扣減。

19.2.2 超賣問題案例

在高並行電子商務系統中，當使用者提交訂單購買商品時，系統需要先驗證對應的商品庫存數量是否充足，只有在商品庫存數量充足的前提下，才能讓使用者成功下單。當執行下單操作時，需要在商品的庫存數量中減去使用者下單的商品數量，並將結果資料更新到資料庫中。下單扣減庫存的簡化流程如圖 19-1 所示。

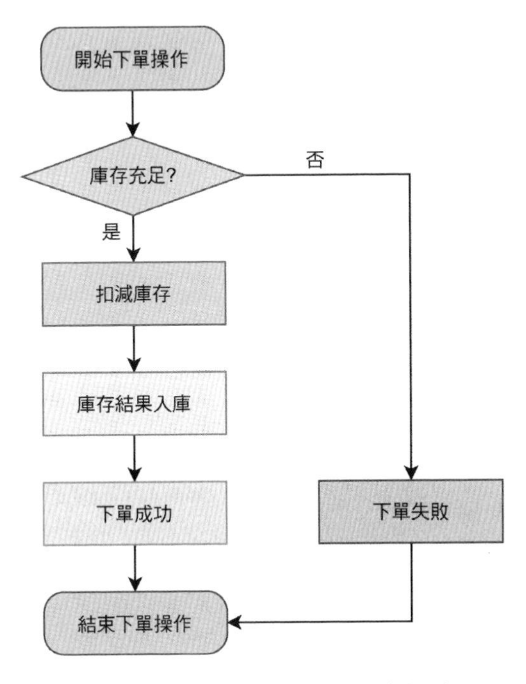

▲ 圖 19-1 下單扣減庫存的簡化流程

為了更加直觀地表述超賣問題，這裡使用 SpringBoot 結合 Redis 的方式簡單實現了一個模擬提交訂單的介面，原始程式如下。

```
/**
 * @author binghe
 * @version 1.0.0
 * @description 測試訂單的介面
 */
@RestController
@RequestMapping("/order/v1")
```

```
public class OrderV1Controller {

    private final Logger logger = LoggerFactory.
getLogger(OrderV1Controller.class);

    /**
     * 假設商品的id為1001
     */
    private static final String PRODUCT_ID = "1001";
    @Autowired
    private StringRedisTemplate stringRedisTemplate;

    @RequestMapping("/submitOrder")
    public String submitOrder(){
        String stockStr = stringRedisTemplate.opsForvalue().get(PRODUCT_ID);
        if (stockStr == null || "".equals(stockStr.trim())){
            logger.info("庫存不足，扣減庫存失敗");
            throw new RuntimeException("庫存不足，扣減庫存失敗");
        }
        //將庫存轉化成int類型，進行減1操作
        int stock = Integer.parseInt(stockStr);
        if(stock > 0){
            stock -= 1;
            stringRedisTemplate.opsForvalue().set(PRODUCT_ID, String.
valueOf(stock));
            logger.info("庫存扣減成功，當前庫存為：{}", stock);
        }else{
            logger.info("庫存不足，扣減庫存失敗");
            throw new RuntimeException("庫存不足，扣減庫存失敗");
        }
        return "success";
    }
}
```

從原始程式可以看出，在提交訂單的 submitOrder() 方法中，假設需要對 id 為 1001 的商品執行扣減庫存的操作。從 Redis 中讀取出商品 id 為 1001 的庫存，如果庫存為空，則列印庫存不足，扣減庫存失敗的日誌並拋出對應異常。然後判斷商品庫存數量是否大於 0，如果商品庫存數量大於 0，則對商品的庫存數量減 1，執行成功後將庫存數量寫入 Redis，並列印庫存扣減成功的日誌。如果商品庫存數量小於 0，則列印庫存不足，扣減庫存失敗的日誌並拋出對應異常。

上述程式看上去沒什麼問題，但是在高並行環境下存在著非常嚴重的執行緒安全問題。為了驗證上述程式的問題，使用 Apache JMeter 對提交訂單的介面進行測試。在 Apache JMeter 中設定執行緒的數量為 5，5 個執行緒同時發送請求，一共執行 1000 次。

接下來，執行 JMeter 來測試提交訂單的介面，輸出的部分結果如下。

```
庫存扣減成功，當前庫存為：75
庫存扣減成功，當前庫存為：75
庫存扣減成功，當前庫存為：75
庫存扣減成功，當前庫存為：75
庫存扣減成功，當前庫存為：75
```

從輸出結果可以看出，在測試過程中的某個時刻透過 5 個執行緒向提交訂單的介面發送請求，其實是發送了 5 次請求，但是每次請求列印出的結果相同。

説明上述扣減庫存的程式出現了超賣問題的第二種情況：在檢驗庫存時出現了問題，導致多個執行緒同時拿到了同一商品的相同庫存量，對同一商品的相同庫存量進行了多次扣減。

19.3 JVM 提供的鎖

JVM 提供 synchronized 鎖，而 JDK 提供 Lock 鎖。無論是 synchronized 鎖還是 Lock 鎖，都只能在單機環境下實現一些簡單的執行緒互斥功能，無法解決分散式環境下的執行緒安全問題。

19.3.1 JVM 鎖的原理

有關 synchronized 鎖的核心原理，讀者可參見第 7 章的內容，有關 Lock 鎖的核心原理，讀者可參見第 9 章的內容，筆者在此不再贅述。

19.3.2 JVM 鎖的不足

無論是 synchronized 鎖還是 Lock 鎖，都是 JVM 等級的，只在 JVM 處理程序內部有效。也就是說，synchronized 鎖和 Lock 鎖只會在同一個 Java 處理程序內有效，如果面對分散式場景下的高並行問題，就會顯得力不從心了。

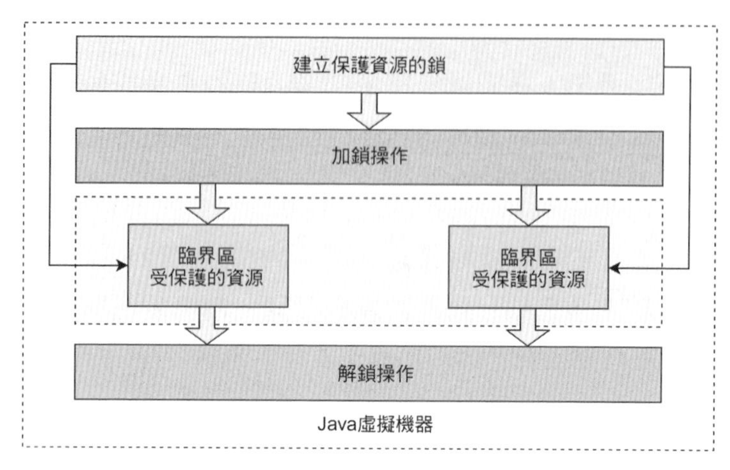

▲ 圖 19-2 synchronized 鎖和 Lock 鎖的互斥原理

synchronized 鎖和 Lock 鎖能夠在 JVM 等級保證高並行程式中多個執行緒之間的互斥，其互斥原理如圖 19-2 所示。

如果將應用程式部署成分散式架構，或者將應用程式部署在不同的 JVM 處理程序中，synchronized 鎖和 Lock 鎖就不能保證分散式架構和多 JVM 處理程序下應用程式的互斥性了。

分散式架構和 JVM 多處理程序的本質都是將應用程式部署在不同的 JVM 實例中，換句話説，其本質都是將程式執行在多個 JVM 處理程序中，而無論是 synchronized 鎖還是 Lock 鎖，都無法保證多 JVM 處理程序間應用程式的互斥性，如圖 19-3 所示。

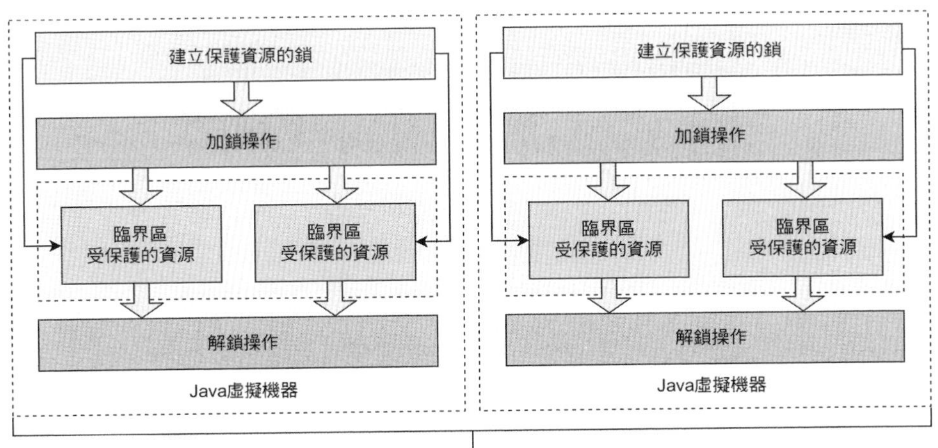

▲ 圖 19-3 synchronized 鎖和 Lock 鎖無法保證多 JVM 處理程序間應用程式的互斥性

如果需要保證多個執行緒存取這些應用程式的互斥性，則需要使用分散式鎖。

19.4 分散式鎖

分散式鎖，顧名思義，就是在分散式環境下，為了保證多個執行緒存取資源的互斥性而使用的鎖。本節簡單介紹分散式鎖的實現方法和基本要求。

19.4.1 分散式鎖的實現方法

在實現分散式鎖時，可以參照 JVM 鎖實現的方法。JVM 鎖是透過改變 Java 物件的物件標頭中的鎖標識位元來實現的，也就是說，所有的執行緒都會存取這個 Java 物件的物件標頭中的鎖標識位元，如圖 19-4 所示。

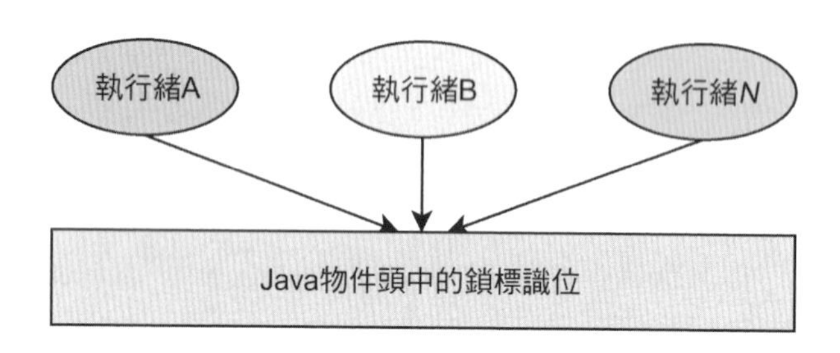

▲ 圖 19-4 多個執行緒存取 Java 物件標頭中的鎖標識位元

以同樣的方法來實現分散式鎖，將應用程式進行拆分並部署成分散式架構，所有應用程式中的執行緒在存取共享變數時，都到同一個地方檢查當前程式的臨界區是否進行了加鎖操作。可以在統一的地方使用對應的狀態來標記是否進行了加鎖操作，這個統一的地方可以是儲存加鎖狀態的服務，如圖 19-5 所示。

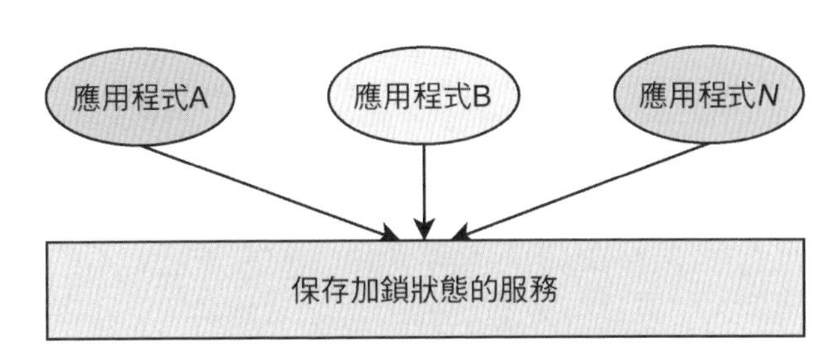

▲ 圖 19-5 儲存加鎖狀態的服務

可以看到，分散式鎖的實現方法與 JVM 鎖的實現方法類似，只是在實現 JVM 鎖時，將鎖的狀態儲存在 Java 的物件標頭中，而在實現分散式鎖時，將鎖的狀態儲存在一個外部服務中。這個外部服務可以使用 MySQL、Redis 和 Zookeeper 等資料儲存服務實現。

19.4.2 分散式鎖的基本要求

要實現一個分散式鎖，整體上需要滿足如下基本要求。

1. 支援互斥性

支援多個執行緒操作同一共享變數的互斥性，這是實現鎖的最基本要求。

2. 支援阻塞與非阻塞

當某個執行緒獲取分散式鎖失敗時，分散式鎖能夠支援當前執行緒是阻塞還是非阻塞的特性。

3. 支援可重入性

分散式鎖能夠支援同一執行緒同時多次獲取同一個分散式鎖的特性。

4. 支援鎖逾時

為了避免出現獲取到分散式鎖的執行緒因意外退出，進而無法正常釋放鎖，導致其他執行緒無法正常獲取到鎖的情況，分散式鎖需要支援逾時機制，若加鎖時長超過一定時間，鎖就會自動釋放。

5. 支援高可用

在分散式環境下，大部分是高並行、大流量的場景，多個執行緒同時存取分散式鎖服務，這就要求分散式鎖能夠支援高可用性。

19.5 CAP 理論與分散式鎖模型

在分散式領域，有一個非常著名的理論，那就是 CAP 理論。本節簡單介紹 CAP 理論和分散式鎖的 AP 和 CP 架構模型。

19.5.1 CAP 理論

CAP 理論由 C、A 和 P 三部分組成，每個字母的含義如下。

- C：全稱是 Consistency，一致性，表示在分散式環境下，所有節點在任意時刻都具有相同的資料。
- A：全稱是 Availability，可用性，表示在分散式環境下，每個請求都能夠得到回應，但是不保證能夠獲取到最新的資料。
- P：全稱是 Partition tolerance，分區容錯性，表示在分散式場景下，分散式系統當遇到任何網路磁碟分割故障時，都能繼續對外提供服務。

同時，CAP 理論指出，在分散式環境下，不可能同時保證一致性、可用性和分區容錯性，最多只能保證其中的兩個特性。由於分散式環境下的網路是不穩定的，所以必須保證分區容錯性，也就是要保證 CAP 中的 P。因此，在分散式環境下，只能保證 AP 或 CP，即只能保證可用性和分區容錯性，或者只能保證一致性和分區容錯性。

19.5.2 基於 Redis 的 AP 架構模型

Redis 作為最常用的分散式快取資料庫之一，在分散式場景下，實現了 AP 架構模型，如圖 19-6 所示。

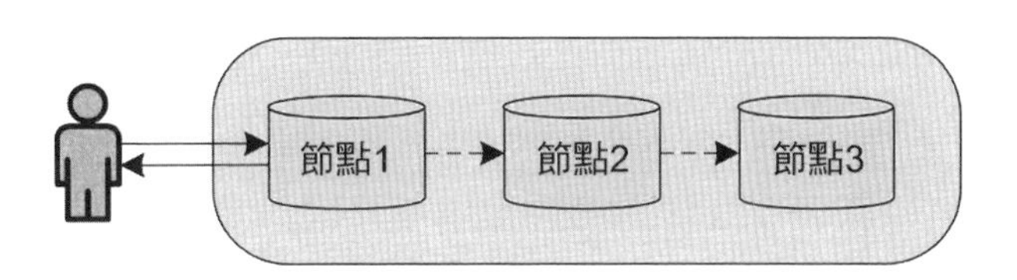

▲ 圖 19-6 基於 Redis 的 AP 架構模型

由圖 19-6 可以看出，在基於 Redis 實現的 AP 架構模型中，向 Redis 的節點 1 寫入資料後，會立即返回結果，之後在 Redis 中會以非同步的方式同步資料。

19.5.3 基於 Zookeeper 的 CP 架構模型

Zookeeper 作為分散式場景下的協調服務，其在架構上實現了 CAP 理論中的 CP 架構模型，如圖 19-7 所示。

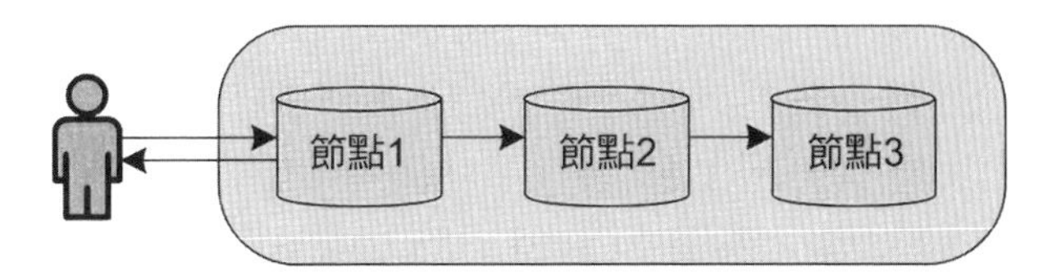

▲ 圖 19-7 基於 Zookeeper 的 CP 架構模型

由圖 19-7 可以看出，在基於 Zookeeper 實現的 CP 架構模型中，向節點 1 寫入資料後，會等待資料向節點 2 和節點 3 的同步結果。當資料在大多數 Zookeeper 節點間同步成功後，才返回結果資料。

19.5.4 AP 架構模型的問題與解決方案

在使用基於 Redis 的 AP 架構模型實現分散式鎖時，當 Redis 處於叢集環境時，如果 Redis 的 Master 節點與 Slave 節點之間資料同步失敗，就會出現問題，如圖 19-8 所示。

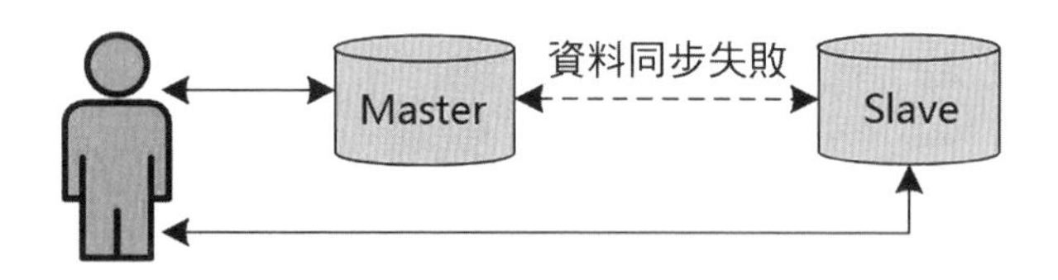

▲ 圖 19-8　Redis 中 Master 節點與 Slave 節點之間資料同步失敗

由圖 19-8 可知，當執行緒向 Redis 的 Master 節點寫入資料後，Master 節點向 Slave 節點同步資料失敗了。此時，如果另一個執行緒讀取 Slave 節點的資料，發現 Slave 節點中沒有對應的資料，也就是沒有增加對應的分散式鎖，就會出現某個執行緒增加分散式鎖成功後，其他執行緒未檢測到 Redis 中存在分散式鎖標識的問題。

所以，在使用基於 Redis 的 AP 架構模型實現分散式鎖時，也需要注意 Redis 節點之間的資料同步問題。

為了解決基於 Redis 的 AP 架構模型實現分散式鎖時，出現某個執行緒增加分散式鎖成功後，其他執行緒未檢測到 Redis 中存在分散式鎖標識的問題，Redisson 框架提供了紅鎖的實現，而 Redisson 框架是基於 Redis 的 AP 架構模型實現的一套通用的分散式鎖方案。

在 Redisson 框架中，RedissonRedLock 類別實現了紅鎖的加鎖演算法。RedissonRedLock 類別的物件可以將多個 RLock 物件連結為一個紅鎖，其中，每個 RLock 物件都可以來自不同的 Redisson 實例。當紅鎖中超過半數的 RLock 物件加鎖成功後，才會最終認為加鎖是成功的，這樣就提高了分散式鎖的高可用性。

使用 Redisson 框架實現紅鎖的程式如下。

```
/**
 * 以3個RedissonClient測試紅鎖
 */
public void testRedLockByThreeRessionClient(RedissonClient redisson1,
                           RedissonClient redisson2,
                           RedissonClient redisson3){
   RLock lock1 = redisson1.getLock("lock1");
   RLock lock2 = redisson2.getLock("lock2");
   RLock lock3 = redisson3.getLock("lock3");
   RedissonRedLock lock = new RedissonRedLock(lock1, lock2, lock3);
   try {
      //lock1、lock2、lock3大多數加鎖成功，最終加鎖成功
      lock.lock();
      //TODO 執行加鎖成功的邏輯
   } finally {
      lock.unlock();
   }
}
```

上述程式的實現相對較簡單，筆者不再贅述。

> **注意**：其實，在實際的高並行場景中，紅鎖是很少被使用的。因為使用紅鎖會影響高並行環境下程式的性能，使得程式的體驗變差。所以，在實際的高並行場景中，一般透過保證 Redis 叢集的可靠性來保證分散式鎖的可靠性。在使用紅鎖後，當加鎖成功的 RLock 個數不超過總數的一半時，會返回加鎖失敗的結果，即使在業務層面加鎖成功了，紅鎖也會返回加鎖失敗的結果。另外，在使用紅鎖時，需要提供多套 Redis 的主從部署架構，並且多套 Redis 主從架構中的 Master 節點必須都是獨立的，沒有任何資料互動和資料依賴。

19.6 基於 Redis 實現分散式鎖

實現分散式鎖的方法很多，可以基於 MySQL 資料庫實現，可以基於 Redis 實現，也可以基於 Zookeeper 實現。本節基於 Redis 實現一個分散式鎖，並深入剖析實現分散式鎖的過程中涉及的一系列問題和解決方案。

19.6.1 Redis 命令分析

在 Redis 中，提供了一個不常用的命令，如下所示。

```
SETNX key value
```

SETNX 命令的含義是 "SET if Not Exists"，當 Redis 中不存在當前 key 時，才會將 key 的值設定為 value 並儲存到 Redis 中。如果 Redis 中已經存在當前 key，則不做任何操作。

使用 SETNX 命令設定值時，返回的結果如下。

- 1：如果 Redis 中不存在當前 key，則在設定 key-value 成功時返回 1。

- 0：如果 Redis 中存在當前 key，則在設定 key-value 失敗時返回 0。

所以，在分散式高並行環境下，可以使用 Redis 的 SETNX 命令來實現分散式鎖。假設此時執行緒 A 和執行緒 B 同時存取臨界區程式，執行緒 A 先執行了 SETNX 命令向 Redis 中設定了鎖狀態，並返回結果 1，繼續執行。當執行緒 B 再次執行 SETNX 命令時，返回的結果為 0，執行緒 B 不能繼續執行。只有在執行緒 A 執行 DEL 命令將設定的鎖狀態刪除後，執行緒 B 才會成功執行 SETNX 命令設定加鎖狀態並繼續執行。

19.6.2 引入分散式鎖

在了解了如何使用 Redis 中的命令實現分散式鎖後，就可以對提交訂單的介面進行改造了。在 19.2 節案例程式的基礎上進行改造，改造後的提交訂單方法的程式如下。

```
@RequestMapping("/submitOrder")
public String submitOrder(){
   //獲取當前執行緒的id
   long threadId = Thread.currentThread().getId();
   //透過stringRedisTemplate來呼叫Redis的SETNX命令
   //key為商品的id，value為當前執行方法的執行緒id
   Boolean isLocked = stringRedisTemplate.opsForvalue().
setIfAbsent(PRODUCT_ID,
 String.valueOf(threadId));
   //獲取鎖失敗，直接返回下單失敗的結果
   if (!isLocked){
      return "failure";
   }
   String stockStr = stringRedisTemplate.opsForvalue().get(PRODUCT_ID);
   if (stockStr == null || "".equals(stockStr.trim())){
      logger.info("庫存不足，扣減庫存失敗");
```

```
        throw new RuntimeException("庫存不足，扣減庫存失敗");
    }
    //將庫存轉化成int類型，進行減1操作
    int stock = Integer.parseInt(stockStr);
    if(stock > 0){
        stock -= 1;
        stringRedisTemplate.opsForvalue().set(PRODUCT_ID, String.
valueOf(stock));
        logger.info("庫存扣減成功，當前庫存為{}", stock);
    }else{
        logger.info("庫存不足，扣減庫存失敗");
        throw new RuntimeException("庫存不足，扣減庫存失敗");
    }
    //執行完業務後，刪除PRODUCT_ID，釋放鎖
    stringRedisTemplate.delete(PRODUCT_ID);
    return "success";
}
```

在 submitOrder() 方法中，首先獲取執行方法的執行緒 id，然後透過 stringRedisTemplate 呼叫 Redis 的 SETNX 命令，key 為商品的 id，value 為當前執行方法的執行緒 id，表示增加分散式鎖。如果呼叫失敗返回 false，則在程式中直接返回 failure，表示下單失敗。如果呼叫成功則執行扣減庫存的操作。最後呼叫 stringRedisTemplate 的 delete() 方法刪除以商品 id 為 key 的資料，表示釋放分散式鎖。

上述程式雖然能夠保證扣減庫存業務的原子性，但是非常不建議在實際生產環境中使用。

假設執行緒 A 首先執行 stringRedisTemplate.opsForvalue() 的 setIfAbsent() 方法返回 true 並繼續執行，在執行業務程式時拋出了異常，執行緒 A 直接退出了 JVM。此時，"stringRedisTemplate. delete(PRODUCT_ID);

" 程式還沒來得及執行，那麼之後所有的執行緒進入提交訂單的方法呼叫 stringRedisTemplate.opsForvalue() 的 setIfAbsent() 方法時，都會返回 false，導致後續的所有下單操作都會失敗。這就是分散式場景下的鎖死問題。

此時，需要為程式引入 try-finally 程式區塊。

19.6.3 引入 try-finally 程式區塊

為 submitOrder() 方法增加 try-finally 程式區塊之後的程式如下。

```
@RequestMapping("/submitOrder")
public String submitOrder(){
    //獲取當前執行緒的id
    long threadId = Thread.currentThread().getId();
    //透過stringRedisTemplate來呼叫Redis的SETNX命令
    //key為商品的id，value為當前執行方法的執行緒id
    Boolean isLocked = stringRedisTemplate.opsForvalue().
setIfAbsent(PRODUCT_ID,
 String.valueOf(threadId));
    //獲取鎖失敗，直接返回下單失敗的結果
    if (!isLocked){
        return "failure";
    }
    try{
        String stockStr = stringRedisTemplate.opsForvalue().get(PRODUCT_ID);
        if (stockStr == null || "".equals(stockStr.trim())){
            logger.info("庫存不足，扣減庫存失敗");
            throw new RuntimeException("庫存不足，扣減庫存失敗");
        }
        //將庫存轉化成int類型，進行減1操作
        int stock = Integer.parseInt(stockStr);
```

```
        if(stock > 0){
            stock -= 1;
            stringRedisTemplate.opsForvalue().set(PRODUCT_ID, String.
valueOf(stock));
            logger.info("庫存扣減成功，當前庫存為{}", stock);
        }else{
            logger.info("庫存不足，扣減庫存失敗");
            throw new RuntimeException("庫存不足，扣減庫存失敗");
        }
    }finally {
        //執行完業務後，刪除PRODUCT_ID，釋放鎖
        stringRedisTemplate.delete(PRODUCT_ID);
    }
    return "success";
}
```

那麼，上述程式是否真正解決了鎖死的問題呢？實際上，生產環境是非常複雜的。如果在執行緒成功加鎖但還未刪除鎖標識時，伺服器當機了，程式並沒有優雅地退出 JVM，那麼也會使得後續的執行緒在進入提交訂單的方法時，因無法成功設定鎖標識位元而下單失敗。所以，上述程式仍然存在問題。

19.6.4 引入 Redis 逾時機制

為了避免獲得鎖的執行緒因意外情況退出導致鎖死，在分散式鎖的實現中，引入 Redis 的逾時機制，修改後的程式如下。

```
@RequestMapping("/submitOrder")
public String submitOrder(){
    //獲取當前執行緒的id
    long threadId = Thread.currentThread().getId();
```

```
    //透過stringRedisTemplate來呼叫Redis的SETNX命令
    //key為商品的id，value為當前執行方法的執行緒id
    Boolean isLocked = stringRedisTemplate.opsForvalue().
setIfAbsent(PRODUCT_ID, String.valueOf(threadId));
    //獲取鎖失敗，直接返回下單失敗的結果
    if (!isLocked){
        return "failure";
    }
    try{
        //引入Redis的逾時機制
        stringRedisTemplate.expire(PRODUCT_ID, 30, TimeUnit.SECONDS);
        String stockStr = stringRedisTemplate.opsForvalue().get(PRODUCT_ID);
        if (stockStr == null || "".equals(stockStr.trim())){
            logger.info("庫存不足，扣減庫存失敗");
            throw new RuntimeException("庫存不足，扣減庫存失敗");
        }
        //將庫存轉化成int類型，進行減1操作
        int stock = Integer.parseInt(stockStr);
        if(stock > 0){
            stock -= 1;
            stringRedisTemplate.opsForvalue().set(PRODUCT_ID, String.
valueOf(stock));
            logger.info("庫存扣減成功，當前庫存為{}", stock);
        }else{
            logger.info("庫存不足，扣減庫存失敗");
            throw new RuntimeException("庫存不足，扣減庫存失敗");
        }
    }finally {
        //執行完業務後，刪除PRODUCT_ID，釋放鎖
        stringRedisTemplate.delete(PRODUCT_ID);
    }
    return "success";
}
```

可以看到，在 submitOrder() 方法的 try{} 程式區塊中增加了過期自動刪除 Redis 中資料的程式，如下所示。

```
//引入Redis的逾時機制
stringRedisTemplate.expire(PRODUCT_ID, 30, TimeUnit.SECONDS);
```

這裡設定的過期時間是 30s。

19.6.5 加鎖操作原子化

在 submitOrder() 方法中為分散式鎖引入了逾時機制，此時還是無法真正避免鎖死的問題，那究竟是為何呢？試想，當程式執行完 stringRedisTemplate.opsForvalue().setIfAbsent() 方法後，正要執行 stringRedisTemplate.expire(PRODUCT_ID, 30, TimeUnit.SECONDS) 程式時，伺服器當機了。此時，後續請求在進入提交訂單的方法時都無法成功設定鎖標識，從而導致下單流程無法正常執行。

如何解決這個問題呢？ Redis 已經提供了解決方案。可以在向 Redis 中儲存資料的同時，指定資料的逾時時間。所以，可以將 submitOrder() 方法的程式修改為如下所示。

```
@RequestMapping("/submitOrder")
public String submitOrder(){
    //獲取當前執行緒的id
    long threadId = Thread.currentThread().getId();
    //透過stringRedisTemplate來呼叫Redis的SETNX命令
    //key為商品的id，value為當前執行方法的執行緒id
    Boolean isLocked = stringRedisTemplate.opsForvalue().
setIfAbsent(PRODUCT_ID,
 String.valueOf(threadId), 30, TimeUnit.SECONDS);
    //獲取鎖失敗，直接返回下單失敗的結果
```

```
    if (!isLocked){
        return "failure";
    }
    try{
        String stockStr = stringRedisTemplate.opsForvalue().get(PRODUCT_ID);
        if (stockStr == null || "".equals(stockStr.trim())){
            logger.info("庫存不足，扣減庫存失敗");
            throw new RuntimeException("庫存不足，扣減庫存失敗");
        }
        //將庫存轉化成int類型，進行減1操作
        int stock = Integer.parseInt(stockStr);
        if(stock > 0){
            stock -= 1;
            stringRedisTemplate.opsForvalue().set(PRODUCT_ID, String.
valueOf(stock));
            logger.info("庫存扣減成功，當前庫存為{}", stock);
        }else{
            logger.info("庫存不足，扣減庫存失敗");
            throw new RuntimeException("庫存不足，扣減庫存失敗");
        }
    }finally {
        //執行完業務後，刪除PRODUCT_ID，釋放鎖
        stringRedisTemplate.delete(PRODUCT_ID);
    }
    return "success";
}
```

在上述程式在向 Redis 中設定鎖標識位元時設定了逾時時間。此時，只要向 Redis 中成功設定了資料，那麼即使業務系統當機，Redis 中的資料過期後也會被自動刪除。後續的執行緒在進入提交訂單的方法後，會成功設定鎖標識位元，並執行正常的下單流程。

19.6.6 誤刪鎖分析

在實際開發系統的公共元件，如實現分散式鎖時，往往會將一些功能取出成公共的類別供系統中其他的類別呼叫。這裡，假設定義了一個 RedisDistributeLock 介面，如下所示。

```
/**
 * @author binghe
 * @version 1.0.0
 * @description Redis分散式鎖介面
 */
public interface RedisDistributeLock {
    /**
     * 加鎖
     */
    boolean tryLock(String key, long timeout, TimeUnit unit);

    /**
     * 解鎖
     */
    void releaseLock(String key);
}
```

可以看到，RedisDistributeLock 介面的程式相對較簡單，定義了一個 tryLock() 方法，表示加鎖操作，定義了一個 releaseLock() 方法，表示解鎖操作。

接下來，建立 RedisDistributeLockImpl 類別來實現 RedisDistributeLock 介面，RedisDistributeLockImpl 類別的原始程式如下。

```
/**
 * @author binghe
```

```
 * @version 1.0.0
 * @description 實現Redis分散式鎖
 */
@Service
public class RedisDistributeLockImpl implements RedisDistributeLock{
    @Autowired
    private StringRedisTemplate stringRedisTemplate;
    @Override
    public boolean tryLock(String key, long timeout, TimeUnit unit) {

        return stringRedisTemplate.opsForvalue().setIfAbsent(key,
this.getCurrentThreadId(), timeout, unit);
    }

    @Override
    public void releaseLock(String key) {
        stringRedisTemplate.delete(key);
    }

    private String getCurrentThreadId(){
        return String.valueOf(Thread.currentThread().getId());
    }
}
```

從開發整合的角度看，當一個執行緒從上向下執行時，首先對程式進行加鎖操作，然後執行業務程式，最後執行釋放鎖的操作。理論上，在加鎖和釋放鎖時，操作的 Redis key 都是一樣的。但是，如果其他開發人員在撰寫程式時，並沒有呼叫 tryLock() 方法，而是直接呼叫了 releaseLock() 方法，並且呼叫 releaseLock() 方法傳遞的 key 與之前呼叫 tryLock() 方法傳遞的 key 一樣，此時就會出現問題，後續執行業務的執行緒會將之前執行緒增加的分散式鎖刪除。

19.6.7 實現加鎖和解鎖歸一化

什麼是加鎖和解鎖的歸一化呢？簡單來說，就是一個執行緒執行了加鎖操作後，必須由這個執行緒執行解鎖操作，加鎖和解鎖操作由同一個執行緒完成。

為了達到只有加鎖的執行緒才能進行對應的解鎖操作的目的，需要將加鎖和解鎖操作綁定到同一個執行緒中，那麼應如何操作呢？其實很簡單，使用 ThreadLocal 類別就能夠解決這個問題。此時，將 RedisDistributeLockImpl 類別的程式修改為如下所示。

```
/**
 * @author binghe
 * @version 1.0.0
 * @description 實現Redis分散式鎖
 */
@Service
public class RedisDistributeLockImpl implements RedisDistributeLock{
    @Autowired
    private StringRedisTemplate stringRedisTemplate;
    private ThreadLocal<String> threadLocal = new ThreadLocal<String>();
    @Override
    public boolean tryLock(String key, long timeout, TimeUnit unit) {
        String currentThreadId = this.getCurrentThreadId();
        threadLocal.set(currentThreadId);
        return stringRedisTemplate.opsForvalue().setIfAbsent(key,
currentThreadId, timeout, unit);
    }

    @Override
    public void releaseLock(String key) {
     //當當前執行緒中綁定的執行緒id與Redis中的執行緒id相同時，執行刪除鎖的操作
```

```
        if (threadLocal.get().equals(stringRedisTemplate.opsForvalue().
get(key))){
            stringRedisTemplate.delete(key);
            //防止記憶體洩露
            threadLocal.remove();
        }
    }

    private String getCurrentThreadId(){
        return String.valueOf(Thread.currentThread().getId());
    }
}
```

上述程式的主要邏輯為，在對程式嘗試執行加鎖操作時，先獲取當前執行緒的 id，將獲取到的執行緒 id 綁定到當前執行緒，並將傳遞的 key 參數作為 Redis 中的 key，將獲取的執行緒 id 作為 Redis 中的 value 儲存到 Redis 中，同時設定逾時時間。當執行解鎖操作時，首先判斷當前執行緒中綁定的執行緒 id 是否和 Redis 中儲存的執行緒 id 相同，只有在二者相同時，才會執行刪除鎖標識位元的操作。這就避免了在一個執行緒對程式進行了加鎖操作後，其他執行緒對這個鎖進行解鎖操作的問題。同時，為了避免 ThreadLocal 記憶體洩露的問題，在成功刪除鎖標識位元後，呼叫 ThreadLocal 的 remove() 方法刪除執行緒綁定的資料。

19.6.8 可重入性分析

在前面的程式中，當一個執行緒成功設定了鎖標識位元後，其他的執行緒再設定鎖標識位元時，就會返回失敗。在使用前面的程式實現分散式鎖時，有一種場景是在提交訂單的介面方法中呼叫了服務 A，服務 A 呼叫了服務 B，而服務 B 的方法中存在對同一個商品的加鎖和解鎖操作。

所以，在服務 B 成功設定鎖標識位元後，提交訂單的介面方法繼續執行時，也不能成功設定鎖標識位元了。也就是說，目前實現的分散式鎖沒有可重入性。

可重入性指同一個執行緒能夠多次獲取同一把鎖，並且能夠按照順序進行解鎖操作。其實，在 JDK 1.5 之後提供的鎖很多都支援可重入性，比如 synchronized 和 Lock。

那麼，在實現分散式鎖時，如何支援鎖的可重入性呢？

在映射到分散式鎖的加鎖和解鎖方法時的問題是，如何保證同一個執行緒能夠多次獲取到鎖（設定鎖標識位元）？其實，可以這樣設計：如果當前執行緒沒有綁定執行緒 id，則生成執行緒 id 綁定到當前執行緒，並且在 Redis 中設定鎖標識位元。如果當前執行緒已經綁定了執行緒 id，則直接返回 true，證明當前執行緒之前已經設定了鎖標識位元，也就是說已經獲取到了鎖，直接返回 true。

結合以上分析，將 RedisDistributeLockImpl 的程式修改為如下所示。

```
/**
 * @author binghe
 * @version 1.0.0
 * @description 實現Redis分散式鎖
 */
@Service
public class RedisDistributeLockImpl implements RedisDistributeLock{
    @Autowired
    private StringRedisTemplate stringRedisTemplate;
    private ThreadLocal<String> threadLocal = new ThreadLocal<String>();
    @Override
    public boolean tryLock(String key, long timeout, TimeUnit unit) {
```

```
        Boolean isLocked = false;
        if (threadLocal.get() == null){
            String currentThreadId = this.getCurrentThreadId();
            threadLocal.set(currentThreadId);
            isLocked = stringRedisTemplate.opsForvalue().setIfAbsent(key,
currentThreadId, timeout, unit);
        }else{
            isLocked = true;
        }
        return isLocked;
    }

    @Override
    public void releaseLock(String key) {
     //當當前執行緒中綁定的執行緒id與Redis中的執行緒id相同時，執行刪除鎖的操作
        if (threadLocal.get().equals(stringRedisTemplate.opsForvalue().
get(key))){
            stringRedisTemplate.delete(key);
            //防止記憶體洩露
            threadLocal.remove();
        }
    }

    private String getCurrentThreadId(){
        return String.valueOf(Thread.currentThread().getId());
    }
}
```

不少讀者可能會認為上述程式沒什麼問題了，但是仔細分析後發現，上述程式還是存在可重入性的問題。

假設在提交訂單的方法中，先使用 RedisDistributeLock 介面對程式區塊增加了分散式鎖，在加鎖後的程式中呼叫了服務 A，服務 A 中也

存在呼叫 RedisDistributeLock 介面的加鎖和解鎖操作。而在多次呼叫 RedisDistributeLock 介面的加鎖操作時，只要之前的鎖沒有故障，就會直接返回 true，表示成功獲取鎖。也就是說，無論呼叫加鎖操作多少次，最終都只會成功加鎖一次。當執行完服務 A 中的邏輯後，在服務 A 中呼叫 RedisDistributeLock 介面的解鎖方法時，會將當前執行緒所有的加鎖操作獲得的鎖都釋放。可重入性問題複現流程如圖 19-9 所示。

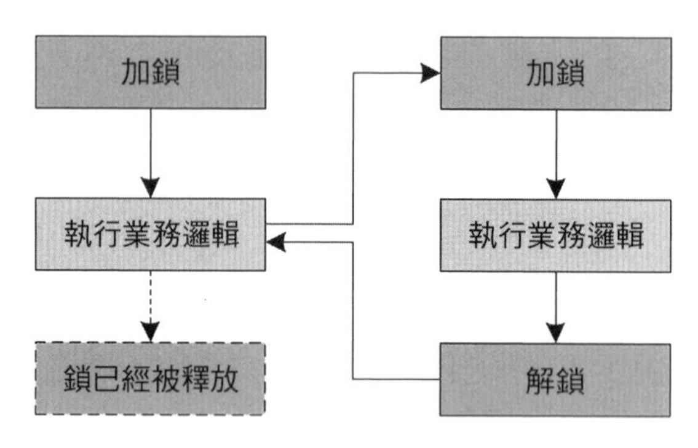

▲ 圖 19-9 可重入性問題複現流程

由圖 19-9 可以直觀地看出，在上述程式的實現中，在一個方法中增加的分散式鎖，會在呼叫的另一個方法中被釋放，導致當前方法中的分散式鎖故障。所以，上述程式仍然存在可重入性的問題。

19.6.9 解決可重入性問題

可以參照 ReentrantLock 鎖實現可重入性的思路，在加鎖和解鎖的方法中加入計數器，加入計數器實現可重入性的流程如圖 19-10 所示。

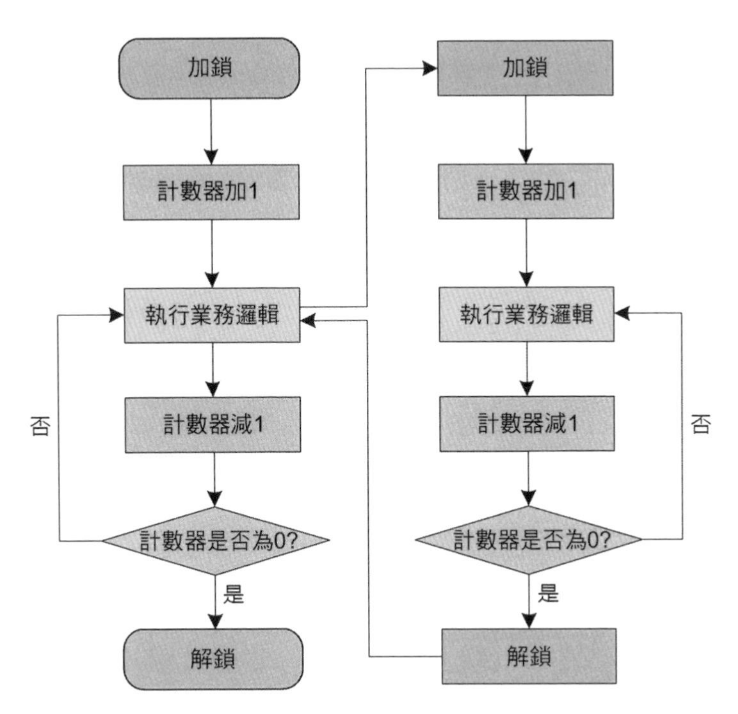

▲ 圖 19-10 加入計數器實現可重入性的流程

按照上面的思路修改 RedisDistributeLockImpl 的類別，修改後的程式如下所示。

```
/**
 * @author binghe
 * @version 1.0.0
 * @description 實現Redis分散式鎖
 */
@Service
public class RedisDistributeLockImpl implements RedisDistributeLock{
    @Autowired
    private StringRedisTemplate stringRedisTemplate;
    private ThreadLocal<String> threadLocal = new ThreadLocal<String>();
    private ThreadLocal<Integer> threadLocalCount = new
```

```
ThreadLocal<Integer>();
    @Override
    public boolean tryLock(String key, long timeout, TimeUnit unit) {
        Boolean isLocked = false;
        if (threadLocal.get() == null){
            String currentThreadId = this.getCurrentThreadId();
            threadLocal.set(currentThreadId);
            isLocked = stringRedisTemplate.opsForvalue().setIfAbsent(key,
currentThreadId, timeout, unit);
        }else{
            isLocked = true;
        }
        //加鎖成功後，計數器的值加1
        if (isLocked){
            Integer count = threadLocalCount.get() == null ? 0 :
threadLocalCount.get();
            threadLocalCount.set(count++);
        }
        return isLocked;
    }

    @Override
    public void releaseLock(String key) {
     //當當前執行緒中綁定的執行緒id與Redis中的執行緒id相同時，執行刪除鎖的操作
        if (threadLocal.get().equals(stringRedisTemplate.opsForvalue().
get(key))){
            Integer count = threadLocalCount.get();
            if (count == null || --count <= 0){
                stringRedisTemplate.delete(key);
                //防止記憶體洩露
                threadLocal.remove();
                threadLocalCount.remove();
            }
```

```
        }
    }
    private String getCurrentThreadId(){
        return String.valueOf(Thread.currentThread().getId());
    }
}
```

至此，上述程式基本解決了可重入性的問題。

19.6.10 實現鎖的阻塞性

在提交訂單的方法中，當獲取 Redis 分散式鎖失敗時，直接返回了 failure 來表示當前請求下單的操作失敗了。在高並行環境下，一旦某個請求獲得了分散式鎖，那麼，在這個請求釋放鎖之前，當其他的請求呼叫下單方法時，都會返回下單失敗的資訊。在真實場景中，這是非常不友善的。所以在實現上，可以將後續的請求進行阻塞，直到當前請求釋放鎖後，再喚醒阻塞的請求獲得分散式鎖來執行方法。

所以，這裡的分散式鎖需要支援阻塞和非阻塞的特性。

那麼，如何實現阻塞呢？一種簡單的方式就是執行自旋操作，繼續修改 RedisDistributeLockImpl 的程式如下所示。

```
/**
 * @author binghe
 * @version 1.0.0
 * @description 實現Redis分散式鎖
 */
@Service
public class RedisDistributeLockImpl implements RedisDistributeLock {
    @Autowired
```

```
    private StringRedisTemplate stringRedisTemplate;
    private ThreadLocal<String> threadLocal = new ThreadLocal<String>();
    private ThreadLocal<Integer> threadLocalCount = new
ThreadLocal<Integer>();
    @Override
    public boolean tryLock(String key, long timeout, TimeUnit unit) {
        Boolean isLocked = false;
        if (threadLocal.get() == null){
            String currentThreadId = this.getCurrentThreadId();
            threadLocal.set(currentThreadId);
            isLocked = stringRedisTemplate.opsForvalue().setIfAbsent(key,
currentThreadId, timeout, unit);

            //如果獲取鎖失敗，則執行自旋操作，直到獲取鎖成功
            if (!isLocked){
                for (;;){
                    isLocked = stringRedisTemplate.opsForvalue().
setIfAbsent(key, currentThreadId, timeout, unit);
                    if (isLocked){
                        break;
                    }
                }
            }

        }else{
            isLocked = true;
        }
        //加鎖成功後，計數器的值加1
        if (isLocked){
            Integer count = threadLocalCount.get() == null ? 0 :
threadLocalCount.get();
            threadLocalCount.set(count++);
        }
```

```
        return isLocked;
    }

    @Override
    public void releaseLock(String key) {
     //當當前執行緒中綁定的執行緒id與Redis中的執行緒id相同時，執行刪除鎖的操作
        if (threadLocal.get().equals(stringRedisTemplate.opsForvalue().
get(key))){
            Integer count = threadLocalCount.get();
            if (count == null || --count <= 0){
                stringRedisTemplate.delete(key);
                //防止記憶體洩露
                threadLocal.remove();
                threadLocalCount.remove();
            }

        }
    }

    private String getCurrentThreadId(){
        return String.valueOf(Thread.currentThread().getId());
    }
}
```

至此，實現的分散式鎖的程式支援了鎖的阻塞性。

19.6.11 解決鎖故障問題

儘管實現了分散式鎖的阻塞性，但還有一個問題是不得不考慮的，那就是鎖故障的問題。一旦程式執行業務的時間超過了鎖的過期時間就會導致分散式鎖故障，後面的請求獲取到分散式鎖繼續執行，程式無法做到真正互斥，也就無法真正保證業務的原子性。

那麼如何解決這個問題呢？答案就是，必須保證在業務程式執行完畢後才釋放分散式鎖。具體的實現方式就是經常性地執行下面的程式來保證在業務程式執行完畢前，分散式鎖不會因逾時而被釋放。

```
springRedisTemplate.expire(key, 30, TimeUnit.SECONDS);
```

這裡需要定義一個定時策略來執行上面的程式，需要注意的是，不能等到 30s 後再執行上述程式，因為在 30s 時鎖會故障。例如，可以每 10s 執行一次上面的程式。這裡在 RedisDistributeLockImpl 類別的程式中使用 while(true) 來實現，如下所示。

```
/**
 * @author binghe
 * @version 1.0.0
 * @description 實現Redis分散式鎖
 */
@Service
public class RedisDistributeLockImpl implements RedisDistributeLock {
    @Autowired
    private StringRedisTemplate stringRedisTemplate;
    private ThreadLocal<String> threadLocal = new ThreadLocal<String>();
    private ThreadLocal<Integer> threadLocalCount = new
ThreadLocal<Integer>();
    @Override
    public boolean tryLock(String key, long timeout, TimeUnit unit) {
        Boolean isLocked = false;
        if (threadLocal.get() == null){
            String currentThreadId = this.getCurrentThreadId();
            threadLocal.set(currentThreadId);
            isLocked = stringRedisTemplate.opsForvalue().setIfAbsent(key,
currentThreadId, timeout, unit);

            //如果獲取鎖失敗，則執行自旋操作，直到獲取鎖成功
```

```
        if (!isLocked){
            for (;;){
                isLocked = stringRedisTemplate.opsForvalue().
setIfAbsent(key, currentThreadId, timeout, unit);
                if (isLocked){
                    break;
                }
            }
        }

        //防止鎖過期故障
        while (true){
            Integer count = threadLocalCount.get();
            //如果當前鎖已經被釋放，則退出迴圈
            if (count == null || count <= 0){
                break;
            }
            stringRedisTemplate.expire(key, 30, TimeUnit.SECONDS);
            try {
                //每10s執行一次
                Thread.sleep(10000);
            } catch (InterruptedException e) {
                e.printStackTrace();
            }
        }

    }else{
        isLocked = true;
    }
    //加鎖成功後，計數器的值加1
    if (isLocked){
        Integer count = threadLocalCount.get() == null ? 0 :
threadLocalCount.get();
```

```
            threadLocalCount.set(count++);
        }
        return isLocked;
    }

    @Override
    public void releaseLock(String key) {
     //當當前執行緒中綁定的執行緒id與Redis中的執行緒id相同時，執行刪除鎖的操作
        if (threadLocal.get().equals(stringRedisTemplate.opsForvalue().
get(key))){
            Integer count = threadLocalCount.get();
            if (count == null || --count <= 0){
                stringRedisTemplate.delete(key);
                //防止記憶體洩露
                threadLocal.remove();
                threadLocalCount.remove();
            }

        }
    }

    private String getCurrentThreadId(){
        return String.valueOf(Thread.currentThread().getId());
    }
}
```

細心的讀者會發現，如果在 tryLock() 方法中直接寫 while(true) 迴圈，則會導致當前執行緒在更新鎖逾時時間的 while(true) 迴圈中一直阻塞而無法返回結果。所以，不能將當前執行緒阻塞，需要非同步執行定時任務來更新鎖的過期時間。此時，繼續修改 RedisDistributeLockImpl 類別的程式，將定時更新鎖逾時的程式放到一個單獨的執行緒中執行，如下所示。

```
/**
 * @author binghe
 * @version 1.0.0
 * @description 實現Redis分散式鎖
 */
@Service
public class RedisDistributeLockImpl implements RedisDistributeLock {
    @Autowired
    private StringRedisTemplate stringRedisTemplate;
    private ThreadLocal<String> threadLocal = new ThreadLocal<String>();
    private ThreadLocal<Integer> threadLocalCount = new
ThreadLocal<Integer>();
    @Override
    public boolean tryLock(String key, long timeout, TimeUnit unit) {
        Boolean isLocked = false;
        if (threadLocal.get() == null){
            String currentThreadId = this.getCurrentThreadId();
            threadLocal.set(currentThreadId);
            isLocked = stringRedisTemplate.opsForvalue().setIfAbsent(key,
currentThreadId, timeout, unit);

            //如果獲取鎖失敗，則執行自旋操作，直到獲取鎖成功
            if (!isLocked){
                for (;;){
                    isLocked = stringRedisTemplate.opsForvalue().
setIfAbsent(key, currentThreadId, timeout, unit);
                    if (isLocked){
                        break;
                    }
                }
            }
            //啟動執行緒執行定時更新逾時時間的方法
            new Thread(new UpdateLockTimeoutTask(currentThreadId,
```

```
stringRedisTemplate, key)).start();

        }else{
            isLocked = true;
        }
        //加鎖成功後，計數器的值加1
        if (isLocked){
            Integer count = threadLocalCount.get() == null ? 0 :
threadLocalCount.get();
            threadLocalCount.set(count++);
        }
        return isLocked;
    }

    @Override
    public void releaseLock(String key) {
     //當當前執行緒中綁定的執行緒id與Redis中的執行緒id相同時，執行刪除鎖的操作
        String currentThreadId = stringRedisTemplate.opsForvalue().
get(key);
        if (threadLocal.get().equals(currentThreadId)){
            Integer count = threadLocalCount.get();
            if (count == null || --count <= 0){
                stringRedisTemplate.delete(key);
                //防止記憶體洩露
                threadLocal.remove();
                threadLocalCount.remove();

                //透過當前執行緒的id從Redis中獲取更新逾時時間的執行緒id
                String updateTimeThreadId =
                stringRedisTemplate.opsForvalue().get(currentThreadId);
                if (updateTimeThreadId != null && !"".
equals(updateTimeThreadId.trim())){
                    Thread updateTimeThread =
```

```
                ThreadUtils.getThreadByThreadId(Long.
parseLong(updateTimeThreadId));
                    if (updateTimeThread != null){
                        //中斷更新逾時時間的執行緒
                        updateTimeThread.interrupt();
                        stringRedisTemplate.delete(currentThreadId);
                    }
                }
            }


        }
    }

    private String getCurrentThreadId(){
        return String.valueOf(Thread.currentThread().getId());
    }
}
```

建立 UpdateLockTimeoutTask 類別來更新鎖逾時的時間，如下所示。

```
/**
 * @author binghe
 * @version 1.0.0
 * @description 更新分散式鎖的逾時時間
 */
public class UpdateLockTimeoutTask implements Runnable{
    private String currentThreadId;
    private StringRedisTemplate stringRedisTemplate;
    private String key;

    public UpdateLockTimeoutTask(String currentThreadId,
                                 StringRedisTemplate stringRedisTemplate,
                                 String key) {
```

```
        this.currentThreadId = currentThreadId;
        this.stringRedisTemplate = stringRedisTemplate;
        this.key = key;
    }

    @Override
    public void run() {
        //以傳遞的執行緒id為key，當前執行更新逾時時間的執行緒為value，儲存到
redis中
        stringRedisTemplate.opsForvalue().set(currentThreadId,
      String.valueOf(Thread.currentThread().getId()));
        while (true){
            stringRedisTemplate.expire(key, 30, TimeUnit.SECONDS);
            try {
                //每10s執行一次
                Thread.sleep(10000);
            } catch (InterruptedException e) {
                Thread.currentThread().interrupt();
            }
        }
    }
}
```

接下來，建立一個 ThreadUtils 工具類別，這個工具類別中有一個根據執行緒 id 獲取執行緒的方法 getThreadByThreadId(long threadId)，如下所示。

```
/**
 * @author binghe
 * @version 1.0.0
 * @description 根據執行緒id獲取執行緒物件的工具類別
 */
public class ThreadUtils{
```

```
    //根據執行緒id獲取執行緒控制碼
    public static Thread getThreadByThreadId(long threadId){
        ThreadGroup group = Thread.currentThread().getThreadGroup();
        while(group != null){
            Thread[] threads = new Thread[(int)(group.activeCount() * 1.2)];
            int count = group.enumerate(threads, true);
            for(int i = 0; i < count; i++){
                if(threadId == threads[i].getId()){
                    return threads[i];
                }
            }
        }
        return null;
    }
}
```

上述解決分散式鎖故障問題的方法在分散式鎖領域有一個專業的術語叫做非同步續命。需要注意的是，在執行完畢業務程式後，需要中斷更新鎖逾時時間的執行緒。所以，這裡對程式的改動是比較大的，需要將更新鎖逾時的時間任務重新定義為一個 UpdateLockTimeoutTask 類別，並將執行緒 id 和 StringRedisTemplate 注入任務類別，在執行定時更新鎖逾時時間的任務時，先將當前執行緒 id 儲存到 Redis 中，其中 key 為傳遞進來的執行緒 id。

在 RedisDistributeLockImpl 類別的 tryLock() 方法中，在獲取分散式鎖後，重新啟動執行緒，並將當前執行緒的 id 和 StringRedisTemplate 傳遞到任務類別中執行更新鎖逾時時間的任務。

在業務程式執行完畢，呼叫 RedisDistributeLockImpl 類別的 releaseLock() 方法釋放鎖時，會通過當前執行緒 id 從 Redis 中獲取更新鎖逾時時間的執行緒 id，並透過更新鎖逾時時間的執行緒 id 獲取更新鎖逾時時間的執行緒，呼叫更新鎖逾時時間執行緒的 interrupt() 方法來中斷執行緒。

這樣，在釋放分散式鎖後，更新鎖逾時時間的執行緒就會由於執行緒中斷而退出了。

19.6.12 解鎖操作原子化

細心的讀者可以發現，在上述實現分散式鎖的程式中，releaseLock() 方法中實現的釋放鎖的邏輯不是原子操作，如果在剛進入 releaseLock() 方法時，執行緒由於某種原因退出了，則會由於無法刪除分散式鎖標識位元而引起鎖死問題。所以，釋放鎖的 releaseLock() 方法也要實現原子化。

釋放鎖的操作可以使用 Redis 結合 Lua 指令稿實現，這裡舉出一個最簡單的使用 Redis 結合 Lua 指令稿釋放鎖的方法，其中，釋放鎖的 Lua 指令稿如下。

```
private static final String LUA_UN_LOCK =
            "if redis.call('get',KEYS[1]) == ARGV[1] then\n" +
                    "    return redis.call('del',KEYS[1])\n" +
                    "else\n" +
                    "    return 0\n" +
                    "end";
```

對應的釋放鎖的 Java 方法如下。

```
public boolean releaseLock2(String key, String lockvalue) {
   DefaultRedisScript<String> redisScript = new DefaultRedisScript<>();
   redisScript.setScriptText(LUA_UN_LOCK);
   redisScript.setResultType(String.class);
   Object result = stringRedisTemplate.execute(redisScript, Collections.
singletonList(key), lockvalue);
```

```
    return "1".equals(result.toString());
}
```

最後，筆者給讀者留一個動手實踐任務：將 RedisDistributeLockImpl 類別的 releaseLock() 方法改造成支援原子化操作的方法。讀者可以在「冰河技術」微信公眾號中留言與筆者交流。

19.7 本章複習

本章詳細介紹了分散式鎖架構的細節。首先，介紹了鎖解決的本質問題和電子商務超賣問題。然後，介紹了 JVM 提供的鎖及其不足。接下來，介紹了分散式領域中著名的 CAP 理論和基於 Redis 的 AP 架構模型以及基於 Zookeeper 的 CP 架構模型，對於 AP 架構模型實現分散式鎖存在的問題以及解決方案進行了簡單的描述。最後，以 Redis 的 AP 架構模型為例，詳細介紹了如何按照分散式鎖的基本要求實現分散式鎖，並舉出了詳細的實現程式。

下一章將對高並行、大流量場景下的秒殺系統的架構設計進行深度解密和詳細的介紹。

注意：本章相關的原始程式碼已經提交到 GitHub 和 Gitee，GitHub 和 Gitee 連結位址見 2.4 節結尾。

Chapter

20

深度解密秒殺系統架構

很多頂級電子商務平臺，例如蝦皮、Amazon、淘寶、等都會在每年的「雙 11」期間推出商品秒殺促銷活動。不僅如此，頂級電子商務平臺和新興的社區團購公司也會透過秒殺促銷活動來拉新留存，持續引流、保持熱點。作為高並行、大流量場景下的秒殺系統，在架構上有其獨有的特點。本章對秒殺系統的架構進行深度的解密。

本章相關的基礎知識如下。

- 電子商務系統架構。
- 秒殺系統的特點。
- 秒殺系統的方案。
- 秒殺系統設計。
- 扣減庫存設計。
- Redis 助力秒殺系統。
- 伺服器性能最佳化。

20.1 電子商務系統架構

在電子商務領域中，存在一種典型的高並行、大流量的秒殺業務場景，在這種場景下，一件商品的購買人數會遠遠大於這件商品的庫存數量，並且這件商品會在很短的時間內被搶購一空。

在一個簡化的電子商務系統架構中，可以將整個系統架構由上到下分為用戶端、閘道層、負載平衡層、應用層和儲存層。各層包含的應用和服務簡單列舉如下。

- 用戶端：PC 網頁端、App、H5 網頁端、小程式。
- 閘道層：系統閘道，包括硬體閘道、軟體閘道。
- 負載平衡層：Nginx 等負載平衡伺服器。
- 應用層：涵蓋的連線服務包括商品連線服務、會員連線服務、訂單連線服務、收銀連線服務和物流連線服務等。涵蓋的基礎服務包括商品服務、使用者服務、訂單服務、庫存服務、價格服務和物流服務等。
- 儲存層：快取叢集、ElasticSearch 叢集、資料庫叢集和其他儲存元件叢集等。

根據上述思路設計出的簡易電子商務系統架構如圖 20-1 所示。

由圖 20-1 可以看出，對於一個簡易的電子商務系統來說，最核心的部分就是負載平衡層、應用層和儲存層。接下來，簡單預估組成電子商務系統的每一層的並行量。

- 假設負載平衡層使用的是高性能的 Nginx 伺服器，則可以預估 Nginx 最大的並行度大於 10 萬，數量級是萬。
- 假設應用層使用的是 Tomcat，而 Tomcat 的最大並行度可以預估為 800 左右，數量級是百。

- 假設儲存層的快取使用的是 Redis，Redis 的最大並行度可以預估為 5 萬左右，數量級是萬。
- 假設儲存層的資料庫使用的是 MySQL，MySQL 的最大並行度可以預估為 1000 左右，數量級是千。

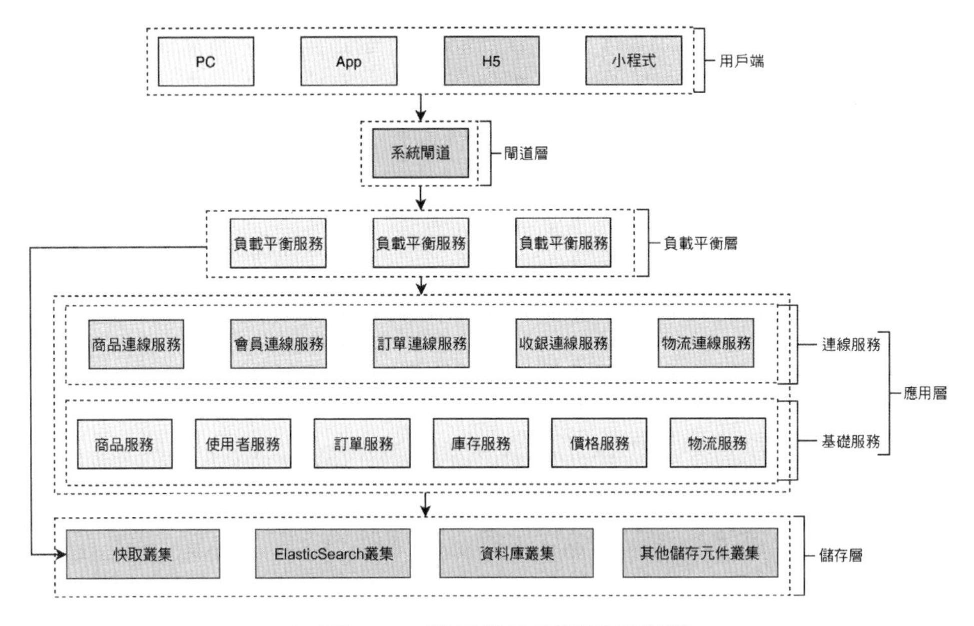

▲ 圖 20-1 簡易電子商務系統架構

所以，負載平衡層、應用層和儲存層各自的並行度是不同的，為了提升系統的整體並行度和快取的性能，通常可以採用如下方案。

1. 系統擴充

系統擴充包括垂直擴充和水平擴充，垂直擴充針對應用層的業務，可以根據系統中的具體業務不同對功能進行分組，將同組的功能獨立出來形成單獨的服務，以便獨立部署和維護。

從資料庫的角度來看，垂直擴充可以將資料庫中的資料表根據具體業務的不同劃分為不同的組，將同組的資料表進行單獨管理，即垂直分表。

從應用層的業務角度來看，水平擴充可以透過擴充伺服器，增加應用層的叢集規模和機器設定，在一定程度上提升應用層服務的性能。

從資料庫的角度來看，水平擴充可以將單張資料表中的資料按照某種規則進行劃分，將其分散儲存到不同伺服器上的多張資料表中，能夠在一定程度上提升資料庫的儲存容量和讀寫性能，即水平分表。

這種系統擴充的最佳化措施，對絕大多數場景有效。

2. 快取

包括本地快取和集中式快取，本地快取可以使用 Guava Cache 實現，集中式快取可以使用 Redis 實現。

在具體業務的實現中，可以先讀取本地快取 Guava Cache 中的資料，如果本地快取中不存在要讀取的資料，則從集中式快取 Redis 中讀取，如果 Redis 中仍然不存在要讀取的資料，則從資料庫中讀取。然後將讀取到的資料依次存入集中式快取 Redis 和本地快取 Guava Cache。如果後續需要再次讀取相同的資料，則可以直接從本地快取 Guava Cache 中讀取。

這樣讀取資料能夠減少網路 I/O，同時基於記憶體讀取資料能夠提升系統性能，並且對大部分場景有效。

3. 讀寫分離

針對資料的儲存採用分庫分表和讀寫分離，不同業務的資料採用不同的資料庫儲存，單張表的資料分散儲存到多張表中，並且將讀取資料的操作和寫入資料的操作分離。這樣，在架構層面能夠透過增加機器來提升系統的並行處理能力。

20.2 秒殺系統的特點

秒殺系統作為高並行、大流量場景下最具代表性的一種業務實現，有其獨有的一些特點。本節從業務和技術兩方面簡單介紹秒殺系統的特點。

20.2.1 秒殺系統的業務特點

以 12306 網站為例，每年春運 (譯註：中國大陸春節假期的鐵路運輸) 時，12306 網站的並行量（存取量）是非常大的，而網站平時的並行量是比較平緩的，也就是說，每年春運時節，12306 網站的並行量都會出現暫態突增的現象。又例如，各大電子商務平臺平時的並行量都是比較平緩的，但在每年的「618」和「雙 11」期間，尤其是在「618」和「雙 11」零點的前幾分鐘，並行量都會出現暫態突增的現象。再例如，小米秒殺系統，在上午 10 點開售某商品，10 點前的並行量比較平緩，而在 10 點時同樣會出現並行量暫態突增的現象。

秒殺系統並行量突增如圖 20-2 所示。

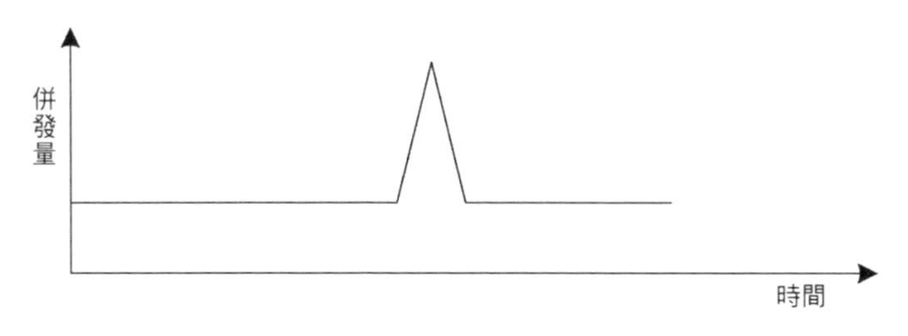

▲ 圖 20-2 秒殺系統並行量突增

由圖 20-2 可以看出，秒殺系統的並行量存在暫態凸峰，也叫作流量突刺現象。

可以將秒殺系統的業務特點複習為如圖 20-3 所示。

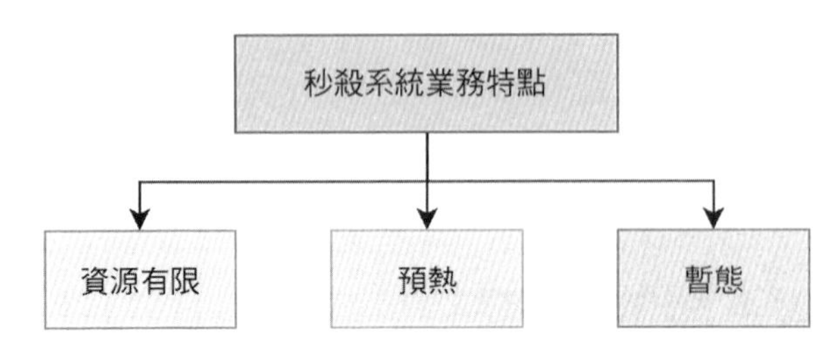

▲ 圖 20-3　秒殺系統的業務特點

1. 資源有限

秒殺系統的資源是非常有限的，參與秒殺的商品數量會遠遠小於參與秒殺的使用者數量，並且整個秒殺過程會限時、限量、限價，主要表現在如下幾方面。

- 整個秒殺活動會在規定的時間內進行。
- 參與秒殺活動的商品的數量有限。
- 商品會以遠遠低於原價的價格出售。

例如，秒殺活動的時間僅限於某天上午 10:00 到 10:30，商品只有 10 萬件，售完為止，而且商品的價格非常低。

在整個秒殺活動過程中，限時、限量和限價可以單獨存在，也可以組合存在。

2. 預熱

在秒殺活動開始前的一段時間內，往往會進行預熱，常用的預熱措施就是提前設定活動。在活動開始前，使用者可以透過秒殺系統的相關頁面查看秒殺活動的資訊，同時，秒殺活動的主辦方和參與活動的商家會對活動進行大力宣傳。

3. 暫態

整個秒殺活動持續的時間非常短，參與的人非常多，在大部分秒殺場景下，商品會迅速售完。此時的並行量是非常高的，系統會出現流量突刺現象。

20.2.2 秒殺系統的技術特點

秒殺系統在技術上對於並行的要求是非常高的，並且對資料的讀取操作會遠遠多於寫入操作，也就是整個系統中對資料的操作是讀多寫少的。同時，秒殺系統的業務流程是非常簡單的。可以將秒殺系統的技術特點複習成如圖 20-4 所示。

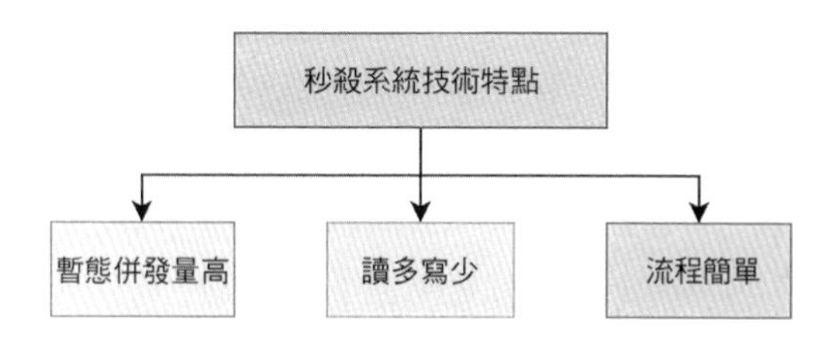

▲ 圖 20-4 秒殺系統的技術特點

1. 暫態並行量高

大量使用者會在秒殺活動開始前的幾分鐘內，不斷刷新頁面並提交秒殺請求，在同一時刻搶購商品，造成非常高的瞬間並行量。

2. 讀多寫少

在秒殺系統中，商品頁的存取量非常大，商品的可購買數量非常少，庫存的查詢存取數量會遠遠大於商品的購買數量。

在商品頁中往往會加入一些限流措施，例如早期的秒殺系統商品頁會加入驗證碼來平滑前端對系統的存取流量，近期的秒殺系統商品詳情頁會在使用者打開頁面時，提示使用者登入系統。這些都是對系統的存取進行限流的措施。

3. 流程簡單

秒殺系統的業務流程一般相對較簡單，可以簡單概括為提交訂單並扣減商品庫存。

20.3 秒殺系統的方案

秒殺系統從秒殺活動開始到活動結束，通常會經歷三個階段，需要透過最佳化每個階段的性能來提升秒殺系統的整體性能。

20.3.1 秒殺系統的三個階段

秒殺系統經歷的三個階段分別為準備階段、秒殺階段和結算階段，如圖 20-5 所示。

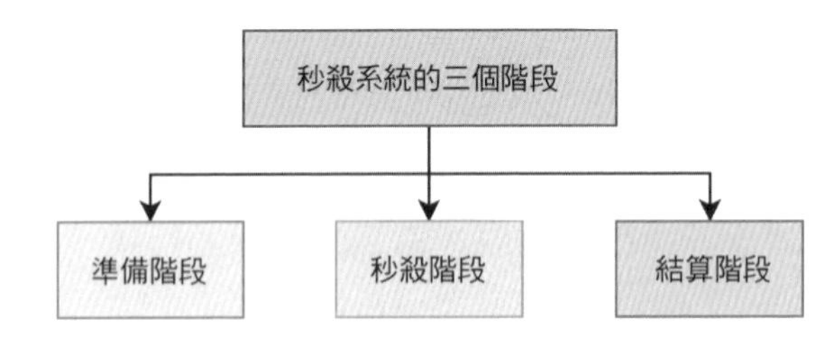

▲ 圖 20-5 秒殺系統的三個階段

1. 準備階段

準備階段也叫作系統預熱階段，此時會預熱秒殺系統的業務資料。在這個階段，使用者會不斷刷新秒殺頁面，查看秒殺活動是否已經開始。在一定程度上，透過使用者不斷刷新頁面的操作，可以將一些資料儲存到 Redis 等快取中進行預熱。

2. 秒殺階段

秒殺階段會產生暫態的高並行流量，對系統資源造成巨大的衝擊，所以在秒殺階段一定要透過各種方法做好系統防護，例如，服務的限流、熔斷和降級等。

3. 結算階段

結算階段主要完成秒殺後的資料處理工作，例如，資料的一致性問題處理、異常情況處理、商品的回倉處理等，進行最後的資料校對和處理。

從某種程度上講，這種短時大流量的系統不太適合進行系統擴充，因為真正會使用到擴充後的系統的時間很短，在大部分時間裡，系統無須擴充即可正常使用。 所以，需要從秒殺系統本身的架構設計入手最佳化系統的性能。

20.3.2 秒殺系統的性能最佳化

針對秒殺系統的特點，可以採取圖 20-6 所示的措施來提升系統的性能。

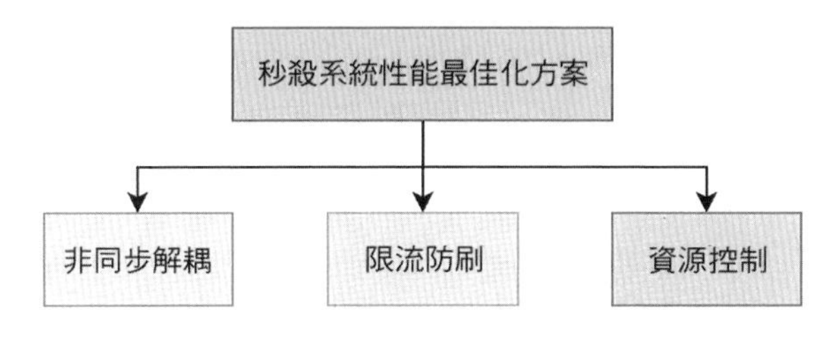

▲ 圖 20-6 秒殺系統性能最佳化方案

1. 非同步解耦

將秒殺系統的整體流程進行拆解，透過佇列方式控制核心流程，能夠實現非同步解耦。

2. 限流防刷

控制秒殺系統的整體流量，提高請求的門檻，避免系統資源耗盡。例如，可以對秒殺系統的部分業務進行限流、熔斷和降級等處理。

3. 資源控制

控制秒殺系統整體流程中的資源排程，避免系統資源被過度使用甚至耗盡。

由於應用層能夠承載的並行量比快取的並行量少很多。所以，在高並行系統中，可以直接使用 OpenResty 由負載平衡層存取快取，以避免呼叫應用層帶來的性能損耗。同時，由於秒殺系統中的商品數量比較少，也可以使用動態繪製技術、CDN 技術等來提高網站的存取性能。

另外，如果在秒殺活動開始時並行量太高，那麼可以將使用者的請求放入佇列中進行處理，並為使用者彈出排隊頁面來告知使用者系統正在處理中。

注意：讀者可以到 OpenResty 的中文官網了解更多有關 OpenResty 的知識，筆者在此不再贅述。

20.4 秒殺系統設計

在大部分的情況下，大部分秒殺系統最核心的業務包括下單和扣減庫存兩部分，也就是提交訂單和扣減商品庫存。而提交訂單的流程又可以分為同步下單流程和非同步下單流程。本節簡單介紹同步下單流程和非同步下單流程。

20.4.1 同步下單流程

如果秒殺系統中的提交訂單流程為同步下單流程，則系統會同步處理所有的請求，一旦並行量突增，系統的性能就會急劇下降。秒殺系統同步下單流程如圖 20-7 所示。

由圖 20-7 可以看出，在同步下單流程中，主要包括發起秒殺請求和提交訂單兩大部分。具體的流程如下。

1. 發起秒殺請求

在同步下單流程中，先由使用者發起秒殺請求，秒殺系統需要依次執行如下流程來處理秒殺請求。

（1） 驗證驗證碼是否正確

秒殺系統判斷使用者發起秒殺請求時提交的驗證碼是否正確，如果驗證碼正確，則繼續執行；否則，提示使用者驗證碼不正確。

（2） 驗證當前帳號是否有資格參與秒殺活動

驗證當前帳號是否有資格參與秒殺活動，如果當前帳號有資格參與秒殺活動，則繼續執行；否則，提示使用者無法參與秒殺活動。

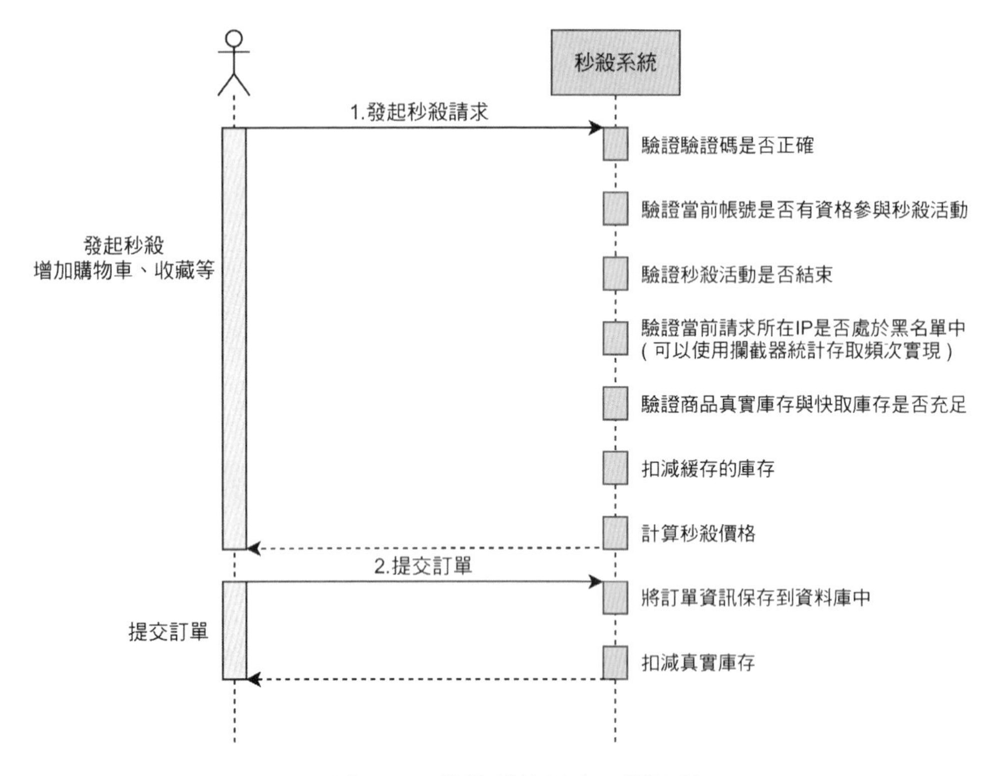

▲ 圖 20-7　秒殺系統同步下單流程

（3） 驗證秒殺活動是否結束

驗證當前秒殺活動是否已經結束。如果當前秒殺活動未結束，則繼續執行；否則，提示使用者當前秒殺活動已經結束。

（4） 驗證當前請求所在 IP 是否處於黑名單中

在電子商務領域中，存在著很多的惡意競爭，其他商家可能透過不正當手段向秒殺系統發起惡意請求，佔用系統大量的頻寬和其他資源。此時，就需要使用風控系統等方法實現黑名單機制。為了簡單，也可以使用攔截器統計存取頻次實現黑名單機制。如果檢測到當前請求所在的 IP 位址不在黑名單中，則繼續執行；否則，忽略當前請求不做任何處理。

（5） 驗證商品真實庫存與快取庫存是否充足

系統需要驗證商品的真實庫存與快取庫存能否支援本次秒殺活動。如果商品的庫存充足，則繼續執行；否則，提示使用者商品庫存不足。

（6） 扣減緩存中的庫存

在秒殺業務中，往往會將參與秒殺活動的商品庫存等資訊儲存在快取中，此時還需要驗證參與秒殺活動的商品庫存是否充足，並且需要從快取庫存中扣減秒殺活動中下單的商品數量。

（7） 計算秒殺價格

由於在秒殺活動中，商品的秒殺價格和原價存在差異，所以需要計算商品的秒殺價格。

2. 提交訂單

（1） 將訂單資訊儲存到資料庫中

將使用者提交的訂單資訊儲存到資料庫中。

（2） 扣減真實庫存

訂單入庫後，需要在商品的真實庫存中扣除本次成功下單的商品數量。

如果使用上述流程開發了一個秒殺系統，那麼當使用者發起秒殺請求時，由於系統的每個業務流程都是串列執行的，所以整體的性能不會太高，當並行量太高時，可以為使用者彈出排隊頁面，提示使用者進行等待。此時的排隊時間可能是 15s，也可能是 30s，甚至更長。這就存在一個問題：在使用者發起秒殺請求到伺服器返回結果的這段時間內，用戶端和伺服器之間的連接不會被釋放，這就會佔用大量的伺服器資源。

所以，透過同步下單流程的方案開發的秒殺系統，其支撐的並行量並不會太高。如果 12306、淘寶、天貓、京東、小米等平臺採用同步下單流程開發秒殺系統，那麼這些秒殺系統會很快被高並行流量壓垮。所以，在秒殺系統中，同步下單流程的方案是不可取的。

注意：在秒殺場景中，如果系統涉及的業務更加複雜，就會涉及更多的業務操作，這裡筆者只是簡單列舉出了一些常見的業務操作。

20.4.2 非同步下單流程

非同步下單流程會將下單流程中的部分業務以非同步的方式執行，能夠極大地提升秒殺系統的性能和支援的下單並行量，非同步下單流程如圖 20-8 所示。

由圖 20-8 可以看出，在非同步下單流程中，主要包括發起秒殺請求、非同步處理、輪詢探測是否生成 Token、秒殺結算和提交訂單五大部分，每部分的流程細節如下所示。

1. 發起秒殺請求

使用者發起秒殺請求後，秒殺系統會經過如下業務流程。

（1）驗證驗證碼是否正確

秒殺系統判斷使用者發起秒殺請求時提交的驗證碼是否正確，如果驗證碼正確，則繼續執行；否則，提示使用者驗證碼不正確。

（2）驗證當前帳號是否有資格參與秒殺活動

驗證當前帳號是否有資格參與秒殺活動，如果當前帳號有資格參與秒殺活動，則繼續執行；否則，提示使用者無法參與秒殺活動。

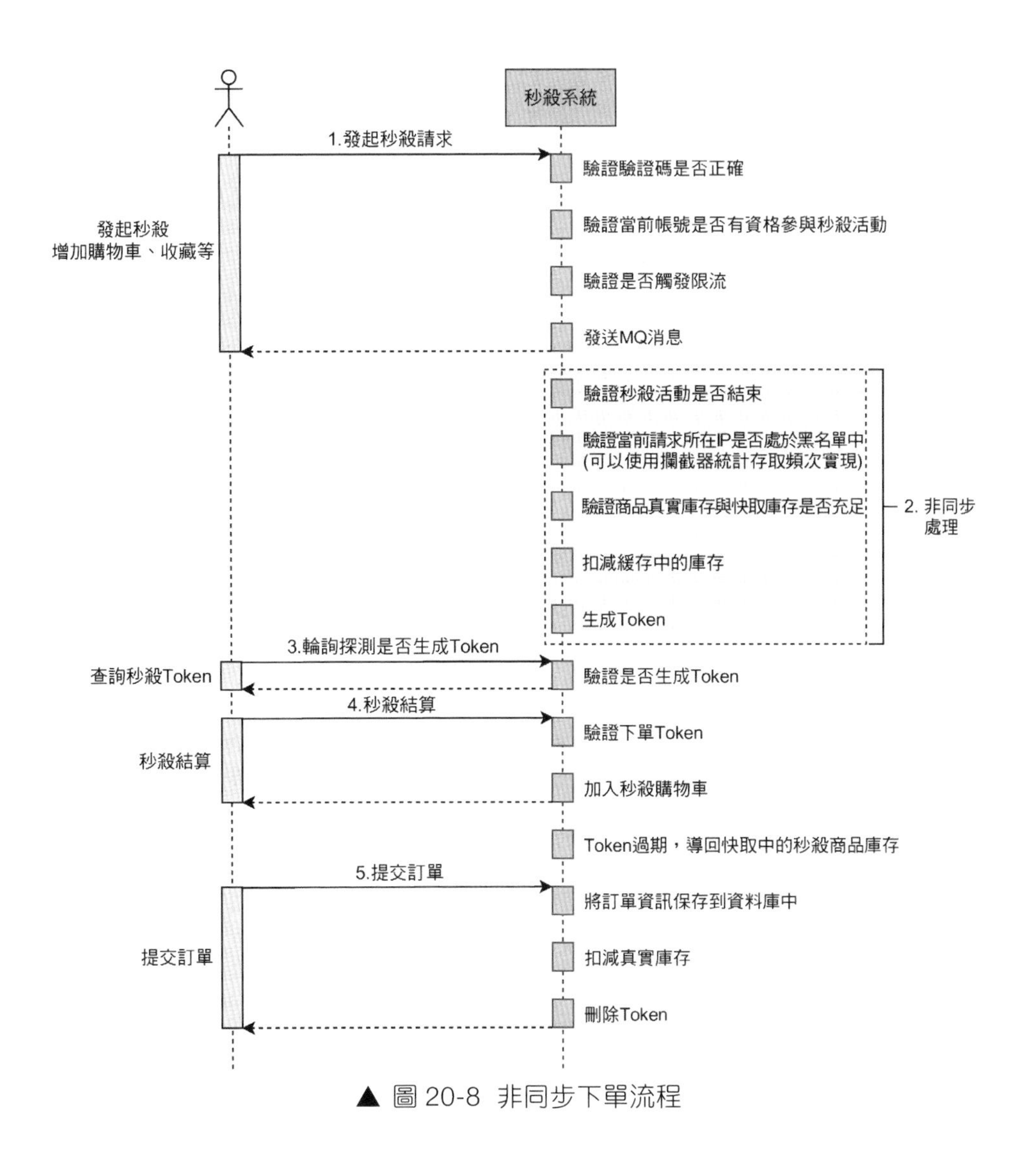

▲ 圖 20-8 非同步下單流程

（3） 驗證是否觸發限流

系統會對使用者的請求進行是否限流的判斷，這裡可以透過檢測訊息佇列的長度進行判斷。因為這裡將使用者的請求放在了訊息佇列中，訊息佇列中堆積的是使用者的請求，所以可以根據當前訊息佇列中存在的待處理的請求數量來判斷是否需要對使用者的請求進行限流處理。

例如，在秒殺活動中，出售 1000 件商品，此時在訊息佇列中存在 1000 個請求，如果後續仍然有使用者發起秒殺請求，則後續的請求可以不再處理，直接向使用者返回商品已售完的提示。

所以，使用限流後，可以更快地處理使用者的請求並釋放連接的資源。

（4）發送 MQ 消息

完成前面的驗證後，就可以將使用者的請求參數等資訊發送到 MQ 中進行非同步處理，同時向使用者返回結果資訊。在秒殺系統中，會有專門的非同步任務處理模組來處理訊息佇列中的請求和後續的非同步流程。

在使用者發起秒殺請求時，非同步下單流程比同步下單流程的操作步驟少，它將後續的操作透過 MQ 發送給非同步處理模組進行處理，並迅速向使用者返回結果資訊，釋放請求連接。

2. 非同步處理

可以將下單流程的如下操作進行非同步處理。

（1）驗證秒殺活動是否結束

驗證當前秒殺活動是否已經結束，如果當前秒殺活動未結束，則繼續執行；否則，提示使用者當前秒殺活動已經結束。

（2）驗證當前請求所在 IP 是否處於黑名單中

使用風控系統等方法或使用攔截器統計存取頻次實現黑名單機制。

如果檢測到當前請求所在的 IP 位址不在黑名單中，則繼續執行；否則，忽略當前請求不做任何處理。

（3）驗證商品真實庫存與快取庫存是否充足

系統需要驗證商品的真實庫存與快取庫存能否支援本次秒殺活動。如果商品的庫存充足，則繼續執行；否則，提示使用者商品庫存不足。

（4）扣減緩存中的庫存

在秒殺業務中，往往會將參與秒殺活動的商品庫存等資訊儲存在快取中，此時還需要驗證參與秒殺活動的商品庫存是否充足，並且需要從快取庫存中扣減秒殺活動中下單的商品數量。

（5）生成 Token

這裡的 Token 是根據當前使用者和當前秒殺活動生成的，也就是說，生成的 Token 是綁定當前使用者和當前秒殺活動的，只有生成了秒殺 Token 的請求才有資格進行秒殺活動。

這裡引入了非同步處理機制，在非同步處理中，系統使用多少資源，分配多少執行緒來處理對應的任務，是可以控制的。

3. 輪詢探測是否生成 Token

這裡可以採取用戶端短輪詢查詢伺服器的方式確定是否為當前使用者生成了秒殺 Token。例如，用戶端可以每隔 3s 輪詢請求伺服器，查詢是否生成了秒殺 Token，此時，伺服器的處理方式是判斷當前使用者是否存在秒殺 Token，如果伺服器為當前使用者生成了秒殺 Token，則當前使用者可以攜帶此 Token 執行後續下單流程，否則繼續輪詢查詢，直到逾時或者伺服器返回商品已售完、無秒殺資格等資訊。

在採用短輪詢查詢秒殺結果時，頁面同樣可以提示使用者排隊處理中，但是此時用戶端會每隔幾秒輪詢伺服器查詢是否生成了秒殺 Token，相比于同步下單流程，無須長時間佔用請求連接的資源。

注意：採用短輪詢查詢的方式，可能存在直到逾時也查詢不到是否生成了秒殺 Token 的情況。這種情況在秒殺場景下是允許的，因為商家參加秒殺活動本質上不是為了賺錢，而是為了提升商品的銷量和商家的知名度，吸引更多的使用者購買自己的商品。所以，在設計秒殺系統時，不必保證使用者能夠 100% 查詢到是否生成了秒殺 Token。

4. 秒殺結算

（1） 驗證下單 Token

當用戶端提交秒殺結算請求時，會將秒殺 Token 一同提交到伺服器，秒殺系統會驗證當前的秒殺 Token 是否有效。

（2） 加入秒殺購物車

秒殺系統在驗證秒殺 Token 合法並有效後，會將使用者秒殺的商品增加到秒殺購物車。

5. 提交訂單

（1） 將訂單資訊儲存到資料庫中

將使用者提交的訂單資訊儲存到資料庫中。

（2） 扣減真實庫存

訂單入庫後，需要在商品的真實庫存中扣除本次成功下單的商品數量。

（3） 刪除 Token

　　秒殺商品訂單入庫成功後，刪除秒殺 Token。

非同步下單流程只對一小部分流程進行了非同步設計，而對於其他部分並沒有採取非同步削峰和填穀的措施。這是因為非同步下單流程無論是在產品設計還是在介面設計上，都在使用者發起秒殺請求階段就進行了限流，系統的限流操作是非常前置的，系統的高峰流量已經被平滑解決了，再向下執行，系統的並行量並不高。

所以，不建議只在提交訂單時透過非同步削峰進行限流，這是因為提交訂單屬於整個流程中比較靠後的操作，而系統的限流操作一定要前置。

20.5 扣減庫存設計

提交訂單扣減商品庫存的邏輯看上去非常簡單，但是在秒殺系統這種超大流量的並行場景下，簡單的扣減庫存邏輯如果設計不當，也會出現各種問題。整體來說，扣減庫存包括下單減庫存、付款減庫存和預扣減庫存三種方式。本節簡單介紹這三種扣減庫存的方式，每種方式存在的問題和對應的解決方案，以及秒殺系統中通常會使用的扣減庫存方案。

20.5.1 下單減庫存

下單扣減庫存的方式比較容易理解，就是使用者提交訂單後，在商品的總庫存中減去使用者購買的商品數量。這種減庫存的方式是最簡單的，也是將商品庫存統計得最準確的。但是經常會碰到使用者提交訂單之後不付款的問題。

這就會存在一個問題——惡意刷單。例如，使用者 A 作為商家參與了某平臺的「雙 11」秒殺活動，該平臺扣減庫存的方式為下單減庫存，如果使用者 A 的競爭對手透過惡意下單的方式將使用者 A 參與秒殺的商品全部下單，讓使用者 A 的商品庫存減為 0，但是並不付款，那麼使用者 A 參與「雙 11」秒殺的商品就不能正常售賣了。

20.5.2 付款減庫存

既然下單減庫存存在問題，那麼再來分析付款減庫存。付款減庫存就是在使用者提交訂單後，並不會立刻扣減商品的庫存，而是等到使用者付款後扣減庫存。採用這種方式會經常遇到使用者明明下單成功了，卻提示不能付款的問題。 其原因就是當某個使用者下單後，在執行付款操作前，對應的商品可能已經被其他人買走了。

付款減庫存有可能造成另一個更為嚴重的後果——庫存超賣。因為在使用者提交訂單時，系統不會扣減庫存，所以最終使用者成功下單的訂單數量可能遠遠大於商品的庫存數量。

20.5.3 預扣減庫存

預扣減庫存比前面兩種方式複雜一些。當使用者提交訂單後，為使用者預留購買數量的商品庫存，例如預留 10min，一旦超過 10min 就釋放為使用者預留的庫存，其他的使用者可以繼續下單購買。在付款時，系統會檢驗對應的訂單是否存在有效的預留庫存，如果存在，則真正扣減庫存並付款；如果不存在，則再次嘗試預扣減庫存；如果庫存不足，則不再付款；如果預扣減庫存成功，則真正扣減庫存並付款。

那麼，預扣減庫存是否能夠解決下單減庫存和付款減庫存兩種方式中的問題呢？答案是：並沒有徹底解決。

例如，對惡意下單來說，雖然將有效的付款時間控制在一小段時間內，但是惡意使用者完全有可能在一段時間後再次下單，也有可能在開始下單時，就一次性選擇所有的庫存下單。仍然不能徹底解決問題。

20.5.4 扣減庫存問題的解決方案

秒殺系統中的主要問題是惡意下單和庫存超賣，如下方案可以在一定程度上解決惡意下單問題。

（1）為經常提交訂單卻不付款的使用者增加對應的標籤，當這些使用者下單時，進行特殊處理，例如不扣減庫存等（具體可以根據需求確定）。

（2）在秒殺活動期間，為商品設定同一個人的最多購買件數，比如最多購買兩件。

（3）對不付款重複下單的操作進行限制，例如，對同一商品下單時，首先驗證當前使用者是否存在未付款的訂單，如果存在，則提示使用者付款後再提交新訂單。

如下方案可以在一定程度上解決庫存超賣問題。

（1）當系統中普通商品的下單數量超過庫存數量時，可以透過補貨解決。

（2）在使用者下單時提示庫存不足。

20.5.5 秒殺系統扣減庫存方案

透過前面對三種扣減庫存方式的介紹，也許有不少讀者會認為高並行秒殺系統會採用預扣減庫存的方式，其實，在真正的高並行、大流量場景下，大部分秒殺系統會採用下單減庫存的方式。在下單扣減庫存的業務場景中，需要保證高並行、大流量下商品的庫存不能被扣減至負數。

可以透過如下方案解決商品庫存不能為負數的問題。

（1）扣減庫存後，在應用程式的事務中判斷商品庫存是否為負數，如果是，則導回事務不再扣減庫存。

（2）在資料庫中設定庫存欄位為不帶正負號的整數，從資料庫層面保證無法出現負數的情況。

20.6 Redis 助力秒殺系統

Redis 在高並行、大流量下出色的性能表現，使其成為許多高並行系統首選的快取資料庫。本節簡單介紹 Redis 是如何進一步提升秒殺系統性能的。

20.6.1 Redis 實現扣減庫存

使用 Redis 實現扣減商品的庫存時，可以在 Redis 中設計一個 Hash 資料結構，如下所示。

```
seckill:goodsStock:${goodsId}{
    totalCount:200,
    initStatus:0,
    seckillCount:0
}
```

在設計的 Hash 資料結構中，存在三個非常重要的屬性資訊。

- totalCount：表示參與秒殺的商品總數量，在秒殺活動開始前，會將商品的總數量提前載入到 Redis 快取中。
- initStatus：將此值設計為布林類型。在秒殺開始前，此值為 0，表示秒殺活動還未開始。可以透過定時任務或者後台操作將此值修改為 1，表示秒殺活動開始。
- seckillCount：表示在秒殺活動過程中當前商品的秒殺數量，此值的上限為 totalCount，當此值達到 totalCount 時，表示商品已經秒殺完畢。

在秒殺活動開始前，可以透過如下程式將參與秒殺活動的商品資料載入到 Redis 快取中。

```
/**
 * @author binghe
 * @version 1.0.0
 * @description 秒殺活動開始前建構商品快取
 */
@Component
public class SeckillCacheBuilder {

    @Autowired
    private RedisTemplate<String, Object> redisTemplate;

    private static final String GOODS_CACHE = "seckill:goodsStock:";

    private String getCachekey(String id) {
        return GOODS_CACHE.concat(id);
    }

    public void prepare(String id, int totalCount) {
        String key = getCachekey(id);
```

```
        Map<String, Integer> goods = new HashMap<>();
        goods.put("totalCount", totalCount);
        goods.put("initStatus", 0);
        goods.put("seckillCount", 0);
        redisTemplate.opsForHash().putAll(key, goods);
    }
}
```

透過上述程式可以看出，在將參與秒殺活動的商品資料載入到 Redis 快取時，商品的總數量 totalCount 的值透過 prepare() 方法的參數傳入。秒殺活動是否開始的 initStatus 狀態值預設為 0，表示秒殺活動未開始。當前商品秒殺數量 seckillCount 值預設為 0，表示當前還未開始秒殺活動，商品的秒殺數量為 0。

秒殺活動開始時，需要在程式中首先判斷快取中的 seckillCount 值是否小於 totalCount 值，只有 seckillCount 值小於 totalCount 值，才能對庫存進行鎖定。在程式的實現中，這兩步的實現其實並不是原子性的。如果在分散式環境中，透過多台機器同時操作 Redis 快取，就會發生同步問題，進而引起「庫存超賣」的嚴重後果。

20.6.2 完美解決超賣問題

如何解決多台機器同時操作 Redis 出現的同步問題呢？一種比較好的方案就是使用 Lua 指令稿。使用 Lua 指令稿將 Redis 中扣減庫存的操作封裝成一個原子操作，這樣就能夠保證操作的原子性，從而解決高並行環境下的同步問題。

例如，可以撰寫如下的 Lua 指令稿程式，來執行 Redis 中扣減庫存的操作。

```
local resultFlag = "0"
local n = tonumber(ARGV[1])
local key = KEYS[1]
local goodsInfo = redis.call("HMGET",key,"totalCount","seckillCount")
local total = tonumber(goodsInfo[1])
local seckill = tonumber(goodsInfo[2])
if not total then
    return resultFlag
end
if total >= seckill + n  then
    local ret = redis.call("HINCRBY",key,"seckillCount",n)
    return tostring(ret)
end
return resultFlag
```

在 Java 中，可以使用如下程式來呼叫上述 Lua 指令稿。

```
public int secKill(String id, int number) {
   String key = getCachekey(id);
   DefaultRedisScript<String> redisScript = new DefaultRedisScript<>();
   redisScript.setScriptText(SECKILL_LUA_SCRIPT);
   redisScript.setResultType(String.class);
   Object seckillCount =  redisTemplate.execute(redisScript, Arrays.
asList(key),
 String.valueOf(number));
   return Integer.valueOf(seckillCount.toString());
}
```

完整的原始程式碼如下。

```
/**
 * @author binghe
 * @version 1.0.0
 * @description 秒殺服務的實現類別
 */
```

```
@Service
public class SeckillServiceImpl implements SeckillService {
    private static final String GOODS_CACHE = "seckill:goodsStock:";
    private static final String SECKILL_LUA_SCRIPT =
            "local resultFlag = \"0\" \n" +
            "local n = tonumber(ARGV[1]) \n" +
            "local key = KEYS[1] \n" +
            "local goodsInfo = redis.call(\"HMGET\",key,\"totalCount\",\"se
ckillCount\") \n" +
            "local total = tonumber(goodsInfo[1]) \n" +
            "local seckill = tonumber(goodsInfo[2]) \n" +
            "if not total then \n" +
            "    return resultFlag \n" +
            "end \n" +
            "if total >= seckill + n  then \n" +
            "    local ret = redis.call(\"HINCRBY\",key,\"seckillCount\",n)
\n" +
            "    return tostring(ret) \n" +
            "end \n" +
            "return resultFlag\n";

    @Autowired
    private RedisTemplate<String, Object> redisTemplate;
    private String getCachekey(String id) {
        return GOODS_CACHE.concat(id);
    }
    @Override
    public int secKill(String id, int number) {
        String key = getCachekey(id);
        DefaultRedisScript<String> redisScript = new
DefaultRedisScript<>();
        redisScript.setScriptText(SECKILL_LUA_SCRIPT);
        redisScript.setResultType(String.class);
        Object seckillCount =  redisTemplate.execute(redisScript, Arrays.
```

```
asList(key),
                                              String.valueOf(number));
        return Integer.valueOf(seckillCount.toString());
    }
}
```

這樣在執行秒殺活動的方法時，就能夠保證操作的原子性，從而有效地避免資料的同步問題，進而有效地解決「超賣」問題。

20.6.3 Redis 分割庫存

在使用 Redis 儲存商品的庫存時，為了進一步提升秒殺過程中 Redis 的讀寫並行量，可以將 Redis 中的商品庫存進行分割儲存。

例如，原來參與秒殺活動的商品 id 為 10001，庫存為 1000 件，在 Redis 中儲存的資訊為 (10001, 1000)，那麼可以將原有的庫存分割為 5 份，每份的庫存為 200 件，此時，在 Redia 中儲存的資訊為 (10001_0, 200)，(10001_1, 200)，(10001_2, 200)，(10001_3, 200)，(10001_4, 200)。Redis 分割儲存庫存如圖 20-9 所示。

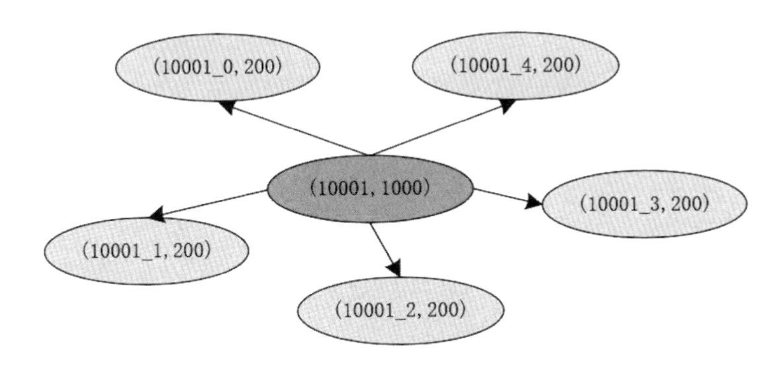

▲ 圖 20-9 Redis 分割儲存庫存

將庫存分割後，每個分割後的庫存都使用商品 id 加一個數字識別碼來儲存，這樣，在對儲存商品庫存的每個 key 進行 Hash 運算時，得出的 Hash 結果都是不同的，這就說明，儲存商品庫存的 key 有很大機率不在 Redis 的同一個槽位中，這樣就能提升 Redis 處理請求的性能和並行量。

分割庫存後，還需要在 Redis 中儲存一份商品 id 和分割庫存後的 key 的映射關係，此時映射關係的 key 為商品的 id，也就是 "10001，value" 為分割庫存後儲存庫存資訊的 key，即 10001_0，10001_1，10001_2，10001_3，10001_4。在 Redis 中，可以使用 List 資料結構來儲存這些值。

在真正處理庫存資訊時，可以先從 Redis 中查詢出秒殺商品對應的分割庫存後的所有 key，同時使用 AtomicLong 記錄當前的請求數量，使用請求數量對從 Redis 中查詢出的秒殺商品對應的分割庫存後的所有 key 的長度進行求模運算，得出的結果為 0，1，2，3，4。再在前面拼接商品 id 就可以得出真正的庫存快取的 key。此時，就可以根據這個 key 直接到 Redis 中獲取對應的庫存資訊了。

經過 Redis 分割商品庫存的最佳化，能夠進一步提升 Redis 的性能，從而進一步提升秒殺系統的整體性能。

20.6.4 快取穿透技術

在高並行業務場景中，可以使用 Lua 指令稿函數庫（OpenResty）從負載平衡層直接存取快取資訊來進一步提升系統性能。所以說，這裡的快取穿透並不是指在高並行環境下出現的快取異常，而是特指從系統的負載平衡層直接存取快取中的資料。

可以思考這樣一個場景：在秒殺業務場景中，秒殺的商品瞬間被搶購一空。此時，使用者發起秒殺請求，如果由負載平衡層請求應用層的各個服務，再由應用層的各個服務存取快取和資料庫，那麼實際上已經沒有任何意義了，因為商品已經賣完了，而應用層的並行存取量的數量級是百，這又在一定程度上降低了系統的並行度。

為了解決這個問題，此時可以在系統的負載平衡層取出使用者發送請求時攜帶的使用者 id、商品 id 和秒殺活動 id 等資訊，直接透過 Lua 指令稿等技術存取快取中的庫存資訊。如果秒殺商品的庫存數量小於或等於 0，則直接返回使用者商品已售完的提示資訊，而不用再經過應用層的層層驗證了。針對這個架構，可以參見圖 20-1 所示的簡易電子商務系統架構。

20.7 伺服器性能最佳化

如果要將秒殺系統的性能最佳化到極致，那麼只最佳化應用軟體層面的性能是遠遠不夠的，還需要進一步最佳化伺服器和作業系統的性能。本節簡單介紹如何最佳化伺服器的性能。

注意：本節以 CentOS 8 為例來最佳化伺服器的性能，如果讀者使用的是其他版本的伺服器，那麼最佳化的參數或者最佳化的方式會有所不同。

20.7.1 作業系統參數

在 CentOS 作業系統中，可以透過如下命令來查看所有的系統參數。

```
/sbin/sysctl -a
```

使用此命令輸出的參數有 1000 多個，在高並行場景下，不可能對作業系統的所有參數都進行最佳化，我們更多的是關注與網路相關的參數。如果想獲得與網路相關的參數，那麼需要先獲取作業系統參數的類型，如下命令可以獲取作業系統參數的類型。

```
/sbin/sysctl -a|awk -F "." '{print $1}'|sort -k1|uniq
```

執行上述命令，輸出的結果如下。

```
abi
crypto
debug
dev
fs
kernel
net
sunrpc
user
vm
```

其中的 net 類型就是要關注的與網路相關的作業系統參數。可以獲取 net 類型下的子類型，如下所示。

```
/sbin/sysctl -a|grep "^net."|awk -F "[.| ]" '{print $2}'|sort -k1|uniq
```

執行上述命令，輸出的結果如下。

```
bridge
core
ipv4
ipv6
netfilter
nf_conntrack_max
unix
```

在 Linux 作業系統中，這些與網路相關的參數都可以在 /etc/sysctl.conf 檔案裡修改，如果 /etc/sysctl.conf 檔案中不存在這些參數，那麼可以自行在 /etc/sysctl.conf 檔案中增加這些參數。

> **注意**：在 net 類型的子類型中，需要特別注意的有 core 和 ipv4。

20.7.2 最佳化通訊端緩衝區

如果伺服器的網路通訊端緩衝區太小，就會導致應用程式讀寫多次才能將資料處理完，大大影響程式的性能。如果網路通訊端緩衝區設定得足夠大，就可以在一定程度上提升程式的性能。

可以在伺服器的命令列輸入如下命令，獲取有關伺服器通訊端緩衝區的資訊。

```
/sbin/sysctl -a|grep "^net."|grep "[r|w|_]mem[_| ]"
```

執行上述命令，輸出的結果如下。

```
net.core.rmem_default = 212992
net.core.rmem_max = 212992
net.core.wmem_default = 212992
net.core.wmem_max = 212992
net.ipv4.tcp_mem = 43545        58062   87090
net.ipv4.tcp_rmem = 4096        87380   6291456
net.ipv4.tcp_wmem = 4096        16384   4194304
net.ipv4.udp_mem = 87093        116125  174186
net.ipv4.udp_rmem_min = 4096
net.ipv4.udp_wmem_min = 4096
```

其中，帶有 max、default、min 關鍵字的參數分別代表最大值、預設值和最小值；帶有 mem、rmem、wmem 關鍵字的參數分別為總記憶體、接收緩衝區記憶體和發送緩衝區記憶體。

> **注意**：帶有 rmem 和 wmem 關鍵字的單位都是位元組，而帶有 mem 關鍵字的單位是頁。頁是作業系統管理記憶體的最小單位，在 Linux 系統裡，預設一頁的大小是 4KB。

20.7.3 最佳化頻繁接收大檔案

在高並行、大流量的場景下，如果系統中存在頻繁接收大檔案的現象，則需要對伺服器的性能進行最佳化。這裡，可以修改的系統參數如下。

```
net.core.rmem_default
net.core.rmem_max
net.core.wmem_default
net.core.wmem_max
net.ipv4.tcp_mem
net.ipv4.tcp_rmem
net.ipv4.tcp_wmem
```

假設系統最多可以為 TCP 分配 2GB 記憶體，最小值為 256MB，壓力值為 1.5GB。按照一頁為 4KB 來計算，tcp_mem 的最小值、壓力值、最大值分別是 65536、393216、524288，單位是頁。具體的計算方式如下。

- 最小值：256×1024÷4 = 65536。
- 壓力值：1.5×1024×1024÷4 = 393216。
- 最大值：2 ×1024×1024 ÷4 = 524288。

假如平均每個資料封包的大小為 512KB，那麼平均每個通訊端讀寫緩衝區最小可以容納 2 個資料封包，預設可以各容納 4 個資料封包，最大可以容納 10 個資料封包，則可以計算出 tcp_rmem 和 tcp_wmem 的最小值、預設值、最大值分別是 1048576、2097152、5242880，單位是位元組。具體的計算方式如下。

- 最小值：512×2×1024 = 1048576。
- 預設值：512×4×1024 = 2097152。
- 最大值：512×10×1024 = 5242880。

rmem_default 和 wmem_default 是 2097152，rmem_max 和 wmem_max 是 5242880。

經過上面的分析和計算，可以得出如下的系統最佳化參數。

```
net.core.rmem_default = 2097152
net.core.rmem_max = 5242880
net.core.wmem_default = 2097152
net.core.wmem_max = 5242880
net.ipv4.tcp_mem = 65536  393216  524288
net.ipv4.tcp_rmem = 1048576  2097152  5242880
net.ipv4.tcp_wmem = 1048576  2097152  5242880
```

> **注意**：如果緩衝區的大小超過了 65535，那麼還需要將 net.ipv4.tcp_window_scaling 參數設定為 1。

20.7.4 最佳化 TCP 連接

TCP 的連接需要經過「三次握手」和「四次揮手」，還要有慢啟動、滑動視窗、Sticky Packet 演算法等支援可靠性傳輸的一系列技術支援。雖然這些技術能夠保證 TCP 的可靠性，但有時會影響程式的性能。所以在高並行場景下，可以按照如下方式最佳化 TCP 連接。

1. 關閉 Sticky Packet 演算法

如果使用者對於請求的耗時很敏感，就需要在 TCP 通訊端上增加 tcp_nodelay 參數來關閉 Sticky Packet 演算法，以便使資料封包能夠立刻發送出去。此時，也可以設定 net.ipv4.tcp_syncookies 的參數值為 1。

2. 避免頻繁建立和回收連接資源

網路連接的建立和回收是非常消耗性能的，可以透過關閉空閒的連接、重複利用已經分配的連接資源來最佳化伺服器的性能。例如，經常使用的執行緒池、資料庫連接池就是重複使用了執行緒和資料庫連接。

可以透過如下參數來關閉伺服器的空閒連接並重複使用已分配的連接資源。

```
net.ipv4.tcp_tw_reuse = 1
net.ipv4.tcp_tw_recycle = 1
net.ipv4.tcp_fin_timeout = 30
net.ipv4.tcp_keepalive_time=1800
```

3. 避免重複發送資料封包

TCP 支援逾時重傳機制。在發送方已經將資料封包發送給接收方，但發送方並未收到回饋時，如果達到設定的時間間隔，就會觸發 TCP 的逾時重傳機制。為了避免發送成功的資料封包再次被發送，可以將伺服器的 net.ipv4.tcp_sack 參數設定為 1。

4. 增大伺服器檔案描述符數量

在 Linux 作業系統中，一個網路連接也會佔用一個檔案描述符，連接越多，佔用的檔案描述符就越多。如果檔案描述符設定得比較小，就會影響伺服器的性能。此時，需要增大伺服器檔案描述符的數量。例如，fs.file-max = 10240000，表示伺服器最多可以打開 10240000 個檔案。

20.8 本章複習

本章主要對高並行、大流量下的秒殺系統的架構設計進行了深度的剖析。首先，介紹了電子商務系統的架構。然後，介紹了秒殺系統的業務特點、技術特點以及秒殺系統的三個階段和性能最佳化措施。接下來，介紹了秒殺系統的下單流程設計和扣減庫存設計。隨後介紹了 Redis 在實際秒殺場景下的應用。最後，為了進一步提升秒殺系統的性能，簡單介紹了伺服器的性能最佳化措施。

注意：本章相關的原始程式碼已經提交到 GitHub 和 Gitee，GitHub 和 Gitee 連結位址見 2.4 節結尾。